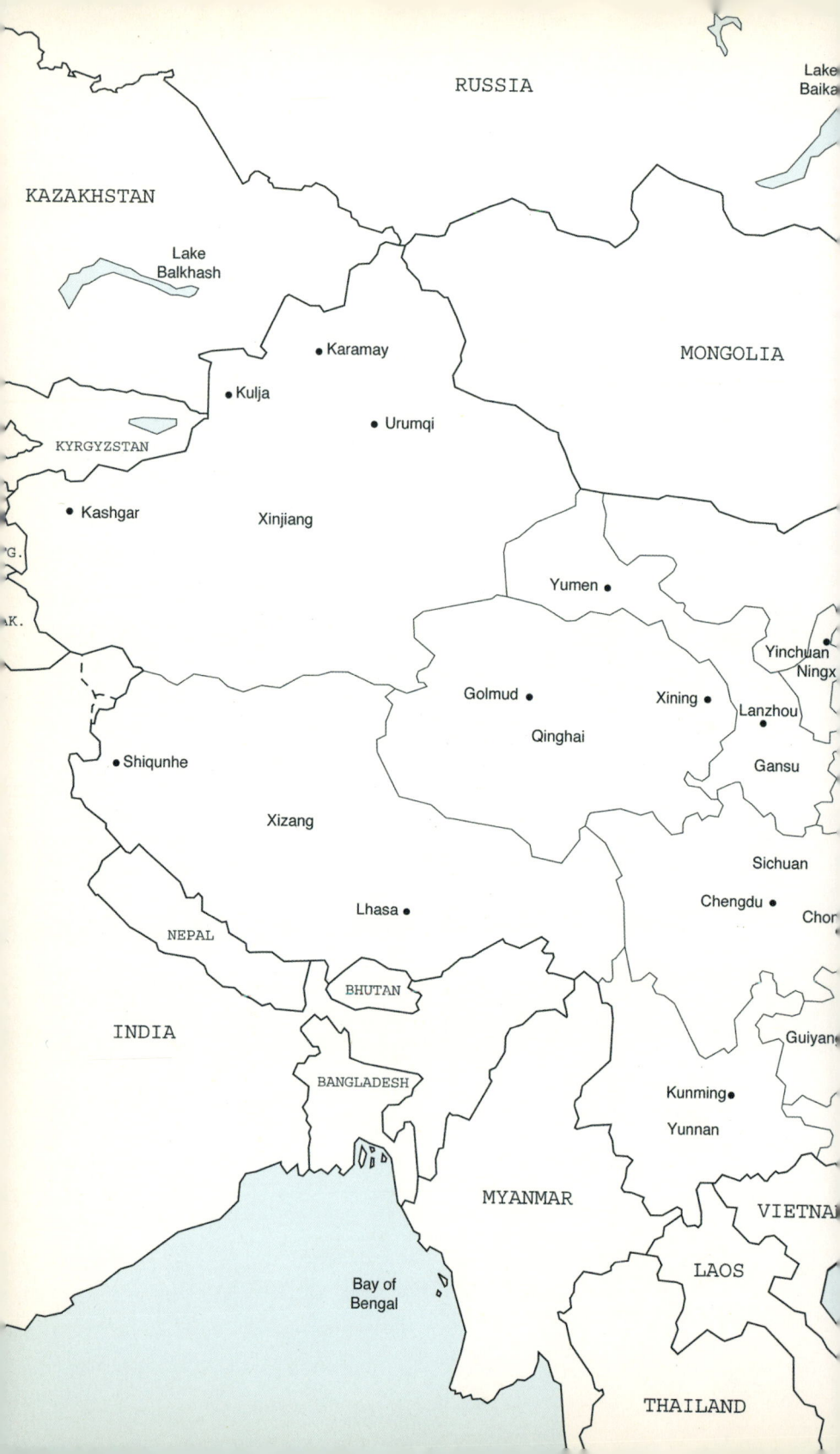

함영덕 교수의

오버 더 실크로드

중국대장정

오버 더 실크로드 중국대장정

초판 1쇄 찍은 날 | 2007년 5월 14일
초판 1쇄 펴낸 날 | 2007년 5월 21일

지은이 | 함영덕
디자인 | 임선영
펴낸이 | 임동선
펴낸곳 | 늘푸른소나무

출판등록 | 1997년 11월 3일 제 1-3112호
주 소 | 서울시 마포구 서교동 351-25 유창빌딩 401호
전 화 | (02)3143-6763~5
팩 스 | (02)3143-6762
이메일 | esonamoo@naver.com

ISBN 978-89-88640-66-1 13980

함영덕 교수의

오버 더 실크로드

중국대장정

채워지지 않는 목마름을 향해

실크로드는 내게 채워지지 않은 목마름이자 미지의 향수 같은 존재다. 낯선 곳에서 가장 낮은 자세와 발걸음으로 자신을 되돌아보고 찾는 과정이랄까. 끝없는 초원을 향해 말 타고 달리는 꿈을 간직한지 오랜 시간이 지나 마침내 기차로 중국 대륙과 중앙아시아의 초원을 경유, 이스탄불과 아테네, 발칸반도를 거쳐 로마를 연결하는 실크로드를 답사하게 됐다.

실크로드는 동서 문화를 교류시킨 세계화의 첫 번째 통로다. 바닷길이 열리지 않았던 시절, 이 길이야말로 육로를 통하는 가장 긴 세계화의 통로였다. 정치 경제 문화사적으로는 대단히 복잡한 이해관계가 얽혀 있었지만 인류는 이 길을 통해 위대한 문화유산을 서로 배우고 나눌 수 있었다.

실크로드란 원래 중국 비단의 유럽 수출로 인해 이름 지어진 조어造語였으나 그 개념이 확대된 결과 원뜻과는 다른 상징적인 아칭雅稱으로 변했다.

실크로드라는 이름은 독일의 지리학자 리히트 호펜(1833~1905)이 붙인 것이다. 그는 1869년부터 1872년까지 중국 각지를 돌아보고 중앙아시아를 경유하여 시르다리아강과 아무다리아강 사이에 있는 트란스옥시아나 지역을 거치는 고대 교역로를 답사한 후 실크로드라는 이름을 생각해 냈다. 중국에서 중앙아시아를 경유하여 서북 인도로 수출된 주요 교역품이 비단이었기 때문이다.

원래 이 글은 크게 네 부분으로 구성할 계획으로 시작됐다.

제 1부는 투어리스트 실크로드Tourist Silk Road다.

상하이에서 시작하여 쑤저우, 항저우를 비롯, 구이린, 스린, 후난성, 장자지에와 시안에 이르기까지 중국 최고의 유명관광지역을 형성하는 남방지역과 내륙지역을 거치는 23일간의 코스이다. 이 지역은 관광객이 많이 찾는 유명한 곳이라 다양한 시각의 문화견문록으로 구성했다.

제 2부는 오아시스로Oasis Silk Road와 유라시아 초원로Eurasia Steppe Silk Road로 구성했다.

오아시스로는 시안에서 난저우, 둔황, 하미, 투르판, 우루무치, 카슈를 경유하는 17일 간의 짜릿한 감동의 문화 기행 코스를 담고 있다.

이 책은 이곳까지만 다룬 것이다. 유라시아 초원로는 카자흐스탄 알마티에서 우즈베키스탄의 타슈켄트, 사마르칸트, 부하라로 이어지는 신비감 가득한 이국적 코스를 담은 기록은 아쉽지만 지면 관계로 다음 책에서 다루게 된다.

제 3부는 비잔틴 실크로드Byzantine Silk Road다.

비잔틴(동로마)제국의 수도였던 이스탄불에서 그리스 아테네, 마케도니아, 코소보, 세르비아 등 발칸반도를 경유하여 헝가리까지, 그리고 비잔틴제국을 멸망시키고 그 영토를 물려받았던 오스만터키의 영향력이 미쳤던 지역까지를 포함한 광대한 견문기행록이다.

마지막 제 4부는 로만 실크로드Roman Silk Road로 오스트리아 비인에서 크로아티아 슬로베니아 베네치아 피렌체 로마로 이어지며 로마제국의 영향력을 받았던 이태리반도까지를 기행한 유럽문화 견문록이다.

2부의 일부분과 3, 4부는 다음에 낼 책에서 다룰 것을 약속드린다.

사막의 열기와 초원의 별빛을 벗 삼아 누군가를 만나고 다시 헤어지는 70여 일 이상의 여정 동안 내 안에 갇혀있던 고정관념들이 하나씩 깨져나갔다. 대자연의 자유스러움을 만끽한 이 여행에서 필자는 내 안에 갇혀있는 또 다른 나를 자연스럽게 해방시키고 세상을 향해 마음의 창을 열며 더불어 살아가는 지혜와 포용력을 배울 수 있었다.

많은 이들이 실크로드를 다녀와 글을 펴냈다. 하지만 필자가 막상 답사를 시작하려고 할 때, 기행 현장에서 도움이 될 유용한 책은 많지 않았다. 그런 면에서 필자의 책이 학문의 장場은 물론이고, 투어와 문화답사 현장에서 곧바로 활용되는 유익한 정보가 될 것이라고 확신한다.

이 글이 나오기까지 지난 3년 동안 말없이 도와주고 격려해준 사랑하는 아내와 귀여운 딸 시경始炅, 한 줄 한 줄 애정과 조언을 아끼지 않고 도움을 준 포항의 장태원 시인에게 심심한 감사를 드린다.

2007년 5월

함 영 덕

관광학도들을 위한 사족蛇足

"관광이란 인간이 일상생활에서 벗어나 여행을 하며 오관을 통해 의식, 무의식으로 만나는 자연 및 인류의 문화유산자원을 교감함으로써 생활의 활력을 얻고자하는 제반 활동이다."

특히 공간이동 행위로 인한 육체적 위락행위는 물론 인간본성에 내재한 의식, 무의식 세계의 정신적 즐거움을 통해 건전한 육체와 건전한 정신을 연마함으로써 인류복지와 평화를 사랑하는 인간본연의 자성自性을 개발하고 인간성 회복과 자기완성을 위한 깨달음의 세계로 가는 여정이다.

관광은 오늘날 우리의 생활 전반에 걸쳐 없어서는 안 될 주요한 부분을 차지하게 되었기에 문학과 예술을 포용하여 한 차원 높은 새로운 철학과 비전을 제시하여야 할 때다. 이런 관점에서 필자는 『오버 더 실크로드』를 통해 여행을 관광의 중요한 부분으로 인식하고 문학적으로 새롭게 구성하며 이를 통해 관광문화에 대한 활력과 발전을 도모하고자 했다.

관광문학Tourism Literature이란 "인간이 일상생활에서 벗어나 여행을 하며 오관五官(五感)을 통하여 만나는 역사, 문화, 풍물, 전설 등의 자연 및 인류의 문화유산을 작가의 체험을 바탕으로 시적 상상력과 문학적 향기를 사실적으로 구성하여 관광자로 하여금 미지의 세계에 대한 정서적 공감대와 관광욕구를 불러일으키고 여행을 통해 평화를 사랑하는 인간성 함양과 보람있는 관광여행의 길잡이가 될 수 있도록 하는 총체적인 문학 활동"이라 칭하고 싶다.

이 같은 새로운 관광문학의 개념을 바탕에 깔고 다양한 정보와 인류의 문화 유산을 소개한 책이 『오버 더 실크로드』이다. 후학들의 관심을 기대한다.

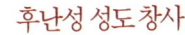

2부 고대 오아시스로와 유라시아 초원로

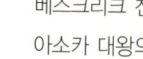

1 부
투어리스트 실크로드
(Tourist Silkroad)

● ● ● 『오버 더 실크로드』를 집필하기 위해 출발하기 전 필자는 70일간의 일정중 중국에서 40일간의 답사일정을 설정하고 그중 23일간은 상하이에서 남방으로 가는중국 제일의 관광코스를 섭렵하기로 했다. 그리고 이 루트를 투어리스트 실크로드Tourist Silkroad라고 이름지었다.

이 루트는 상하이를 제외하고는 중국에서 손꼽히는 관광코스를 중심으로 답사 일정을 짜 보았다. 시안西安에서 둔황敦煌, 하미, 투루판, 우루무치, 카스를 거치는 사막지대는 고대 실크로드Old Silkroad로 구분하여 분리했다. 운남과 사천성 지역의 관광지 경과 개발에 대한 현황, 고대 실크로드를 따라 발전한 도시에 대한 역사성과 지리적 여건, 관광자원에 대한 가치성 등을 탐구해 보고 싶었다.

광활한 중국대륙을 40일 간의 제한된 시간에 살펴보기 위해 열차 칸에서 자고 아침에 일어나 유적지를 답사했고 숙박은 도미토리나 유스호스텔을 이용하는 극기훈련 같은 빡빡하고 고된 일정이었으나 그만큼 보람과 기쁨도 있었다.

황푸강黃浦江가에 핀 상하이

★상하이

상하이 공항으로 하강하는 기체가 기상 악화로 몹시 흔들렸다. 인천공항에서 상하이까지 1시간 35분. 우리보다 시차가 한 시간 앞선 곳이다. 마침 잔뜩 찌푸린 구름사이로 가랑비가 도시를 촉촉이 적시고 있다. 커다란 광고판과 손님을 기다리는 택시들, 빗방울을 삼키는 공항주변의 분수대, 왁자지껄한 중국인들의 대화소리를 들으며 처마 밑에서 버스를 기다리는 것이 중국여행의 첫 시작이었다.

인민광장을 향해 달리며 바라본 상해 시가지의 건물들은 층수가 그다지 높지 않은 편이다. 잘 가꾸어진 가로수와 도심에 핀 꽃들이 정감 어린 표정으로 다가왔다. 중심가로 들어서면 고층빌딩이 나타나기 시작하지만 서울로 치면 포장마차나 노점 상인들이 있음직한 자리에는 나무나 꽃을 심어 녹지공간을 조성한 것이 매우 인상적이다. 노란 비옷을 쓰고 신호등 앞에 늘어선 수 백 명의 자전거를 탄 시민들의 모습은 영화 '첨밀밀'의 한 장면을 연상시킨다.

인민광장 앞에 내려 맞은편 도로에서 104번 버스를 타고 미리 예약한 숙소로 향했다. 광장은 시 중심부에 위치하며 상하이의 행정, 문화, 교통, 상권이 융화되어 하나의 원형광장을 이루고 있다. 상하이는 도로가 좁은 대신 육교가 발달되어 있다. 교각 밑 좁은 공간에는 어김없이 나무나 꽃을 심어 차선을 구분시키고 녹지를 조성하여 도시 미관을 아름답게 꾸몄다. 상하이를 국제도시로 경쟁력 있게 키우고 싶은 중국정부의 투자 마인드를 엿볼 수 있는 대목이다.

구름을 뚫을 듯한 동방명주 TV탑이 보이는 육교에서 황푸강을 바라보면 연이어 지나가는 유람선과 하늘을 찌를 듯한 탑 주변의 빌딩 군상들이 자본주의의 힘찬 숨결을 뿜어내고 있다. 도시의 심장부를

상하이 동방TV 명주탑. 공해와 먼지로 뿌연 하늘이다.

가르며 뿜어내는 화물선의 고동소리가 잠자고 있던 동심을 일깨운다.

은행가들이 밀집한 강변을 따라 낯설고 이국적인 풍물에 흠뻑 취해 천천히 걸으며 숙박 예정지인 포강반점浦江飯店을 찾았다. 반점은 중국식 호텔표기다. 한국에선 반점이 중국식당 이름이지만 여기선 숙박지를 뜻한다.

상하이 대하上海大厦 맞은편에 위치한 이 호텔은 1성급으로, 기숙사를 변형한 도미토리 형태의 숙소가 따로 마련되어 있어 외국의 배낭족들이 즐겨 찾는 곳이다. 커다란 홀 안 20개의 철제침대에 흰 시트가 깔려있는 1인용 침대가 나그네를 기다리고 있다. 욕실은 2층, 샤워는 3층으로 공용이다. 그럼에도 국제도시 상하이에서 55위안(약 6천6백원)의 싼 값으로 호텔 숙박을 할 수 있다는 건 여간 다행스러운 일이 아니다.

짐을 푼 후 먼저 자리 잡은 건너편 침대의 영국인 차냐와 엘리나와 인사를 나누었다. 21살의 동갑내기인 그녀들은 영국에서 카슈가르와

아름다운 와이탄의 쓰라린 과거

와이탄은 세계 근대 건축물 박물관이라는 별칭을 갖고 있는 곳이다. 상하이는 1842년 아편전쟁으로 맺어진 난징조약에 따라 서구 열강들에게 개방됐다. 이후 세계 무역의 중심지로 성장하면서 영국과 프랑스를 비롯해 미국, 일본, 등이 자기 나라의 건축술로 건물을 짓고 중국진출의 본거지로 삼았기 때문에 여러 나라의 다양한 건축기술이 선보이고 있다. 1993년 당시 상하이 시정부는 와이탄 지역의 건물들 중 특히 건축사적으로 기념될만한 아름다운 곳을 중심으로 야경 조명 시설을 설치했다. 홍콩상하이은행, 노스 차이나 데일리 뉴스, 상하이 클럽, 차터은행,

우루무치, 시안, 베이징을 거쳐 상하이에 왔다고 했다. 한국에서 왔다고 하니까 대구에 영어를 가르치는 친구가 있다며 매우 반가워했다. 엘리나는 중국산 자스민차를 나누어주었다. 홀 안에는 일본, 독일, 영국, 이태리 출신 등 다양한 배낭족들이 모여 서로 인사를 나누고 여행 정보를 주고받았다.

건너편 침대 모퉁이에서 우리를 바라보며 빙긋이 웃고 있는 젊은 아가씨를 발견하고 일본인이냐고 물었더니 뜻밖에 우리나라 여대생 유나였다. 베이징을 거쳐 상하이로 혼자 왔다는 그녀는 외롭던 차에 너무 반갑다며 즐거워했다. 남방으로 가는 방향도 비슷해 동행하기로 했다. 저녁 8시 호텔을 나와 황푸강 언덕에 이르렀다.

웨탄지역의 불빛과 동방명주TV의 둥근 첨탑에서 뿜어내는 화려한 조명, 어둠을 가르는 유람선, 강변에 늘어선 도시의 불빛들, 화려한 네온 싸인 광고판, 정적을 깨고 토해내는 뱃고동소리… 상하이의 야경은 이국적 정취와 낭만을 느끼게 만든다. 이곳은 공산주의 모습을

삿슨 하우스, 중국은행, 요코하마쇼킨은행 등 이 지역의 화려한 건물들을 보러 들어오는 내외국인 관광객 수는 한 해 550만 명에 달한다.

그러나 지금은 없어졌지만 이 화려함 뒤에는 아편 전쟁 후 수십 년간 겪어온 서구 열강의 식민지 고통이 그대로 추억으로 남아 있다. 과거 이 건축물 뒤편 골목길에는 1천 5백 개 이상의 아편굴이 있었으며 살인과 도박, 불법 밀수품 거래에다, 도박장과 매춘업소들이 난립하고 있었기 때문이다. 영화 상해탄의 모습은 그 당시 상하이의 광경을 볼 수 있는 작품이다.

전혀 느낄 수 없다.

중국 자본주의 심장이 고동치고 있다는 것을 실감할 뿐이다. 강변 공원에 손을 잡고 걸어가는 연인들의 행렬과 가족들과 나들이 나온 초롱초롱한 아이들의 눈망울, 다양한 계층의 사람들이 꿈과 희망을 꿈꾸며 바라보는 황푸강은 수많은 이야기를 가슴에 담고 어둠 속을 흐른다.

네온 싸인 불빛에 묻혀있는 와이탄外灘으로 들어섰다. 넓고 광활한 황푸강 가에 연해있는 와이탄 일대는 영국, 프랑스, 스페인, 그리스풍의 르네상스식 건축물들이 고풍스런 분위기를 한껏 뽐내듯 화려한 자태로 나그네의 발길을 사로잡는다. 상하이 안에 마치 유럽을 옮겨놓은 것 같다. 외백도교外白度橋에서 시작해 남으로 금릉동로金陵東路까지 이어지는 1㎞가 조금 넘는 이 지역은 한 세기의 건축예술을 볼 수 있는 이국적인 시가지다.

금융가인 와이탄을 지나 남경동로보행가南京東路步行街로 향했다. 남경로는 동으로 와이탄에서 서쪽으로 연안서로延安西路에까지 이르는 총길이 5,400m에 이르는 거리다. 이 구역은 화려한 건축물과 상점들이 밀집된, 휘황찬란한 야경으로 유명한 중국제일의 상업지역이다.

황금색과 붉은색조의 강렬한 네온사인 불빛은 서울의 명동보다 더 화려하다. 서장중로西藏中路와 하남중로河南中路 사이 길이 1,033m의 보행로는 넓고 긴 광장으로 연이어진 눈부신 네온사인 숲에 쌓여 젊음의 열기와 활력이 가득 차 있다. 중국에서의 첫 식사로 상하이에서 유명하다는 훈둔과 중국에서 제일로 치는 청도맥주 한잔을 걸치며 상하이의 밤 내음을 흥겹게 들이마셨다.

화물선과 여객선으로 가득한 이 부두는 자본주의의 숨결로 가득하다.

자본주의 허파 푸동浦東 신시가지

　다음날 아침 포강반점을 나와 황푸강을 건너 푸동(浦東포동) 신시가지
로 향했다. 자갈 실은 바지선과 통통배가 물살을 가르고, 깃발을 앞세
운 관광객들이 강변을 지나고 있다. 찬성로 대주점 아래 윤도기업 선
착장엔 한 떼의 군중들이 강 양쪽에서 썰물처럼 몰려왔다 빠져나간
다. 다른 도시에선 볼 수 없는 또 다른 상하이의 얼굴이다.

　강의 빛깔은 이름처럼 붉은 황토색이다. 여객선은 거대한 빌딩 숲
과 강변에 정박한 크루즈 선박들 사이를 서서히 미끄러지듯 헤엄쳐
나가며 상하이에서 가장 높은 88층 청모빌딩 앞으로 다가섰다. 맞은
편 동창로 윤도역 선착장까지는 8분정도 소요되며 배 삯은 50전이니

세계의 다국적 기업이
상하이를 대륙진출의
교두보로 삼고 있다.

값싼 대중교통이다. 신시가지 빌딩 밀집지역으로 가기 전 이곳 음식점에 들려 비싼 식사 한 끼를 먹었다. 후식으로 나오는 차 한 잔 값으로 4위안을 냈으니 다른 지역의 값싼 밥 한 끼 값이다.

아시아에서 제일 높고 세계에서 세 번째로 높은 동방명주TV탑 앞에서 답사여부를 놓고 잠시 망설였다. 스카이라운지 입장료 50위안과 상해역사발전진열관 입장료 35위안, 올라가는 비용 50위안, 식당에서 식대가 180위안으로 중국노동자 한 달 월급수준이니 매우 비싼 편이다. 중국을 여행하는 사람들이 참고해야 할 점은 중국여행 경비가 그리 싼 것이 아니라는 점이다. 40여 일 간의 중국여행에서 매번 나를 불만스럽게 만든 것이 바로 입장료 문제였다.

상하이 푸동지구를 걸으면 마치 뉴욕 도심을 연상시키는 기분이 든다. 특히 세계 각국의 다국적 기업들이 앞 다퉈 아태지역 본부를 홍콩이나 싱가포르에서 상하이 푸동지구로 옮기고 있는 추세이다. 세계 5백대 다국적 기업 중 200여 개의 기업이 상하이를 중국대륙의 교두보이자 아시아 지휘센터로 삼겠다는 전략이어서 아시아의 가장 번화하고 역동적인 도시로 탈바꿈하고 있다.

푸동 특구를 앞세운 투자유치 전략이 성공적으로 추진되어 항만 시설의 경우 상하이의 화물처리 능력이 부산을 제치고 2003년에 이미 홍콩, 싱가포르에 이어 세계 3위로 도약했다. 특히 외국기업을 유혹하는 것은 상하이를 중심으로 한 장쑤江蘇, 저장浙江성 등 화둥華東경제권의 급속한 성장이다. 1년 새 전체 화물량 처리 기준으로 두 단계나 뛰어 1위로 도약하고 있다. 상하이를 중심으로 한 배후 지역의 급속한 성장은 다국적 기업들에겐 또 하나의 경제적 매력이다.

푸동지구를 걷노라면 아시아의 거대한 자본주의 물결이 대륙 곳곳으로 퍼져나가 새로운 세기가 도래할 것임을 알려주는 역동적인 숨소리를 느끼게 한다. 뉴욕 도심을 옮겨다 놓은 것 같은 푸동 신시가지를 바라보면서 아시아의 시대가 도래할 것이라는 확신을 가지게 된다.

푸동에서 세기공원世紀公園쪽으로 향하는 버스를

Tip 상하이 시민 따라잡기

상하이 관광은 생각보다 경비가 든다. 관광객처럼 다니기보다 상하이 시민처럼 대중교통을 이용해야 그나마 절약할 수 있다. 상하이는 공산체제라고는 하나 사실상 철저한 자본주의적 상업도시이다. 상하이에 도착하면 교통비부터 이를 피부로 느낄 수 있다. 택시비도 만만치 않기 때문에 가능한 대중교통을 이용하는 것이 좋다. 버스는 비싼 것은 4위안(600원)에서 싼 것은 50전까지 있으며 시내에서 외곽으로 빠지는 버스는 비교적 비싼 편이다. 보통 1~2위안 정도이며 남녀 안내원도 있다. 지하철은 4위안, 택시는 10위안 이상이다. 식사는 매 끼당 20~40위안은 든다. 상하이에 가면 대개 항주 여행을 하게 되는데 기차를 타면 약 2시간 내 닿는다. 매일 25편 운항하는데 편도 50위안이다. 식사는 매식(돈을 주고 사 먹는 것)이 중국인의 보통 습관이다. 식수도 이젠 대체로 사서 마시는데 같은 회사 제품이라도 배달처마다 가격이 다르다.

탔다. 주변일대는 쾌적하고 푸른 녹색공원으로 꾸며놓아 편안하고 안
정감을 주었다. 중국 최첨단 기술을 자랑하는 상해과학기술관 앞에서
내려 잠시 휴식을 취했다. 초등학생들의 세련된 옷맵시는 서울의 상
류층 아이들과 손색이 없을 정도로 깔끔했다. 이곳의 입장료도 이틀
분의 식사 값이다. 우리 일행은 전시관을 제외한 주변의 여러 시설물
들을 대신 관람했다. 세기공원 입구 양고남로 전철역에서 지하철을
타고 하남중로 역에서 오후 1시 15분에 내렸다. 상하이의 지하철은 작
고 아담하며 쾌적하고 깨끗한 편이다. 일반 버스요금보다는 비싼 4위
안이며 황푸강 강바닥 밑으로 터널을 뚫어 네 정거장에 10분정도 소
요된다.

택시를 탔다. 중국을 다녀온 독자분은 다 보셨겠지만, 우리 택시보
다 조금 작으면서 기사와 손님 칸 사이를 플라스틱판과 철 파이프로

가로막아 분리시켜 놓은 것이 을씨년스럽다. 택시강도가 빈번하다보니 생긴 어쩔 수 없는 장치지만 낯설고 살벌하게 느껴진다. 그러나 중국의 급속한 발전 과정에서 생기는 어쩔 수 없는 과도기적 현상으로 이해할 수밖에.

 **동아시아 경제의 저력**

지난 2~3세기 동안의 세계 역사를 한 마디로 정의하자면 아시아의 몰락과 서방세계의 팽창이라고 할 수 있다. 300년 전인 1700년경 아시아의 경제규모는 미국과 유럽 전체 경제를 합친 것보다 3배나 컸으며 1820년까지도 2배의 규모였다. 그러나 19세기 초부터 가속화된 아시아의 경제적 침체는 20세기 중반에 그 극에 달했다. 수많은 아시아 국가들이 유럽 열강들의 경제적 침탈과 식민지화 되는 과정에서 후진국으로 전락했다.

1952년 아시아 경제규모는 유럽과 미국경제의 3분의 1수준으로 낮아졌다. 250년 만에 유럽과 미국은 활기차게 전 세계로 뻗어나가 교역과 식민지를 통해 부를 창출한 반면, 아시아 여러 나라들은 쇄국주의 및 내란과 당쟁으로 세월을 허비하여 유럽, 미국 경제의 3배에 달하던 경제규모에서 서구의 3분의 1규모로 축소되는 수모를 겪었다.

하지만 20세기 후반부터 아시아 경제는 서서히 부흥하기 시작, 서구 경제의 3분의 2 수준에 도달해 있다. 1950년대 시작된 일본 경제의 부흥과 60년대 시작된 한국, 대만, 홍콩, 싱가포르 등 아시아 4마리 용들의 경제도약이 아시아 경제에 활력을 불어넣었다.

이제 중국이 아시아 경제의 부활을 주도할 것으로 기대되고 있다. 80~90년대부터 본격화된 중국경제의 비약적인 발전과 최근 브릭스 국가의 하나인 인도 경제의 부상 등으로 앞으로 50년 이내 서구 경제와 대등한 수준으로 발전하게 될 것이라는 전망이 나오고 있다.

중세의 향기, 예원豫園과 예원상장豫園商場

역에서 5분 거리에 있는 예원으로 향했다. 구시가지에 위치한 예원은 상하이의 유일한 명원明園으로, 명 청 시대 관리나 귀족들의 생활모습을 엿볼 수 있는 공간이다. 명나라 때 상하이 출신 고관 변윤단이 부친을 위해 지은 저택으로 1559년에 착공하여 1577년에 완공하기까지 무려 18년이나 걸렸을 만큼 품이 많이 든 건축물이다.

예원 인근에는 우리나라 인사동에 해당하는 예원상장이 있다. 분위기는 사뭇 다르지만 3, 4층의 높은 목조건물이 줄지어 선 모습은 명 청 시대의 상가모습을 잘 재현해 놓은 듯 고풍스럽다. 전통 수예, 공예, 목기류, 명품 점, 전통악기, 부채 등 다양한 전통상품을 취급한다.

이 거리는 발 디딜 틈이 없을 만큼 많은 인파로 붐비는 상하이의 대표적 관광명소다. 시장터 골목 구석구석을 음미하노라면 예원 앞 수중정원에 이른다. 작은 연못 한 가운데 핀 붉은 연꽃이 열대나무들의 푸른 감청색 색조와 어울려 이국적 정취를 한껏 발산한다. 연못 가운데 자리한 호심정湖心亭에서 흘러나오는 청아한 전통가락은 한낮의 더위를 식혀주고 남을 만큼 시원한 청량제

이국적 정취의
예원 누각

로 다가온다.

예원은 베이징의 방대한 규모의 정원에 비해 소규모이나 쑤저우蘇州의 4대 정원에 비길만한 아기자기한 공간배치와 설계의 교묘함이 돋보이는 명소다. '해상명원海上名園' 이란 강택민 주석의 휘호를 지나 삼수당 정문 현관을 들어서면 갖가지 형태의 구멍 뚫린 회색빛 돌들이 정원 구석구석에 절묘하게 배치되어 있다. 용의 조각을 올린 담을 기준으로 정원내부는 몇 개의 블록으로 나뉘어져 있다. 오밀조밀한 회랑과 누각, 높은 담 벽 사이로 난 작은 통로를 따라 걷노라면 과거 중국인들의 생활방식과 취향을 곳곳에서 느낄 수 있다.

점춘당 건물은 처마 끝에 스며나는 역사의 함성소리를 조용히 호흡할 수 있는 곳이다. 이곳은 태평천국의 난 당시 소도회의 사령부가 설치된 역사의 메아리가 스며든 공간이다. 태호석으로 호사스럽게 쌓아

수많은 내외국 관광객을 끌어 들이고 있는 예원 수중정원

올린 석가산과 경극이나 악기를 연주하던 상춘당, 200년 된 밴얀 뿌리로 만든 화서당홀의 탁자와 의자, 지붕 처마 끝에 날렵하게 비상하는 용머리와 새, 학 ,잉어등의 조각품들이 주변과 어우러져 이채로운 분위기를 연출하고 있다.

정원을 지나 주거지역인 내원으로 들어서면 4층 누각에 촘촘하게 늘어선 창문틀과 황갈색 무늬의 기와, 금빛으로 단장한 정면 현관을 만난다.

상하이는 최첨단 자본주의와 19세기의 풍물이 공존하는 도시이다. 지상 88층의 진마오(金茂)빌딩이 솟아 있는가 하면 도심 한복판에 달동네와 같은 지역이 함께 공존하고 있다. 미로와 같은 도시의 좁은 골목길 사이로 팬티, 브라자를 비롯한 여인들의 속옷이 스스럼없이 걸려있는 거리의 풍경은 예의나 염치보다는 인간적인 삶의 체취가 물씬 풍기고 있다.

이 현관은 네모진 정방향의 넓은 마당을 둘러싸고 있는 1,2층 누각의 회랑과 어우러져 마치 중국 영화 속의 한 장면을 연출하고 있다.

와이탄이나 예원과 같은 풍성한 볼거리와는 달리 상하이는 도시의 그늘을 잔뜩 간직한 블루 상하이의 이면을 드러내고 있다.

도로 하나를 놓고 가장 비싼 지역과 달동네 같은 구시가지가 함께 병존하는 것이 상하이의 두 얼굴이다.

상하이는 자본주의 심장을 향해 고속 질주하는 기관차의 엔진과 같은 에너지를 황푸 강가에서 꽃피우고 있다. 그러면서도 도심의 녹화작업 틈새로 1900년대의 낡은 모습이 공존하다. 도시의 두 얼굴, 심각한 빈부의 격차, 다른 지역보다 2배나 높은 소득수준은 서로 어울리지 못하는 이질적 요소들이다.

식후 차 한 잔 값에도 어김없이 돈을 받는 깍쟁이 같은 장사수완 때문인지 이곳에서는 대륙적인 후한 인심 같은 것은 전혀 느낄 수가 없다. 셈만큼은 철저한 상업도시라는 인상을 강하게 주기 때문이다.

그럼에도 필자가 이런 모순 덩어리의 상하이를 실크로드 첫 출발지로 선택한 것은 중국의 역사나 문화적 측면보다는 21세기로 접어든 중국산업의 변화의 역동적인 물결을 느껴보고 싶었기 때문이다.

아름다운 도심 빌딩숲의 잔영이 황푸강에 드리워진 가운데 거대한 상선이 고동소리를 높이며 물살을 가르는 모습은 신新실크로드의 출발점이 되고도 남을 만큼 역동적이었다.

황푸강의 상하이야말로 수많은 아픈 역사를 간직하면서도 새로운 세기를 향해 모든 것을 포용하는 중국인들의 무한한 잠재력에 시동이 걸리는 시원始原이 아닌가.

 상하이 임시정부를 가다

상하이에 들르면 꼭 한번 대한민국임시정부 유적지를 보고 싶었다. 한국 근현대사
의 중요한 역사의 무대요 다큐멘터리 필름 속에서나 만날 수 있는 장소이기 때문이
다. 오후 3시 번화한 예원상가 지역을 나와 낡은 주택가와 재래시장이 연이어진 골목
길로 들어섰다. 거리 양편 처마나 창가의 전선줄 위에 속옷들이 빼곡하게 걸려있는
골목길과 소시민들의 주거지역을 걷노라니 60~70년대 우리의 옛 모습들이 저절로
떠오른다.

오후 3시 35분 미로에서 벗어난 기분으로, 구시가지 2차선 도로 옆 마당로 306호
유적지 관리소에 도착했을 때 10여 명의 한국인들을 만날 수 있었다. 영사실 스크린 앞
에 김구선생의 동상이 안치되어 있고 10여 평 정도의 좁은 공간에서 매년 수 만 명의
한국 방문객들이 참관하여 당시 독립군들에 대한 영상자료를 보는 곳이다. 이곳은 방
문객들의 입장료와 기부금으로 운영되고 있다.

1층 회의실에서 2~3층 유품전시실까지 한 나라의 임시정부 건물이라고 보기에는
너무나 초라하고 소박한 가구들이 배치되어 있어 차마 기록으로 남기기에는 가슴이
에인다. 3층 한편에는 대한민국 임시정부자료관을 설치해 놓았는데 1919년 4월 독립
선포식을 비롯하여 독립운동단체 간행물의 진열과 임시정부 화폐, 이봉창, 윤봉길의
거, 정당단체 활동, 광복군의 성립과 군사 활동 등을 전시하고 있다.

현재·유적지로 조성된 곳은 1992년 삼성그룹의 지원으로 새롭게 단장되었다. 도심
에서 택시로 20분 정도의 거리인 마당로 플라타너스 거리를 걸으며 임시정부 청사가
3층짜리 조그만 연립주택 한편에 불과한 것을 확인하고 가슴이 메어지는 연민을 떨
쳐버릴 수가 없다.

한 나라를 지탱하는 힘은 크기와 부유함이 아니라 그것을 지키고 발전시키고자 하는 정신이며 철학이라는 것을 새삼 일깨워 주고 있는 유적지다. 자석에 끌린 듯 발걸음이 이끌려 들어간, 망명정부의 임시청사를 둘러보며 나라 잃고 이국땅을 방황했던 옛 선각자들의 고뇌에 찬 생애와 민족의 아픔을 잠시 되새겨 보게 되었다.

상하이 임시정부. 힘없는 나라의 망명정객들의 고난이 고스란히 느껴지는 곳이다.

정원의 도시 쑤저우(蘇州 소주)

★쑤저우(蘇州)

쑤저우의 밤거리

　상하이에서 우시(無錫무석)행 오후 7시 7분 기차에 몸을 실었다. 광활한 중국대륙에서는 가격이나 수송 효율면에서 기차가 대중들이 가장 많이 사용할 수 있는 교통수단이다.

　쑤저우는 지앙쑤(江蘇강소)성의 성도省都인 난징南京과 더불어 강호에 널리 알려진 역사의 고장이다. 지앙쑤성은 위로는 산둥성과 아래로는 상하이에 닿아 있다. 동쪽으로는 황해바다가 넓게 펼쳐져 있고 철도와 고속도로, 해양교통망이 사방으로 뚫려 있어 다양한 여행을 즐길 수 있는 지리적 요건을 갖추고 있다.

　중국 7대 고도古都의 하나인 난징은 일찍이 춘추전국시대부터 역사의 중심무대로 등장했고 삼국시대 오나라 손권이 도읍을 정한 이후로 동진. 송·제·양·진 등 6개의 왕조와 남당이 도읍을 정했던 곳이다. 명나라의 건국과 태평천국의 난을 일으킨 홍수전이 수도로 정한 곳이며 손문이 중화인민공화국을 선포한 지역이다. 중일전쟁 때는 국민당정부의 소재지로 남경대학살의 참상이 일어났던 역사의 고장이기도 하다. 인구 300만의 난징시를 경유하고 싶었지만 상하이에서 쑤저우, 항조우杭州, 구이린桂林, 장자지예張家界, 쿤밍昆明, 따리大理, 리지앙麗江, 청두成都, 어메이산峨眉山, 찌우자이거우九寨溝 방향으로 여정을 계획했기 때문에 포기할 수밖에 없었다.

흔들리며 스쳐가는 중국의 주택과 도시의 풍경들, 끝없이 이어지는 황토밭과 논이랑, 밀물처럼 다가서는 낯선 풍경들이 소리 없이 젖어들고 있다. 기적소리에 따라 타고내리는 승객들의 어깨 너머로 어둠이 스멀스멀 내려앉고 있다. 중국의 열차는 침대간격이 우리나라 기차보다 좁고 마주보는 좌석가운데에 작은 테이블이 있어 그 위에 컵라면이나 음료수, 음식 등을 올려놓고 먹을 수 있도록 배치한 것이 특징이다. 열차 칸에는 장거리 여행을 위해 음식 꾸러미를 싸들고 탑승하는 사람들이 많았다.

기차가 출발하자 역무원이 뜨거운 김이 오르는 커다란 주전자를 들고 컵라면을 들고 있는 사람들에게 물을 부어주는 장면이 퍽 이채롭다. 열차에서 먹는 2위안80전짜리 강사부康師傅 컵라면을 처음 맛보았다. 중국에서 가장 인기리에 팔리는 라면으로 우리나라의 라면 맛 보다는 못하지만 싼 값으로 허기진 배를 채우기에는 그런대로 괜찮은 편이다. 상하이에서 쑤저우, 항조우로 가는 기차는 자주 있어 빠른 기차로는 50분, 보통 편은 80분 정도 소요된다.

저녁 8시25분 쑤저우역에 도착했다. 안내인의 소개로 택시운전사가 데려다준 곳은 좀 외진 호텔. 방 하나에 360위안을 불러서 210위안까지 깎았지만 함께 동행한 대학생 유나양이 있어 방 하나를 더 얻어야 한다며 420위안을 요구하는 바람에 20분간의 협상이 물거품이 됐다. 제자 정군과 둘만의 여행길에 혼자 여행하다 합류한 유나양으로 인해 쑤저우에서 생각지도 못한 일을 겪은 것이다. 중국에서는 결혼한 부부가 아니면 남녀가 반드시 다른 객실을 사용해야 하는 방침이 엄격히 적용되고 있기 때문이다.

포기하고 역에서 버스를 타고 중심가로 나왔다. 번화가엔 우리나라 중소 도시에서 볼 수 있는 브랜드 가게들이 늘어서 있다. 불빛에 쌓인 도심은 우아하고 품위 있는 분위기로 우리들을 맞이했지만 시간이 지날수록 원하는 숙소를 찾을 수가 없었다. 전화로 여러 군데 문의해도 대답은 거의 비슷했다. 쑤저우는 각 호텔마다 담합이 잘되어 있어 어디를 가나 마찬가지라는 호텔직원의 확신에 찬 얘기가 실감났다.

20kg짜리 배낭무게가 점점 더 어둠처럼 어깨를 짓눌러왔다. 대부분은 400위안 대의 좋은 호텔만 소개받게 되어 우리는 번화가의 막다른 골목 귀퉁이에 와서 무거운 짐을 내려놓고 길바닥에 주저앉았다. 120위안을 외치던 역 앞으로 갈 수 밖에 없었지만 2시간 반 동안 쑤저우 시내를 헤맨 생각을 하니 돈보다는 오기가 났다.

어쩔 수 없이 다시 역전으로 가기위해 버스 타는 곳을 찾던 중 대로변 골목길을 돌면서 쑤저우인민초대소를 발견하고 마지막 기대를 걸며 사정해 보았다. 그 결과 뜻밖에 3인 침대에 욕실이 있는 방 하나를 오히려 더 싼 100위안에 얻을 수 있었다. 우리는 가뭄에 단비를 맛보듯 환호성을 질렀다. 상하이 도미토리보다 깨끗했다. 낡은 TV한대가 지친 우리들을 맞아주었다. 잔멸치를 고추장에 찍어 상하이의 쌉싸름한 맥주 한잔을 들이키곤 잠을 청했다.

배낭족들은 가능한 한 쑤저우에서는 숙소를 구하지 말 것을 권한다. 차라리 상하이에서 빠른 기차로 아침 일찍 출발하면 1시간 정도면 쑤저우에 도착할 수 있다. 하루 정도 투어를 하고 항저우로 떠나는 편이 훨씬 더 저렴하고 알찬 여행을 할 수 있기 때문이다.

도심 탐방

다음 날 아침 8시 20분 인민초대소를 출발했다. 앞면이 통 유리로 된 정결하고 깔끔한 중국식 패스트푸드점에서 계란에 밀가루 반죽말이를 한 중국음식을 먹고 항저우杭州편 선착장으로 발길을 돌렸다. 지난밤 숙소문제로 고생한 경험을 감안, 쑤저우에서 오후 5시 30분에 출발하여 다음날 새벽 6시경 항저우에 도착하는 야간배편을 이용하기로 했다. 숙소문제도 해결될 뿐만 아니라 뱃길 따라 12시간 정도 주변의 다양한 풍물을 체험할 수 있는 코스가 되리라 기대했기 때문이다. 짐을 선착장에 맡기고 배표를 예매했다. 중국의 버스터미널이나 역사부근에는 짐을 맡기는 보관소가 잘 발달되어 있어 배낭여행객의 경우 짐부터 맡기고 답사하는 편이 훨씬 편리하다. 택시요금도 6위안으로 상하이보다 4위안이나 저렴하다. 우리나라처럼 택시요금제도가 통일

운암사 7층 석탑

되어 있지 않고 지역마다 기본요금이 조금씩 차이가 있다. 여자택시 기사나 버스운전자가 많이 있어 성별에 따른 직업 차별이 우리보다 훨씬 적은 편이다. 남녀 평등을 지향해 온 사회주의의 영향이다.

2차선 도로 옆에 좁은 블록이나 얇은 철책을 쳐 화단을 만들고 자전거 전용도로를 따로 만들어 놓았다. 깨끗하고 현대적인 쑤저우 시의회 청사와 도로엔 자전거와 오토바이들이 많이 오가고 있다. 가로수 길과 깨끗한 시가지엔 고층건물들이 별로 보이지 않았다. 4.5층 연립주택 형 아파트가 고층건물에 속했다.

오월동주吳越同舟의 고장

오전 10시45분 후치우(虎丘 호구)에 도착했다. 쑤저우에서 북서쪽으로 5㎞ 떨어진 언덕으로, 춘추시대 오나라 왕 부차夫差가 그의 아버지 합려闔閭의 묘역을 조성한 곳이다. 매장하고 사흘째 되던 날 백호白虎가 나타나 묘를 지켰다는 전설 때문에 지어진 이름이다. 후치우 입구 오른쪽에 위치한 시검석試劍石은 오왕 합려가 천하의 명검을 시험하기 위해 시험 삼아 돌을 잘랐다는 암벽으로 실제로 가운데가 둘로 쪼개져 있어 천여 년의 전설을 사실처럼 확인시켜준다. 이곳에서 조금 더 위로 오르니 넓게 펼쳐진 암반이 나타난다. 작은 바위를 두부모 자른 듯한 각진 형상들이 마치 천의 얼굴을 가진 듯 다채롭게 펼쳐진 넓은 공간이다. 일천 명이 앉아서 설법을 들었다는 천인석千人石이다. 이곳을 지나니 몇 십장 깎아지른 듯한 암벽위로 구름다리가 놓여있고 많은 관광객들이 지나가고 있다. 연못엔 금붕어가 한가로이 노닐고 있다. 돌계단을 돌아올라 물이 솟구치는 검지劍池에 이르자 한여름에도 서늘한 한기가 스며든다. 다리를 돌아 오르자 둥근 돌 탁자와 돌 받침의자가 놓여 있는 조그만 정자가 나타나 잠시 휴식을 취했다. 정자 앞 둥근 문이 뚫린 담장 너머로 정원의 꽃과 나무들이 오수를 즐기고 있다.

흐르는 땀방울을 식히며 필자는 오왕 부차의 아버지 합려의 묘인 후치우에서 두 부자의 기막힌 역사의 아이러니를 회상하며 오월동주의 고사성어를 되새기게 되었다.

합려가 아끼던 보검 3,000자루를 찾기 위해 진시황제가 파놓았다는 전설이 숨 쉬는 검지를 돌아 산정으로 오르면 우측으로 15도 정도 기울어진 벽돌로 쌓은 운암사雲岩寺탑이 우뚝 서 있다. 서기 961년에 완성된 47.5m의 8각형 7층석탑으로, 현존하는 중국 최고最古의 벽돌탑이다. 400년 전부터 지반 침하로 서서히 기울기 시작하여 중국판 피사탑을 연상시킨다. 탑 주변을 돌며 굽어보는 고도古都 쑤저우의 모습과 나무숲사이로 횟가루를 바닥에 뿌린 것처럼 새들의 배설물이 흩어진 모습, 처음 듣는 남방의 진귀한 새들의 지저귐과 무수히 허공에 걸려 있는 둥지들이 이국적인 풍광을 자랑한다.

정면 계단을 내려와 조망대와 정원이 꾸며진 마당에 촘촘히 박아놓은 벽돌 틈으로 세월의 이끼가 푸릇푸릇 자라나고 있다. 예전에 묘 관리를 하던 사당은 대부분 관광 관리사무소로 바뀌어 있다. 주변을 감상하다 다시 탑 위로 올라와서 좌측 담장을 나오니 돌계단이 아래로 뻗어있다. 열대의 수목과 아름다운 남방의 새소리에 묻혀 계단을 내려오면 찻집 옥란산방玉蘭山方 현판을 단 산장을 만난다.

오월동주의 역사적 배경

원한과 복수의 시간도 망각의 강과 함께 역사의 상흔으로 조용히 흐른다. 오나라와 월나라는 서로 붙어 있어 춘추시대 쟁패를 겪으며 많은 고사를 낳았다. 오왕 합려는 오자서를 모사로, 손무를 장군으로 삼아 국력을 키웠다. 이후 월나라와 오나라는 서로 충돌하여 오나라 군사가 대패했다. 오왕 합려는 월왕 구천句踐의 기습으로 패하고 이 때 맞은 화살로 파상풍이 악화되어 사망했다. 이에 합려의 아들 부차는 장작더미 위에 서 잠을 자며 복수를 다짐하고 모사 오자서를 중심으로 군사를 조련했다. 오나라가 수 년간 복수를 철저히 준비한다는 소식을 들은 월왕 구천이 군사를 끌고 공격하다가 오히려 대패하고 항복하고 만다. 오나라의 모사 오자서는 그를 죽일 것을 청했으나 오왕 부차는 구천을 살려주고 구천으로 하여금 합려의 무덤을 돌보는 일을 시켰다. 월왕 구천은 무덤을 돌보며 복수를 다짐했으나 겉으로는 절대 복종하는 모습을 보여 결국 석방됐다. 월왕 구천은 돌아오자 곰의 쓸개를 씹으며 복수를 맹세했다. 오왕 부차와 월왕 구천이 스스로 고통을 감내하며 복수를 다짐하며 만든 와신상담臥薪嘗膽이란 고사성어는 이렇게 하여 후세 사람들에게 전해지게 됐다.

패배한 월왕 구천은 밭에 나가 일을 할 때도 고기를 먹지 않으며 수수한 옷만 입고 다시 군대를 강하게 만드는 데 전력을 다했다. 이후 오왕 부차가 제나라를 공격하며 국력을 소비해버리자 시기를 호시탐탐 기다리던 월왕 구천은 군대를 이끌고 오나라를 공격했다. 그 사이 월왕 구천은 미녀 서시西施를 바치는 미인계를 써서, 오왕 부차가 그녀의 교태에 빠져 정사를 돌보지 않게 함으로써 국력을 약화시켰다. 오왕 부차는 자신에게 쓴소리를 하는 모사 오자서를 정적을 통해 죽여 스스로 망국을 재촉했다. 십년이 넘게 복수를 준비한 월나라의 총 공세 앞에 항복한 부차는 마침내 자살을 하고 마는 비운의 주인공이 됐다. 그리고 월왕 구천 밑에서 모사로 있던 범려는 구천을 떠나면서 오나라 책사에게 편지 한 통을 보냈는데 그 속에 든 이야기가 토사구팽吐死狗烹 즉, '토끼 사냥이 끝나면 토끼를 삶아먹는다'는 명언이었다. 오나라와 월나라가 같은 배에 타서 적이지만 함께 가야 하는 입장을 말한 오월동주吳越同舟라는 고사성어도 이 때 나온 것이다.

관람객들은 새똥이 떨어질까 봐 불안해하며 급히 내려가고 있다. 대숲 사이로 푸른 하천이 흐르고 새들과 숲으로 어우러진 20ha 후치우의 공원 숲과 바닥 전체가 회벽을 뿌려놓은 것처럼 지천에 깔린 새의 배설물 흔적은 이곳이 영락없는 새들의 낙원임을 보여준다.

중국 4대 명원名園 류위안留園과 주워정위안拙政園

각종 기념품 가게가 즐비한 상가를 지나 버스를 타고 류위안(留園 유원)으로 향했다. 버스로 10분 정도의 거리. 류위안은 북경의 이화원. 승덕의 피서산장, 소주의 주워정위안(拙政園 졸정원)과 함께 중국 4대 명원으로 손꼽히는 곳이다. 오하명원吳下名園이란 정문 현판글씨가 첫 눈에 들어온다. 명나라 만력萬曆20년(1593년)에 처음으로 건립되었다.

명나라 관료 서태시徐太時의 개인 정원으로 당시에는 동원東園이라고 불렀으나 몇 번의 개축을 거쳐 청淸대에 류위안으로 불리게 되었다. 명대에 만든 회랑을 지나면 오밀조밀한 작은 정원들이 연이어 나타나고 시원한 맞바람이 불어오는 정자에 앉아 연못가에 유유자적 꼬리치는 비단잉어들을 바라보면 더위가 눈 녹듯 사라진다. 탑 가에 늘어선 수양버들과 온몸을 펼쳐 햇살을 막는 푸른 등나무 넝쿨이 작열하는 더위를 식혀준다. 폐부를 찌를 듯한 매미소리와 기이한 태호석을 정원 곳곳에 배치하여 이색적인 분위기를 연출하고 있다. 정원은 중. 동. 서. 북의 네 부분으로 나누어 동부는 건축물, 중부는 회랑, 북부는 전원풍경, 서부는 산수를 표현하여 각각의 영역마다 다른 취향의 풍

주워정위안은 쑤저우 4대 명원 중 최대규모다.

경을 보여준다. 손님을 맞이하는 회의실과 접대실의 탁자들, 2층은 침실로 아래층은 차 마시고 공부하는 공간으로 배치하여 주인의 취향과 풍류를 엿보게 한다.

수양버들 가에 앉아 한가로이 노니는 잉어 떼를 바라보니 여정의 피로감이 눈 녹듯 사라진다. 거대한 태호석을 마주하면서 발걸음을 멈추었다. 기이하고 독특한 형상을 한 관운봉冠雲峰이 주변의 꽃과 수목과 연못들에 둘러 싸여 마치 왕처럼 위풍당당하게 군림하는 것 같다.

정자 우측으로 나무, 돌, 괴석, 대나무로 만든 동산선죽이란 정원이 나타난다. 작고 가는 대나무 숲과 대나무 방책으로 벽을 만들고 포도 넝쿨이 우거진 회랑을 따라 분재정원을 돌아 오르면 언덕위에 갖가지

돌로 둥글게 쌓아 올린 담사이로 담쟁이 넝쿨이 용龍의 등처럼 굽이쳐 흘러내리게 하여 살아 숨 쉬는 듯 만든 것이 역동감을 준다.

오대산 소금강의 어느 귀퉁이를 옮겨놓은 것 같은 깎아지른 듯한 거대한 돌들이 나신을 한껏 뽐내며 햇살을 만끽하고 있어 인간세상의 사치와 풍류의 극치를 맛보는 듯하다. 그러나 류위안의 너무나 치밀하고 오밀조밀한 공간배치 구조가 필자에게는 다소 답답하게 느껴진다.

건물의 직선과 곡선, 빛과 어둠, 높낮이를 절묘하게 조화시킨 구도의 세밀함, 700m의 장랑長廊과 장랑벽면으로 다른 정원을 바라보게 만든 화창花窓을 통해 다가오는 다양한 정원들의 풍경이 화려하기 그지없지만 너무나 치밀하고 많은 것을 보여주고 싶어 하는 욕심 때문에 오히려 시원하고 호방한 자연의 모습이 아쉬워진다.

류위안에서 카메라 배터리가 떨어져 택시를 타고 다시 선착장 짐보관소로 가서 가져왔다. 덕분에 점심시간을 놓치고 주워정위안拙政園으로 향했다.

주워정위안은 동북거리 178호에 위치하고 면적이 4ha나 되어 쑤저우 4대

중국여행시 주의사항

필자는 1996년 여행 때 만리장성 앞에서 카메라 배터리가 떨어져 사진을 찍지 못할 뻔한 경험이 있어 이번 답사에는 넉넉하게 준비했다. 카메라 필림이나 배터리는 우리나라에서 준비해가는 것이 좋다. 값싸고 품질이 좋기 때문이다. 장단점은 있지만 디지털 카메라를 이용하여 장거리 여행을 하는 것이 훨씬 더 편하고 비용도 절약된다.

명원 중 최대의 규모다. 1522년 명대의 왕헌신王獻臣이 관직에서 추방되어 실의에 빠져 고향으로 낙향한 후 지었다. 진대의 시 한 구절인

'어리석은 자가 정치를 한다'는 졸자지위정拙者之爲政이라는 시 구절에서 본 따 이름을 지은 것으로 알려져 있다. 정문을 들어서자 확 트인 전경이 류위안과는 분위기가 정반대다.

정원 숲 곳곳은 연못으로 되어 있어 마치 넓은 평지위에 펼쳐진 숲과 같은 느낌을 준다. 정원 곳곳에 약간 높은 둔덕을 쌓고 정자를 만들어 시원하고 호방한 기품을 풍기게 한다. 부지의 60%가 연못인 주위정위안은 연못사이로 돌다리를 지그재그로 놓고 푸른 연꽃과 수양버들, 남방 식물들을 자연스레 배치하여 자연미를 최대한 살렸다.

정원은 동원東園·중원中園·서원西園과 주거 건물로 나뉘는데 그중에서 중원은 정원의 중심이며 원향당遠香堂에서 바라보는 풍경이 일품이다. 동부는 밝고 명쾌하게 확 트인 전경에 매미소리가 어찌나 시원스럽게 울어 제치는지 가슴속에 담아 있던 열기마저 서늘하게 만들고 있다. 소설『홍루몽紅樓夢』의 배경인 대관원의 모델이라고도 전해지고 있다. 주요 경관을 가진 건축물로는 난설당蘭雪堂, 철운봉綴云峰, 천천정天泉亭 등과 같은 정자가 있어 넉넉한 자연경관과 어울려 주위정위안의 정취를 중국 정원문화의 진수로 평가받게 한다.

주위정위안 서쪽에 있는 쑤저우 박물관에서 상商·주周나라 이래 고대의 청동기, 도검, 서화 등과 쑤저우다운 특색의 견직물이나 자수품 등을 둘러보았다. 동행한 유나양에게 류위안과 주위정위안 두 곳 중에 어느 곳이 더 마음에 드느냐고 물었더니 류위안이 더 좋다고 했다. 정군이나 나는 주위정위안이었다. 류위안이 여성적이라면 주위정위안은 남성적인 정원이라서 그런 것일까?

관전가에서도 걸어갈 수 있는 가장 작은 정원인 왕스위엔網師園과 역사가 가장 깊은 창랑팅滄浪亭은 시간이 부족하여 아쉬움을 남긴 채 발걸음을 돌려야 했다.

오후 3시경에 관전가觀前街로 나왔다. 지난 밤 야경 속을 헤매던 시내의 제일중심가였다. 관전가는 쑤저우시의 중앙을 동서로 800m 가로지르고 있는데 각종 상점이나 오래된 레스토랑이 줄지어 있는 번화가이다. 이 거리의 중심부에는 중국에서 가장 크고 오래된 도교사원이 있다.

점심식사 후 맥도널드 햄버거 가게에 들려 야간 배편을 타고 먹을 저녁식사를 미리 사두었다. 가게 안은 손님들로 붐볐다. 중국의 대도시에는 햄버거 가게와 치킨 체인점을 많이 볼 수 있는데 가는 곳 마다 성업 중이다.

역사의 상흔을 간직한 오나라 성 판문

오후 3시 반경 오吳나라 성인 판문을 방문했다. 입장권과 배 삯이 포함되어 있어 입구에 있는 작은 나룻배를 타고 성 앞 작은 수로를 100여 미터 노를 저어 갔다 오는 코스다. 뱃사공이 짧은 노래 가락 한 곡조를 뽑고는 천천히 되돌아오는 지나치게 형식적이고 규격화된 관광 상품이라서 실망스럽다.

배에서 내려 매표소를 지나 좌측 계단을 따라 오르니 우뚝 솟은 탑과 성벽이 시야에 들어 왔다. 성벽을 뒤덮고 기어오르는 담쟁이 넝쿨 아래 빈 성터엔 관광객을 상대로 활쏘기 하는 장사꾼과 기념품가게로

변한 오나라 작전회의실이 나타난다. 성 아래로는 수로가 뚫어져 물이 흐르고 성벽 사이사이 누워있는 녹 쓴 포대들이 한여름의 뙤약볕에 게으른 나신裸身을 뉘이고 조용히 잠들어 있다. 아직도 망루엔 오나라 깃발이 뜨거운 바람에 창끝을 세우고 세월을 가르고 있다. 성벽 한켠엔 수문 쪽으로 오르내릴 수 있는 좁은 통로가 수로와 연결되어 있고 성벽위로 늘어선 붉은 등 행렬이 담쟁이 넝쿨 속에서 당시의 흔적을 회상케 한다. 병사들의 숙소로 사용했던 아늑하고 편안하게 느껴지는 오상사伍相祠 회랑을 지나 두

'오나라 성입구에서 배타기'는 관광객을 유인하은 또 하나의 장치다.

번째 화원에 들어서면 춘추전국시대를 풍미했던 병법가인 오자서伍子胥 장군의 동상이 근엄한 표정으로 기다리고 있다.

기장산하氣壯山河란 글씨 아래 왼손에 칼을 잡고 아늑하고 평화로운 정원을 뚫어지게 응시하고 있다. 오자서는 청동으로 된 갑옷을 입고 2,500년의 시공을 넘어 무엇을 생각하고 있을까.

천추에 길이 남는 고사 성어를 남긴 역사의 흔적들이 화석化石이 되어 말없는 교훈을 전해주고 있다.

회랑을 지나면 광갑삼오廣甲三吳란 현판이 걸린 3층으로 된 커다란 목조건물이 나타나는데 이곳을 지나면 1004년에 지은 53m 높이의 7층 8각형의 목조로 된 서광탑瑞光塔이 광장 한가운데 우뚝 솟아 있다. 각층마다 내부를 개조하여 의자나 편의시설 등을 설치하여 놓았다. 이곳은 송 대의 옛 탑들 모형이나 그림 등을 전시해 놓은 송 대의 건축물이다. 성벽 안으로 수로를 파서 물을 끌어 들여 연못을 만들고 주변에 기이한 돌들을 배치했다. 과거의 병영이었다는 느낌보다는 아름답고 우아한 정원처럼 느껴지는 건 쑤저우 사람들이 예부터 정원을 꾸미는 데 탁월한 재능과 안목이 있었다는 것을 보여주는 증표일 것이다.

 **춘추전국시대 최고의 병법가 오자서**

초나라 평왕의 태자 건의 태부였던 오자서의 아버지 오사와 형 오상은 간교한 신하 무기(無忌)의 모함으로 인해 평왕에게 죽임을 당했다. 신변에 위험을 느낀 오자서는 급하게 오나라로 망명을 하게 되고 이에 오나라 광은 오자서를 빈객으로 대우하고 자신의 심복으로 삼았다. 광은 후에 왕위에 오르게 되고 와신상담(臥薪嘗膽)과 오월동주(吳越同舟)의 고사를 탄생시키게 만드는 장본인인 오왕 합려가 됐다. 오왕 합려는 오자서를 모사로 중용하고 정치와 군사를 개혁하는 등 그와 함께 국사를 의논했다.

오왕 합려는 오자서의 도움을 받아 기원전 506년 채(蔡), 당(唐) 두 나라를 규합하여 초나라로 쳐들어갔고 5차례의 치열한 접전 끝에 드디어 초나라 수도 영에 입성하였으나 초나라 소왕은 탈출하여 도주한 후였다. 오자서는 분노와 복수의 칼날을 갈았던 인고의 세월을 보상이나 받으려는 듯 부친과 형의 원수인 평왕의 무덤을 파헤치고 그의 시체를 꺼내 3백 회의 채찍질을 가함으로써 사무친 원한을 풀었다. 원한은 복수를 불러오고 복수는 더 큰 재앙을 불러오는 것이 세상의 이치.

오나라는 오자서의 계책으로 서쪽으로는 패자의 이름을 떨치던 초나라를 깨뜨리고 북쪽으로는 제와 진(晉)나라를 위압했다. 오나라가 초나라의 도읍을 점령하고 기세를 크게 떨치고 있을 무렵 오나라 남쪽에 있던 월나라가 그 기회를 타고 강국으로 등장하게 됐다. 월왕 구천의 기습을 받은 오왕 합려는 활을 맞고 죽으면서 아들 부차에게 복수를 부탁하고 숨을 거두었다. 기원전 494년 합려의 아들 오왕 부차는 정병을 출동시켜 월군을 총공격하여 부초산(夫椒山)에서 월군을 격파하고 승승장구하여 수도 회계를 포위했다. 이에 대항하여 월왕 구천은 5천의 병력을 이끌고 회계산(會稽山)에 진을 쳤으나 오왕의 포위를 뚫을 길 없어 마침내 월왕 구천은 월나라를 오나라 부차에게 넘겨주고 자신은 오왕의 신하가 되고 아내는 오왕의 첩으로 바치겠다는 굴욕적인 항복을 제의하며 화의를 요청했다. 오왕이 이에 응하려 하자 오자서는 "지금 월나라를 멸망치 않으면 나중에 화를 입게 될 것입니다"라고 간곡한 반대진언을 하였으나 오왕 부차는 월왕 구천과 강화를 맺었다.

오자서의 진언은 후에 그대로 맞아떨어졌다. 오나라의 용서로 월나라에 귀국한 구천은 와신상담으로 복수의 칼을 갈아 기원전 473년 마침내 오나라의 수도를 포위하였고 오왕 부차는 이에 대항하지 못하고 스스로 목숨을 끊었다. 이로써 오나라는 패망하고 월왕 구천은 비로소 회계산의 치욕을 씻었다. 양자강 하류지역의 패권을 잡은 월왕 구천은 북으로 진출하여 제, 진 등 여러 나라와 서주(徐州)에서 회맹했다. 동방제국은 구천을 패왕으로 받들어 오나라를 대신하여 월나라가 춘추시대의 최후의 패자가 됐다.

한편 정적에 의해 무참히 암살된 풍운아 오자서의 비운의 종말은 초나라 평왕의 무덤을 파헤치고 300대의 채찍을 가하는 복수의 칼끝에서 이미 그 싹을 키우고 있었던 건 아닐까.

항저우로 들어서다

★항저우

항저우행 여객선

오후 5시25분 여객선이 강을 거슬러 항저우로 향하는 고동소리를 울렸다. 강바닥을 타고 밀려오는 훈풍이 매우 상쾌했다. 두 개의 작은 여객선을 연결하여 앞배가 끌고 가는 독특한 형태의 여객선이다. 이틀 동안 구름에 숨어 있던 햇살이 쑤저우를 떠나는 일행에게 마지막 배웅을 하려는 듯 환한 얼굴을 내민다. 여객선의 꼬리를 물고 햇살에 번쩍이는 강 물결을 보니 가슴이 뜨거워진다.

하늘의 천당과 비교되었던 낙원의 도시 쑤저우와 춘추전국시대 오나라 수도였던 역사의 고장이며 천하에 널리 알려졌던 쑤저우의 미인에 대한 명성들은 예전만 못하다. 옛 중국인들은 쑤저우의 아내를 얻고 광저우廣州의 음식을 먹으며 항저우杭州의 시후西湖를 바라보면서 여생을 즐기다가 죽는 것을 가장 큰 행복으로 여겼다. 그러나 막상 와서 보니 중국 10대 명승지로 선정된 것이 쑤저우의 경관이 아름다워서라기보다는 예부터 시인묵객들이 많은 시와 글을 지어 노래한 역사와 문화의 향기가 서린 고장으로서의 명성 때문이 아닌가 생각된다.

여행객들이 좁은 침실 칸에서 나와 난간의 손잡이를 잡고 밖을 구경하고 있다. 외성하外城河 강을 타고 항저우로 향하는 배편이다. 가끔씩 울려 퍼지는 뱃고동 소리를 들으며 중국대륙이 운하가 발달한 이유를 실감하게 된다. 붉은 황토물이 햇살 너머로 끝없이 물결치며 이어지고 있다.

저녁 햇살이 젖어들 무렵 쑤저우 교통여유공사의 직원이 와서, 항저우에 도착하면 아침 7시부터 하루 동안 항저우를 탐방하는 패키지 투어가 있다며 관광 상품을 제안했다. 중국인들과 함께 참여하면 값싸고 효율적인 답사를 할 수 있어 흔쾌히 계약했다. 선박의 직원이 방문하여 아침 식사도 미리 주문하여 놓았다. 생각지도 못한 여행상품이 기다리고 있어 항저우에서의 여행은 좀 더 순조롭게 진행되게끔 됐다.

항저우행의 배를 이용하다보니 숙소문제도 저절로 해결되고 중국인들과 단체여행에 참여하게 되니 시간과 경비가 절감되며 항저우의 많은 유적지들을 볼 수 있어 매우 만족스러웠다. 다만 한 평 남짓한 선실 공간에 2단으로 된 4개의 침상이 마주보고 있는 비좁고 허름한 잠자리가 다소 불편하다. 이를 제외하면 배편 여행길은 호젓하고 편안한 느낌을 준다. 우리는 4인 1실의 이 침실을 65위안에 샀다.

창밖에 모래와 자갈, 무연탄, 석재 등을 실은 조그만 선박들이 쉴

새 없이 통통거리며 지나가고 강가에 위치한 마을들의 다양한 모습들이 스쳐지나가고 있다.

강을 통한 내륙 물자 수송은 중국의 다양성과 역동성을 느끼게 한다. 강폭은 조그만 선박 4대가 동시에 지나갈 수 있는 넓이다. 2층 칸에 누워 선창 밖을 보면 수많은 상선과 마을과 숲들이 지나가고 있어 지루한 느낌이 들지 않는다. 시속 20~30킬로 정도의 속도라서 서민들의 모습을 눈에 담기에는 그만이다. 한려수도의 쾌속선이나 금강산 관광 때 탔던 봉래호의 쾌적한 쿠르즈 선상보다는 시설과 분위기는 초라하고 보잘 것 없지만 서민들이 애용하는 이런 배의 분위기가 내겐 더욱 정감 있고 흥미를 느끼게 만들었다. 금강산 봉래호가 워커힐이나 신라호텔이라면 지금 탄 영암호는 1960년대 우리나라 변두리의 여인숙이다.

그러나 이 작은 여객선 선실이 훨씬 더 정감 있게 느껴지는 것은 서민들의 애환과 삶의 모습이 생생하게 담겨있기 때문이다. 175cm인 내 키로 침상에 누우면 머리에 주먹하나 밖에 남지 않는 공간이지만 쑤저우에서 방을 구하느라 어젯밤 몇 시간을 헤맨 생각을 하면 오늘은 비록 한 평 남직한 공간이라도 4칸의 침상을 갖춘 어엿한 독립공간으로 마음만은 푸근하고 즐겁다.

어둠이 젖어들고 물살 가르는 소리들이 지상의 윤곽들을 하나씩 삼켜가고 있다. 햄버거 한 개에 음료수 1병이면 저녁은 만사 OK다. 셋이서 선실 가운데 놓여 있는 탁자에 둘러 앉아 9시부터 조촐한 파티를 벌였다. 집에서 준비해 온 고추장과 멸치를 안주로 상하이 맥주를 마시며 이국의 정취에 흠뻑 취했다.

일일 탐방코스

　날씨가 흐렸다. 새벽 5시 하늘은 엷은 운무로 덮여있고 강변은 물기에 젖어 있다. 시원한 바람이 새벽을 가른다. 새벽 2시 요란스런 경적소리에 깨어 밤새 뒤척이며 생각에 잠겼다. 강변은 안개처럼 조용히 잠들어 있다. 배가 서서히 공장지대를 벗어나자 쑤저우에서 142㎞ 지점이라는 푯말이 보인다. 배는 이미 항저우 지역에 들어서 있었다.

　아침 식사로 밥 한 공기 2위안, 콩과 돼지볶음 1접시에 5위안으로 값싸게 해결했다. 오전 6시50분경 항저우에 도착했다. 13시간 이상 걸렸다. 1인당 140위안 하는 항저우 1일 탐방코스에 참여키로 했다. 가격도 비교적 저렴하다. 대부분 쑤저우에서 배편으로 새벽녘에 항저우에 도착한 중국인 관광객들을 상대로 이루어지는 패키지 투어다.

　항저우는 저지앙(浙江 절강)성의 성도로 춘추시대 월越나라의 수도였으며 오吳나라의 수도였던 쑤저우와 쌍벽을 이루는 도시다. 제일 먼저 도착한 곳은 시후 북서쪽에 있는 웨먀오(岳廟 악묘)였다. 1221년에 건립된 이 묘소는 여진족이 세운 금金과 싸웠던 민족의 영웅인 남송 장군 악비岳飛를 기념하기 위한 묘소다. 입구에 악왕묘岳王廟라는 현판을 보고 장군의 무덤에 왕王자를 쓴 이유를 물었더니 왕의 칭호가 아니라 애칭으로 존경하여 그렇게 부른다고 했다. 악비장군이 중국인들에게 영웅적인 인물로 각인되어 있음을 실감할 수 있다. 묘의 우측 담을 지나자 진충보국盡忠報國이라고 쓴 큰 글씨가 담 벽에 쓰여 있다. 향나무로 잘 조성된 묘원과 정방형의 연못이 나타나고 우측으로는 악비기념관이

악비묘 입구

있다. 악비기념관 주변 연못에는 연꽃과 수란이 활짝 피어 있고 붕어 떼들이 무리지어 노닐고 있다.

　대전 안에는 높이 4.5m의 악비장군의 늠름한 좌상이 말없이 관람객들을 바라보고 있다. 연보와 일대기가 좌우 기념관에 설명되어 있어 그의 높은 충절을 기리고 있다. 악비가 작사했다는 난감황 악보가 매우 인상 깊게 다가섰다. 커다란 좌상 위에는 민족의 빛民族之光이라는 선명한 글씨가 눈길을 끈다.

　대전 밖 정원에는 악비 부자의 묘가 조성되어 있고 무덤 앞에는 악비를 투옥하고 독살한 간신 진회秦檜 부부와 그들의 심복들이 두 손이 뒤로 묶인 채 무릎을 꿇고 있는 4개의 철상鐵像이 있다.

　지금도 악비장군을 모함한 간신 상들을 향해 침을 뱉거나 때리는 사람들이 있어 지나간 역사의 교훈을 되새기게 한다. 국가를 위해 애국충정으로 온몸을 던진 민족영웅에 대한 중국인들의 각별한 사랑이 담겨 있는 사당이다.

호수정원 시후(西湖 서호)

　두 번째 여정으로 시후 10경十景중 하나로 곡원풍하曲院風荷의 풍경이 깃든 북서쪽의 선착장으로 갔다. 선상에 누각을 지은 유람선들이 호수 도처에 떠 있다. 시후의 물빛은 중국의 다른 호수나 강물에 비해 푸른 편이다. 남색 빛을 띠고 있어 다른 호수에 비해 맑게 보이나 실제 우리나라의 물처럼 물속이 투명하지는 않다. 그럼에도 중국에서

이런 정도의 남빛 물결을 본다는 건 흔치 않다.

40일 간의 중국여행에서 1,000m이상의 암벽지대인 후난湖南성의 장자지에張家界와 쓰촨四川성의 3,000m이상의 고산지대인 지우자이거우九寨溝 두 군데서만 바닥이 보이는 투명한 물을 볼 수 있었다. 이처럼 대륙을 여행하면 중국의 차茶 문화가 발달한 이유를 저절로 이해하게 된다.

우리 기준으로 보면 시후는 맑은 물이라 할 수 없지만 붉은 황토물만 보던 중국인들의 입장에서 보면 시후는 푸르고 맑은 호수라고 부를 수 있다.

시후는 항저우 시내 서쪽에 펼쳐진 둘레가 15㎞, 면적은 5.6㎢로 3면이 산으로 둘러싸인 천연호다. 강릉 경포호보다 4배 정도 더 크다.

시후는 호수를 크게 두 제방 둑으로 나눈 바이띠白堤와 쑤띠蘇堤가 있
어 다른 지역의 호수와는 전혀 다른 느낌을 준다. 당나라 때 항저우에
자사로 부임한 시인 백낙천白樂天이 쌓은 1㎞의 바이띠와 송나라 시인

소동파蘇東坡가 쌓은 2.8㎞의 쑤띠가 호수 면을 가르고 있는 것이다. 당시의 시인 묵객들이 수양버들 늘어진 아름다운 시후의 풍경에 취해 자연과 인생을 노래했던 정감 있는 제방길이 호수의 운치를 돋우고 있다. 백낙천과 소동파 두 사람의 이름을 따서 만든 두 개의 제방에 의해 시후의 본 호湖인 외호外湖와 쑤띠에 의해 악호岳湖, 서리호西里湖, 남호南湖로 나뉘어 지고 바이띠에 의해 북리호北里湖로 나누어진 5개의 호수가 인공적으로 조성되어 있

시후에서 잠시 숨을 돌리고 한장의 사진을 남겼다.(필자)

다. 호수 가운데엔 수목이 우거진 섬들이 세 개가 떠 있고 섬마다 정자나 누각이 있어 유람선을 정박시키고 있다. 수양버들과 플라타너스 늘어선 호반에 피어나는 목련과 물푸레나무 꽃, 국화, 매화 등의 진귀한 꽃들과 남방의 나무들이 사시사철 피고 지는 시후는 한 잔의 술에 취해 인생을 노래하고 풍경에 취해 시 한 수를 읊던 옛 사람들의 정취를 음미할 수 있는 곳이다. 잔잔한 시후의 앞 물결은 뒷 물결에 밀리고 보는 이의 마음도 시후의 가슴이 되어 출렁거리기 시작한다.

선착장에서 1일류一日遊에 참가한 중국인 관광객들과 함께 시후 가운데 삼담인월三潭印月이라는 이름이 붙은 가장 큰 섬으로 출발했다.

짙은 남빛 물결을 가르며 호반을 바라보면 백낙천이나 소동파가 된 것 같은 기분에 피로가 저절로 풀린다. 선착장에 도착하여 섬을 둘러보니 뜻밖이었다. 시후 바닥을 파서 축조한 흙으로 호수 안에 섬을 만들고 섬 안에 또다시 호수를 만들어 연꽃을 기르고 붕어 떼들이 노닐게 하는 독특한 분위기를 연출하고 있다. 연못 안에 돌로 만든 아기자기한 다리를 연이어 짓게 하고 정자를 만들어 이름을 붙이는 항저우 사람들의 정원 축조술과 미적 감각이 부러울 뿐이다. 시후를 한마디로 표현한다면 호수정원이라 말하고 싶다. 땅 위에 개인 정원의 아름다움을 추구한 사람들이 쑤저우蘇州라면 호수에 아름다운 정원을 조성하여 풍류를 즐기는 사람들은 항저우다. 호수정원과 지상정원과의 차이가 두 지역 관광의 차이점이라고 보고 싶다.

호수정원 시후에 핀 연꽃

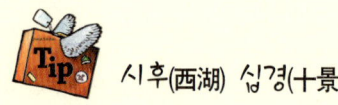 시후(西湖) 십경(十景)

● **삼담인월(三潭印月)**

섬의 남쪽 선착장 앞 호수 면에는 1621년에 세워진 높이 2m가량의 석탑 3개가 서 있다. 이 석등에 불이 켜지면 마치 작은 달처럼 보이는 것이 운치가 일품이어서 '삼담인월(三潭印月)'이라는 명성이 붙었다. 시후 10경중에 제일로 꼽는 명소다. 눈썹 끝에 시후의 바람을 담아보노라면 평생 잊지 못할 풍광으로 가슴이 벅찬 곳이다. 이곳에 서면 삼담인월(三潭印月)의 달 밝은 밤 선상에서 비파를 연주하는 가냘픈 옷자락과 달빛을 머금은 여인의 눈동자를 절로 떠올리게 된다.

● **소제춘효(蘇堤春曉)**

북송의 시인 소동파(蘇東坡)가 1071년과 1089년 두 차례에 걸쳐 항저우의 자사로 부임하여 춘하추동 시후의 아름다움을 감상하기 위해 20만 명의 사람을 동원하여 시후을 개수(改修) 하였다. 시후 바닥의 흙을 이용하여 제방을 쌓은 이 길을 후세 사람들이 기려 쑤띠(蘇堤)라고 이름 지었다.

이른 봄날 아침 안개가 자욱한 호수 가에 수양버들과 복사꽃이 만발한 새벽, 이 둑길을 걸어가는 것이 가장 일품이라고 하여 이름지었다

● **유랑문앵(柳浪聞鶯)**

시후 동남쪽에 자리 잡은 공원으로 잔디밭과 버드나무가 잘 조성되어 있는 문앵관(聞鶯館)에 앉아 복사꽃 필 무렵 하늘거리는 버들잎과 꾀꼬리 지저귀는 소리를 듣는 것이 일품이라고 하여 이름붙인 곳이다.

● **단교잔설(斷橋殘雪)**

백낙천이 쌓았다는 바이띠(白堤)와 시가지 서쪽 시후 입구를 연결하는 다리인 단교(斷橋)를 축으로 시후의 외호(外湖)와 내호(內湖)로 나뉘는데 겨울철에 바이띠에 눈이 쌓이면 다리의 중앙에서부터 쌓인 눈이 녹아 내려서 지면이 드러나는데 이것을 보석산(寶石山)에서 바라보면 눈이 녹은 부분이 다리가 끊어진 것처럼 보인다 하여 그 아름다움을 칭송한 이름이다.

● 곡원풍하(曲院風荷)

쑤띠 서북쪽 비정(碑亭) 주변으로 남송 시절에 여기서 술을 만드는 곡원(曲院)이 있었는데 여름철이 되면 연못에 핀 아름다운 연분홍빛 연꽃과 술 향기가 바람에 실려 주변을 풍미한 것을 묘사한 말이다.

● 화항관어(花港觀魚)

쑤띠 남쪽 화항공원 위쪽에 있는 화가산(花家山)에서 흘러내리는 물이 화항을 거쳐 시후로 들어간다. 송나라 때 화항(花港)에 한 관료가 누각을 짓고 고기를 기르며 풍경을 즐겼다 하여 붙여진 이름이다. 수백 그루의 모란이 만발한 목단정(牧丹亭)과 붉은 잉어들이 한가로이 떼 지어 노니는 홍어지(紅魚池)와 배를 띄우는 항만 등 3부분으로 되어 있는 데 특히 목련 외에도 많은 꽃들이 피어나는 5월 달이 가장 아름답다.

● 뇌봉석조(雷峰夕照)

시후의 남쪽연안에 우뚝 솟은 영봉산(靈峰山)의 설봉탑에 노을이 물드는 석양의 아름다움이 일품이라 칭송한 풍광이다.

● 평호추월(平湖秋月)

바이띠 서쪽 끝 호수를 감상하기 좋은 전망대가 있는데 달밝은 가을밤 거울같이 잔잔한 시후에 보름달이 뜨면 호숫가에 어리는 아름다운 그림자와 달빛을 바라보는 풍광이 일품이라 해서 붙인 이름이다.

● 남병만종(南屏晚鐘)

시후 남쪽 남병산 북쪽에 있는 정자사(淨慈寺)에 있는 큰 종이 낙조가 깔리는 저녁 어스름 무렵 호숫가에 고즈넉하게 울려 퍼지는 종소리가 사람의 심금을 울리는 듯 아름답다고 칭송하여 붙여진 이름이다.

● 쌍봉삽운(雙峰揷雲)

시후의 서남쪽에 있는 북고봉(北高峰)과 남고봉(南高峰) 사이 골짜기에 운무가 퍼지면 구름 속에 마치 두 봉우리가 꽂혀 있는 것 같아 한 폭의 산수화를 보는 듯 하다고 해서 이름 지은 곳이다.

"항저우에 도착하면 상유천당上有天堂 하유소항下有蘇杭"이란 문구가 가장 먼저 눈에 띄는 데, 이는 하늘에는 천당이 있고 땅에는 항저우와 쑤저우가 있다는 두 도시의 명성과 자부심의 발로다.

시후 주변을 부드럽게 둘러싼 산들은 물안개에 젖어 있고 아리따운 여인의 치맛자락처럼 휘날리는 버들잎은 허공을 흔드는 데 누가 이 넓은 호수위에 정원을 만들고 바람에 술잔을 기울였단 말인가. 월越왕 구천이 오吳 왕 부차에게 항복하고 바친 미녀 서시西施도 이 시후에서 비파를 타며 요염한 교태로 부차의 넋을 빼앗아 놓지 않았을까. 천하 제일 양귀비와 더불어 중국 4대 미인 가운데 하나인 서시를 기념하기 위하여 서자호西子湖라고도 불리는 시후를 바라보니 그 명성이 헛된 것만은 아니다.

수석과 정원과 시문을 즐기는 항저우와 쑤저우 사람들이 아름다운 경관과 풍류가 넘치는 이 땅에서 어찌 천하를 잡을 수 있었겠는가. 섬 한 가운데 있는 호심정湖心亭가에 늘어선 버드나무 끝에서 오나라를 망치게 한 경국지색 미인 서시가 아름다운 자태로 춤추며 노래하는 모습을 보며 달 밝은 밤 세상을 잊고 취하지 않을 영웅호걸이 있었을까.

차의 고장 룽징(龍井 용정)

드디어 용정차로 유명한 차의 고장으로 들어선다. 배가 출발지인 선착장에 도착했다. 선착장에서 짐을 공동으로 맡기고 중국인 관광객들과 함께 투어를 시작했다. 저녁 때 시후의 풍경을 다시 보기로 하고

3번째 코스인 시후룽징차西湖龍井茶 농장으로 출발한 것이다. 룽징은 중국에서도 손꼽히는 유명한 차 생산지다. 룽징龍井은 시후 남서쪽 봉황령에 있는 샘으로, 용이 살았다는 전설이 있어 붙여진 이름이다. 약간 초록빛을 띄는 물빛은 향기와 물맛이 좋기로 유명하다. 샘의 서쪽에 있는 룽징촌은 유명한 용정차의 생산지다. 시후에서 버스로 10여 분 정도의 거리에 있다.

동양문화권 중에서도 중국인들은 유독 용을 황제와 힘의 상징으로 숭상하는 경향이 강하다. 자금성에도 황제를 상징하는 용의 모습들이 장식되어 있는 것을 흔히 볼 수가 있다. 그러나 페르시아인들에게는 용이 악마를 상징하는 나쁜 짐승이며 인도에서는 죽음을 의미한다. 서양에선 용이 아예 사탄으로 터부시된다. 한 가지 대상을 두고도 지역마다 보는 시각이 다르고 문화적 차이를 느끼게 하는 것이 아이러니하다.

차 농장에 도착하여 안내양으로부터 따끈한 차 한 잔을 대접 받았다. 중국에 와서 제대로 된 차를 처음 음미해 보았다. 중국인 일행과 함께 룽징차를 재배하는 방법과 만드는 과정에 대한 설명을 듣고

Tip 항저우 1일류(一日遊)

항저우의 1일류는 하룻동안 항저우를 쉽게 돌아볼 수 있는 관광상품이다. 이 지역을 방문하는 독자분들께 1일 코스(一日遊)패키지 투어를 권하고 싶다. 단체 관광의 이점을 살려 입장료와 교통비가 저렴할 뿐만 아니라 관광지를 찾는 비용과 시간이 많이 절약되며 볼만한 주요 관광지를 다 들르기 때문이다.

가짜 용정차를 식별하는 방법도 배웠다. 1958년에 모택동주석이 방문하였고 98년 이붕총리를 비롯한 중국 유명 정치지도자나 인사들의 방

문을 선전하며 룽징차의 우수함을 소개해 주었다. 차 마시는 것이 생활의 일부인 나로서는 주저 없이 100위안을 주고 룽징차 큰 것 한통과 덤으로 작은 것 2통을 구입했다. 룽징에서 산 녹차로 70여 일 답사기간 내내 퍽 요긴하게 애용했다. 40여분 동안 몇 잔의 차를 더 마시니 속이 확 뚫리는 것 같다.

　세 번째 코스인 후파오로 출발했다. 차창 밖에 펼쳐지는 차밭을 보니 그 규모는 생각 이상이다. 전남 보성 차밭을 수십 개 이어 놓은 것 같이 연이어 펼쳐지는 경관을 보면서 중국인들에겐 차茶가 기호품이 아니라 우리가 매일 물을 마시듯 생활의 필수품이라는 사실을 실감할 수 있다. 후파오에 도착하여 입구를 들어서면 하늘을 찌를 듯 열병한 나무들이 양 옆으로 서 있어 마치 계곡의 밀림 속으로 들어가는 느낌이다. 오른쪽으로 길게 뻗은 산비탈에 후파오취안이란 커다란 글씨가 시야에 들어 왔다. 물 밑을 볼 수 있는 장방형의 못을 보니 마음도 투명해진다. 시후 남서쪽 2㎞정도 떨어진 곳에 솟아나는 이 샘은 진강鎭江의 중냉천中冷泉과 우석無錫의 혜천惠泉에 이어서 천하 3번째 샘이라 알려진 곳이다.

　신선이 호랑이 두 마리를 보내어 샘을 파게 했다는 전설이 있어 호포천이라 이름 붙었다. 이 샘에서 나는 물은 표면장력이 커서 찻잔 가득히 물을 담은 후 동전을 넣어도 가라앉지 않는다. 이 샘물로 룽징차龍井茶를 끓여 먹으면 천하제일의 차 맛을 느낄 수 있다고 자랑이다.

　중국 여행에서 물의 소중함을 새삼 깨닫게 된다. 40일 간의 중국여행에서 물 한 모금을 공짜로 마셔본 적이 없다. 중국에서 식수는 곧 돈이다. 우리나라처럼 식당에서 물 인심이 좋은 나라는 흔치가 않다.

중국에선 물대신 식당에서 차를 내오는데 상하이나 쑤저우, 항저우에서는 차 값마저 돈을 받는다. 중국에서는 곧바로 마실 수 있는 맑은 샘이 있는 곳은 매우 드물고 귀하다. 이 때문인지 생각보다는 많은 사람들로 붐비고 있다.

다음 코스는 5분 정도의 거리에 있는 송나라 성宋城이다.

웅장한 성문을 통과하면 송나라 시대의 상가나 가옥을 재현한 목조 건물들이 나타난다. 성루 위에 송나라 깃발이 비에 젖어 펄럭인다. 돌로 만든 커다란 문 뒤로 깎아지른 듯한 암벽바위가 하늘을 뚫을 듯 치솟아 있다. 암벽산 정상에서 마주보면 미국의 큰 바위 얼굴을 조각한 인조바위와 백악관의 모형을 재현한 것이 나타나는데 오히려 주변의 경관과 조화를 이루지 못해 어색하다.

중국정부가 생각보다 관광산업에 많은 투자를 하고 있지만 아직은 문화적 안목과 서비스산업에 대한 경험이 부족한 것이 사실이다.

송성 입구

이곳에 들어서면 큰바위얼굴의 인조바위와 모형 백악관이 있으나 주변과 조화되지 않아 아쉬움을 준다.

전통과 역사를 자랑하는
영은사 계곡

오뭣나라 명찰
링인스 (靈隱寺 영은사)

한 시간 정도의 투어를 마치고 여섯 번째 코스인 링인스靈隱寺로 향했다. 송성에서 버스로 15분 정도의 거리며 시후 북쪽 약 3㎞떨어져 있는 북고봉北高峰과 비래봉飛來峰 사이에 자리 잡고 있는 고찰이다. 동진東晋 326년 인도의 승려 혜리慧里가 창건한 후 명나라 초기에 다시 건축하여 링인스靈隱寺라고 개명했다.

절 입구에 있는 불교용품점에는 다양한 불상과 용구들이 진열되어 있고 절로 들어가는 비래봉 골짜기의 바위 암벽마다 헤아릴 수 없이 다양한 불상들이 조각되어 있어 여기가 바로 불국토가 아닌가 생각될 정도다.

운림선사雲林禪寺란 액자가 걸린 천왕전의 사천왕상을 지나면 대웅보전大雄寶殿이 나타난다. 높이 33.6m의 단층 팔작지붕으로 건축한 유명한 고대 건축물 중의 하나다. 오나라 때에는 9루, 18각, 72전에 3,000명의 승려를 가진 대규모 사찰이었다. 웅장한 위용을 자랑하는 경내의 8각 9층 석탑은 오나라 때의 유물이고 현재의 건물들은 대개 19세기 이후에 건립된 것이다.

높이 24.8m의 거대한 석가모니 불상은 둔황(敦煌돈황)의 암굴석면에서 본 불상을 제외하고는 실내에서 볼 수 있는 가장 큰 불상이다. 24쪽의 향나무로 조각하여 만들고 온 몸에 도금을 했다. 30m에 달하는 거대한 소나무 기둥 아래 노란 가사장삼에 황색도포를 두른 50여 명의 스님이 참여하여 예불의식을 시작한다.

거대한 불상이 굽어보는 대웅전 안의 스님의 모습은 무척 왜소해 보였다. 관광객들이 구름처럼 몰려들어 대웅전 앞은 발 디딜 틈이 없다. 신도 중 어린 학생의 집안 어른이 사망하여 천도제를 함께 올리고 있다. 젊은 스님들이 노란 가사장삼을 걸친 모습은 마치 산사의 꽃사슴을 보는 것 같아 매우 인상적이다.

대웅전 안에서 거대한 부처님이 굽어보는 위용威容 때문에 자비로움 보다는 위압감을, 편안함 보다는 경외감을 불러일으키게 하여 우리나라 사찰의 아늑하고 포근함을 주는 분위기와는 사뭇 달랐다. 불상마저 깨부수고 해탈의 세계를 추구하려는 수도자에게는 오히려 저 거대한 부처의 형상이 방해가 되지는 않을까? 석양에 비껴선 탑 그림자가 염불소리에 숨을 죽이고 있다.

시후와 경포호

시후의 야경을 보지 않고는 결코 시후를 보았다고 할 수 없을 것이다. 초승달 한 조각이라도 호수에 띄워 주었으면 얼마나 아름다울까. 심안(心眼)으로나마 달빛 비치는 물결 위에 배 한척 띄워놓고 가야금 소리를 호반에 풀어 본다면 섬섬옥수처럼 현을 타는 손끝에서 뭇 새들마저 잠을 이룰 수가 있을까. 달 밝은 밤 어디에선가 들려오는 애절한 노래 가락에 혼이 빼앗긴 청춘의 봄을 상상해 보라.

시후를 보다가 동해바다와 연해있는 경포호수를 생각하니 늘 가슴속에 간직한 안타까움이 되살아난다. 시후에 와 보니 오래 묵은 답답한 갈증이 확 풀렸다. 경포대와 시후를 비교하자면 송강 정철이 관동팔경을 노래하던 경포대는 둘레가 12km로 현재보다 3배정도 큰 호수였다. 바다와 호수와 송림과 아름다운 주변의 경관을 합치면 시후보다 규모가 조금 작을 뿐 자연조건은 훨씬 더 뛰어나다. 그런데 강릉 남대천의 물줄기를 바다로 향해 직선으로 뚫고 경포호수 주변을 증산운동의 일환으로 둑을 만들고 주변의 습지를 논으로 만들어 옛날 호수의 크기를 3분의 1로 축소시켜 놓았다. 관광 개념이 없는 시절에는 쌀 한 톨 더 증산시키는 것이 절실했기 때문이지만 좀 더 긴 안목으로 경포호수를 지키고 보존했더라면 주변 몇 마지기의 쌀 수확보다 몇 백 배 더 소중한 관광자원으로 가꾸어 갈 수 있었을 것이다.

수 십 만의 인력을 동원해 제방을 쌓고 호수의 진흙을 파서 섬을 만들고 섬 안에 연못과 정자를 지어 호수정원을 만드는 중국인들의 풍류와 자연을 이용하려는 자세가 본받을 만하다. 오늘날 후손들에게 엄청난 관광수입을 가져다준 역사적 혜안이 몹시 부러울 뿐이다. 이들은 둘레가 15km인 시후를 하나의 정원으로 생각하여 인간이 인공적인 노력과 애정을 가지고 오랜 세월 가꾸어 온 것으로, 자연 그대로 두었다면 도시 주변에 있는 볼품없고 황량한 커다란 호수에 불과했을 것이다. 중국의 산하는 척박한 황토 흙으로 되어 있어 강물은 우리나라 홍수 때의 황톳물과 같다.

경포호반을 걸을 때마다 주변의 논을 파서 없애고 수로를 놓고 누각을 세우고 호수 한 가운데서 공연을 할 수 있는 그런 호수정원 문화를 꿈꾸어 왔는데 시후에 오니 중국인들은 그 생각을 먼 옛날부터 이미 현실화하여 오늘에 이르렀다는 것을 새삼 깨닫게 됐다. 시후를 높이 평가하고 싶은 것은 시후의 자연경관 보다는 그것을 가꾸었던 중국인들의 부단한 노력과 의지 때문이다.

세계에서 가장 유명한 관광도시 가운데 하나인 라스베가스도 사막 한 가운데 인간의 의지와 노력으로 만든 인공도시이다. 가장 열악한 자연조건을 극복하고 사람들이 즐겨 찾는 관광도시로 만든 것도 바로 인간의 생각이며 의지이기 때문이다. 그런 의미에서 시후는 많은 것을 생각하게 한다.

동해바다가 있는 경포호수를 하나의 정원으로 생각해서 장기적인 안목으로 원래의 경포호로 복원하고 테마가 있는 호수공원으로 조성한다면 세계적인 경쟁력을 갖춘 명소로 만들 수 있지 않을까.

시후를 감상하는데도 많은 시간과 노력이 필요할 것이다. 호수의 숨겨진 얼굴은 계절에 따라 다르고 달마다 변하며 시시각각으로 변하는 날씨와 시간에 따라 다른 모습과 표정을 짓고 있다. 또 바라보는 위치와 호수가 받는 햇빛의 각도에 따라 같은 시각이라도 전혀 다른 세계를 보여준다. 특히 가장 많은 영향을 주는 것은 호수를 바라보는 심상(心象)이다. 이별의 정한으로 바라보는 호수는 슬픔의 물결이지만 사랑하는 연인을 만나는 기쁨으로 바라본다면 호수의 물결은 보랏빛 설레임이다.

시후西湖의 야경

　숙소를 정하고 시후 부근의 맛있고 대중적인 곳으로 알려져 있는 루외루樓外樓로 식사를 하러 갔다. 항저우에 도착한 아침에 장자지에張家界행 열차 표 예매를 부탁했지만 표를 구할 수 없었다. 저녁식사 후 다시 찾아 갔지만 좌석조차 없어 매우 난감했다. 할 수 없이 입구에서 암표상을 만나 30%의 웃돈을 주고 중간에서 갈아 탈 수 있는 표를 구했다. 유나양은 꾸이린桂林으로 떠나기로 하여 마찬 가지로 침대차 암표를 구입했다. 23시간 정도 걸리는 열차여행을 앉아서 밤을 지새운다는 것은 다음 여행에 지장을 초래할 것이기 때문이다. 중국에서는 표를 환불할 때는 20% 할인되어 환불받는다. 후미진 역전 골목에서 밤 11시 경에 다행히 표를 구할 수가 있었다.

　시후의 야경이 보고 싶어 정군과 같이 택시를 타고 가로등 불빛이 늘어선 호숫가의 숲이 있는 곳으로 향했다. 길 양 옆으로 커다란 플라타너스와 수양버들이 늘어진 가로수 길과 호반을 늘어선 가로등 불빛이 시후의 밤경치를 더욱 운치 있게 만들고 있다.

　강남의 여름 날씨는 믿을 수 없을 만큼 변덕스럽다. 가로엔 사람들의 발걸음이 끊겼고 가끔씩 연인들이 벤치에 앉아 정담을 나누거나 손을 잡고 걷는 모습이 정겹다. 하늘엔 물기 머금은 구름이 퍼져 있어 시후는 깊은 정적에 잠들어 있다. 광활한 호수주변을 감싸고 있는 가로등 불빛만이 어둠을 밝히고 있다. 시후를 둘러싸고 있는 야트막한 산들이 희미한 산자락으로 호반을 겹겹이 끌어안고 있어 포근하고 아늑한 느낌을 준다.

항저우는 쑤저우 보다 숙박인심이 좋아 3인 1실 호텔방을 얻어 편안히 잘 수 있었다. 중국에는 온돌식 방은 없고 침대가 서양처럼 일상화 되어 있다. 유나양은 내일 꾸이린桂林으로 해서 홍콩으로 출국한다고 했다. 모처럼 늦게 까지 푹 자고 오전 11시가 되어서야 탕수육과 계란볶음밥, 야채에 돼지고기를 볶은 아침을 맛있게 먹었다. 중국에서 장거리 여행을 할 때는 햄버거를 사서 가져가는 것도 좋은 방편이다. 상하이와 쑤저우, 항저우 어디서나 햄버거 가게는 문전성시를 이룬다. 이층으로 된 수백 석 규모의 가게는 만원이다. 기차에서 파는 중국인들이 먹는 음식은 느끼하고 느글거려 우리나라 사람들은 잘 먹지를 못하기 때문에 햄버거는 장거리 여행에서 가장 간편한데다 입맛에 맞아 대륙여행 내내 가장 많이 애용한 음식이다.

비가 많이 내려서인지 시가지는 깨끗하고 마음도 상쾌해 진 것 같다. 12시 30분 항저우 동역東驛에 도착하여 유나양을 배웅했다. 동역은 항저우 본래 역사가 아니고 동쪽에 있는 작은 역이다. 여기서 꾸이린까지 23시간 걸리는 기차여행이다. 상하이에서 유나양과 우연히 만나서 이곳까지 동행하게 되었

항저우 여행의 주의사항

시후를 거닐다 호텔 근처에서 느닷없이 몰아치는 소낙비를 맞았는데, 갑자기 변하는 변덕스런 날씨 때문에 매우 당황했다. 항저우의 날씨는 워낙 변덕스러워 비옷이나 우산을 항상 준비하는 것이 좋다. 그렇지 않으면 카메라나 캠코더같은 장비가 비에 젖어 낭패를 당할 수 있다. 항저우 뿐 아니라 해외여행에서 카메라만큼 중요한 것이 비옷이나 우산이라 것을 명심하자.

는데 덕분에 외롭지 않게 여행하게 되어 다행이었다. 여행의 묘미는 우연히 만난 사람과 동행하고 또 갈 길이 달라지면 부담 없이 떠나가는 그런 만남이 있어 아름답다. 정군도 유나양과 같은 세대라 며칠간 재미있게 지낸 모양이다.

역 부근에 짐을 맡기고 3위안에 자전거를 빌려 타고 거대한 복합역전 상가인 항저우 중앙역과 주변상가들을 구경했다. 장자지에행 열차 시간이 많이 남아있어 도심을 구경하고 싶었다. 항저우는 상하이와 달리 5~6층 정도의 고층 아파트도 드물었다. 가장 큰 의류 상가와 시장터를 누비며 도심 곳곳을 달려보았다. 항저우의 도심은 상하이처럼 골목길을 하나 두고 가장 부유한 상가와 빈민촌이 공존하는 그런 대조적인 풍경은 볼 수가 없었다.

마르코 폴로가
소개한 천상의 도시 킨사이(항저우)

13세기 중국을 여행했던 마르코폴로의 동방견문록에서 킨사이Quinsai라는 훌륭한 도시에 대한 이야기가 소개되고 있다. 프랑스어로 '천상의 도시' 라는 뜻의 킨사이는 주위가 100마일이고 일주일에 사흘씩 4~5만 명의 사람들이 시장이 열리는 광장으로 몰려드는데, 이때 시장을 보기위해서 온갖 종류의 식량을 갖고 나와서 식량은 언제나 충분하다고 기술하고 있다. 또 도시는 모두 물 한가운데 있고 물로 둘러싸여 있어 시내 여러 곳을 다니려면 많은 다리가 필요하고 도시에는

12,000개의 돌다리가 있다고 적었다. 바로 항저우에 대한 기록이다.

실제 항저우에 다리가 많이 있었던 것은 사실이나 12,000개는 과장이 분명하다. 1271년 성벽안의 다리 숫자는 117개였고 교외에 230개가 있었다고 하니 다리의 숫자가 매우 많다는 표현으로 받아들여야 할 것 같다.

마르코 폴로에 의하면 킨사이에 있는 10개의 광장들은 모두 커다란 건물들로 둘러싸여 있는데 어떤 상점에서는 쌀과 향료로 빚은 술만 파는데 계속해서 신선한 것들만 만들어내고 값도 싸다. 다른 거리에는 기녀들이 살고 있는데 그 수가 얼마나 많은지 말하기도 힘들 정도다. 그녀들은 일반적으로 지정된 구역인 광장 근처뿐만 아니라 시내 전역에 흩어져 있다.

그녀들은 고급 향수를 쓰고 여러 명의 하녀들을 거느리며 집을 온통 화려하게 장식한 채 호화로운 생활을 하고 있다. 그녀들에게 한번 빠져버린 외래인들은 황홀경을 경험하고 그녀들의 애교와 매력에 온통 정신을 잃는 바람에 그 후로는 그녀들을 결코 잊지 못하게 된다. 이런 까닭에 그들은 고향으로 돌아간 뒤 킨사이, 즉 '천상의 도시'에 있었다고 말하면서 이곳으로 다시 돌아올 날만을 손꼽아 기다리게 된다고 말하고 있는 것을 볼 때 항저우는 옛부터 풍류의 도시임이 잘 드러나는 대목이다.

이밖에도 호수에는 크고 작은 선박과 유람선들이 수없이 떠 있어 그것을 타고 다니며 오락과 유희를 즐겼다. 그 같은 배에는 10명, 15명, 20명 혹은 그 이상도 탈 수 있었으며 유람선 안에서 시후 동쪽 도시의 웅장함과 아름다움을 감상할 수 있고 수많은 누각, 절, 수도원,

높은 나무가 있는 정원들을 볼 수 있었다 한다.

이 도시 주민들의 머릿속은 일이나 사업을 끝내고 하루 몇 시간만이라도 여인들이나 기녀들과 함께 유람선을 타고 유희를 즐기려는 생각으로 가득하다고 마르코 폴로는 소개하고 있다. 또한 도시 안에 무려 3,000여 개의 욕탕과 증기탕이 있다는 사실도 기술하고 있는 것으로 보아 항저우는 그 당시 상업과 풍류가 가장 발달된 천상의 도시였음을 짐작케 한다.

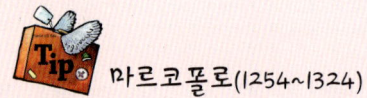

마르코폴로(1254~1324)

이탈리아 베네치아의 상인으로 동방여행을 떠나 중국 각지를 여행하고 원나라에서 관직에 올라 17년을 살았다. 이후 이야기 작가인 루스티켈로에게 동방에서 보고 들은 것을 필록(筆錄)시켜 마르코 폴로의 여행기 『세계 경이의 서(통칭 동방견문록)』가 탄생했다. 그는 죽고 난 다음 '마르코 밀리오네(Marco Millione)'라고 불렸다. '백만 가지 허무맹랑한 이야기를 하는 이야기꾼'이라는 뜻이다. 그만큼 그의 견문록은 서구인들에게 환상과 꿈을 다 주었다. 그러나 최근에는 마르코폴로가 직접 중국을 방문한 적이 없다는 주장도 제기되고 있다. 그가 만리장성을 언급하지 않은 탓이다. 그럼에도 그의 책은 성경 이후 서구에서 가장 많이 팔린 책으로 꼽는다.

후난湖南성 장자지에(張家界 장가계)

후난湖南성

암표상에게 속다

장자지에 행 열차에 올랐다. 30%나 웃돈을 더 주고 구입했던 티켓은 침대차 티켓이 아닌 입석표였다. 우리들을 안심시키기 위해 역무원을 만나는 척 제스처를 쓰고 그럴듯한 번호가 찍힌 티켓을 주면서 두 부부가 한 조가 되어 믿음을 심어 주려 했던 행각 모두가 사기였다. 목마른 자를 향해 사기를 치는 사기꾼들은 세상 어디에서나 있나 보다. 기차를 탔을 때는 이미 늦었다. 기차표가 사기당한 줄도 모르고 꾸이린으로 떠난 유나양을 생각하니 안타까웠다. 사기꾼 부부가 오늘 밤 또 다른 제물을 찾으며 호들갑을 떨 것을 생각하니 마음이 불편했지만 좋은 경험이라 생각하고 털어 버렸다.

열차는 미끄러지듯 들판과 작은 집들과 농가를 지난다. 개방 이전

마오뚱저 시대의 붉은 벽돌집과 달리 새로 짓는 집들은 서구식 주택형으로 바뀌고 있었다. 이름 모를 역과 마을이 스쳐가고 가끔씩 내리고 올라타는 사람들 어깨 너머로 구름이 조금씩 걷히기 시작하여 저녁햇살이 대지를 적시고 있다. 세상은 온통 녹색으로 물들고 철로를 따라 뻗어 내리는 높은 산들이 철길을 쫓아 달려오는 것 같다. 풀잎에 생기가 더 쏟아져 내리고 아스라이 사라지는 시골마을 언덕길과 붉은 벽돌집들이 나타났다 사라지는 시골 들판은 펄벅의 소설『대지』를 연상케 한다. 소설처럼 끝없이 펼쳐지는 황토밭과 논들, 장마 때나 봄직한 누런 황톳물이 대지를 흐르고 있다.

작은 역마다 정차하는 삼등기차는 중국인들의 느긋하고 낙천적인 성격을 이해하는데 많은 도움이 된다. 그들에겐 기차가 하나의 생활공간이다. 대부분 입석표 승객이다. 누군가 좌석표를 가지고 나타날 때까지 앉으면 주인이고 나타나면 내어주고 누군가 떠나면 기다린 순번대로 자연스레 빈자리를 메운다. 장거리 여행객이 많아 한 보따리씩 음식을 장만해서 들고 타는데 대부분 두세 끼 식사정도는 마련해 온다. 열차에서 파는 음식들은 보기에도 느끼하고 기름진 음식들이라 사먹을 엄두조차 내지 못한다.

저녁 무렵이 되자 앞자리에 앉은 젊은 청년이 식사를 시키고 도시락 쓰레기와 닭다리 뼈들을 미안해하는 기색 하나 없이 자연스럽게 바닥에 버렸다. 처음엔 야만인 같이 느껴졌다. 저녁이 가까워지자 식사를 마친 다른 승객들도 음식쓰레기를 바닥에 하나 둘 내다 버려 어느새 바닥은 쓰레기장으로 변해가고 있었다. 도무지 믿을 수 없는 광경이다. 저녁때가 되면 통로로 식사와 음료수를 파는 매점박스차가 그 복잡하고 좁은 공간을 교묘하게 빠져 다니며 음식을 팔고 있는 모습이 자갈치 시장 통보다 더 복잡하고 활기차다. 모두들 아무 일 없다는 듯이 태연하게 떠들고 흥겹게 얘기하고 있다. 기차 칸에서 큰 목소리를 내고 와자지껄 떠들어대도 누구나 얼굴 찡그리는 사람 없이 넉넉하고 여유 있는 표정들이다.

밤 9시가 되어서야 쓰레기장을 방불케 했던 기차바닥이 정리됐다. 승무원이 나타나 장대걸레로 밀어치우는 순간 바닥은 처음 모습으로 완전히 돌아왔다. 바닥에 침을 뱉는 것을 볼 때 야만인을 보는 듯한 고정관념이 점차 사라지고 익숙해지기 시작했다. 주변 사람들 대부분이 20시간 이상 장거리 여행객들이다. 이 기차는 잘 다니지 않는 코스를 운행하며 하루에 한번 밖에 운행하지 않는다. 하루나 이틀정도 기차를 타는 그들 입장에서 바닥을 쓰레기장으로 활용해서 일시에 먹고 버리고 한꺼번에 처리하는 독특한 쓰레기 처리방식이 정착된 것이다.

어두컴컴한 당구장에서 계산기로 30% 추가된 계산의 정확함을 몇번이고 보여주며 신뢰감을 보여주려 했던 완벽한 사기꾼 부부의 솜씨에 속아 필자는 제자인 정군과 힘겨운 밤을 보냈다. 짜리몽땅한 마누라의 즐거워하던 그 표정과 침대권 티켓을 내밀었을 때 자기들과는 상관없는 표라고 손을 내젓는 역무원의 제스처에 황당했던 순간들이 서서히 어둠 저편 연기처럼 사라져 갔다. 좌석 표에 침대권을 끊어 가려던 것이 입석 칸에 23시간 논스톱 여행을 하게 되었으니 이 또한 중국 기차문화를 탐색하라는 하늘의 뜻으로 알고 넉넉한 마음을 갖기로 했다. 저녁은 준비해 온 햄버거로 때우고 난생 처음으로 좌석 없는 입석으로 밤을 새우자니 여간 인내가 필요한 것이 아니다. 밤새도록 뜬눈

중국의 기차 여행! 차라리 즐겨라

중국에서 가치 여행을 처음 해 보는 사람은 당황하기 십상이다. 우리와 너무도 다른 풍광과 관습, 먹거리, 기본 콘셉트의 차이가 상당하다.

중국열차는 종류가 다양한데 크게 특쾌(特快), 쾌속(快速), 보통(普通)열차로 나눌 수 있다. 여행객들이 많이 이용하는 것은 빠르게 운행하는 특쾌와 쾌속열차다. 열차가 T로 시작하는 열차는 특쾌로 열차 중에서 가장 빠르며 시설도 가장 좋다. 주로 침대칸이 많고 좌석 수는 그리 많지 않으며 간이역은 정차하지 않고 주요 도시를 연결하는 열차다. K로 시작되는 쾌속열차는 정차역이 특쾌 보다는 많은 장거리 열차다. T와 K로 시작되지 않은 열차는 보통열차로 중.근거리를 달리는 보통쾌속과 모든 간이역마다 서는 보통여객만차가 있다. 간이역마다 서는 열차를 타고 중국인들과 함께 밤을 지새보는 것도 중국 여행의 좋은 경험이 된다.

중국에서 기차여행의 거리개념은 한국과는 많이 다르다. 우리는 기차가 단순한 이동수단이나 중국인에게는 하루 이틀씩 식사도 하고 잠도 자는 식당과 여관개념이 함께 공존하는 생활공간이다. 틈이 있으면 물이 스미듯 5~6시간이 지나면 자리 없이 서 있던 사람이 자연스레 빈자리를 잡아 위치 이동이 이루어진다. 기차를 타면 서너 끼 식사 준비를 해오는 것이 중국의 기차문화다. 이곳에선 느긋한 마음이 아니면 견디기 힘들다. 짐을 싣는 선반에 2단으로 쌓은 빼곡한 짐들이 마치 물품보관소 진열장처럼 늘어서 있다.

시간이 지나면 2칸의 좌석이 2.5칸이 되고 3칸의 좌석이 3.5칸이 되어 어느
새 엉덩이 반쪽은 자연스레 상대편 좌석으로 끼어들게 된다. 이것을 이해하게
될 즈음 중국 여행이 즐거워지기 시작한다.

중국 사람들의 억양은 매우 높아 열차 안은 시장판 같다. 차창 가에 펼쳐지
는 시골마을 풍경 너머로 웃고 떠드는 소리가 귓전을 맴돈다. 옆 사람을 전혀
개의치 않는 눈치다. 한마디로 소음공해다. 그러나 승객들은 지루한 장거리 기
차여행을 카드나 화투를 치면서 웃고 떠들면서 즐겁게 보내고 있다.

중국의 기차여행에서 얻은 교훈은 그들의 생활문화에 적응하면서 서로 이
해하고 인내하지 않으면 도저히 견디기 힘들다는 점이다. 10시간 정도의 거리
는 우리나라의 2~3시간 정도로 생각해야한다. 20시간 이상이 되어야 장거리
여행 축에 끼인다. 완행열차인 경우는 되도록 타지 않는 게 좋다. 장자지에서
창사까지 5시간 20분 소요되는 이 열차가 완행일 경우는 13시간 정도 소요되
기 때문이다. 20시간 이상을 쉬지 않고 여행하기에는 너무나 지루하고 힘들 것
이다. 그래서 서로 웃고 떠들고 카드놀이를 하는구나 생각하면 공해 속에 떠
있는 공간처럼 느껴지던 열차 칸이 그리 불쾌하게만 여겨지지는 않는다.

인간은 자기가 살아온 방식을 기준으로 모든 사물과 타인을 평가하려 들기
때문에 갈등이 생겨난다. 여행이야말로 그런 편견과 고정관념에서 벗어나게
해주는 좋은 길잡이다.

으로 창밖을 바라보며 옆 좌석이 비워지기를 기다리는 수밖에 없었다.

새벽 5시30분 농촌의 들녘이 어렴풋이 시야에 들어왔다. 눈을 뜰 수가 없다. 13시간 만에 겨우 자리를 잡을 수 있었다. 새벽 6시경에 밤새 쌓였던 쓰레기가 치워지는 사이, 창밖에서는 황톳물이 흐르는 큰 강이 열차를 스쳐간다. 먼동이 틀 무렵 지난밤 승무원에게 부탁한 침대차를 겨우 구할 수가 있었다. 3시간 정도 자고 나니 피로가 많이 회복됐다. 3단으로 된 침대칸은 입석 칸과는 별세계다. 가운데 침대칸에 누워 차창 밖을 바라보니 발끝 너머로 도회지와 농촌의 들판과 호수와 강이 미끄러지듯 지나가고 있다.

중국의 설악 장자지에(張家界 장가계)

오후 12시 30분 장자지에 역에 도착했다. 여행사 직원들이 많이 나와서 관광객들을 모으고 있다. 이곳 장자지에는 소수민족 출신인 토가족土家族들이 사는 고장이다. 시골이라 그런지 밥과 물과 차 인심도 넉넉한 편이다. 과거에는 낙후된 소수 민족들이 거주하는 작은 도시였으나 현재는 정부에서 많은 투자를 하고 있어 중국제일 유명관광지 가운데 하나로 탈바꿈하고 있다. 시내중심가를 통과하는데 낡은 아파트와 건물들이 늘어선 도시의 풍경은 우리의 70년대를 연상시킨다. 도심의 인구는 30만 정도의 소규모로 75%가 토가족土家族, 25%가 한족이다.

오후 3시 반경 공원입구에 도착했다. 거대한 암벽 돌기둥이 하늘을

장자지에 암봉들이 수려한 자태를 뽐내고 있다

찌를 듯 솟아있고 암벽 틈새의 푸른 나무들이 이국적인 풍경을 자아낸
다. 마치 설악산 비선대의 장군바위를 보는 것 같은 느낌이다. 흐릿하
던 날씨마저 구름을 뚫고 먼 길을 달려온 나그네를 환영하듯 눈부신
햇살을 쏟아 내고 있다. 장자지에 국립공원매표소 앞은 많은 관광객들
로 붐볐다. 입장료는 108위안(우리돈 15,000원)으로 생각보다 비싸다.
중국관광에서 늘 부담이 되는 것이 입장료다. 한국보다는 훨씬 비싼
편이다. 북경을 제외하고는 공원입장료 이외에 허름한 헛간 같은 화장
실이라도 요금을 추가로 받는다. 입장료 외에도 중요한 건물이나 장소
가 있으면 별도로 추가요금을 받기 때문에 짜증이 날 정도다.
　중국에 와서 맑은 계곡 물이 흘러내리는 것을 처음 본다. 계곡 오른

쪽으로 펼쳐지는 골짜기 사이로 거대한 암벽 기둥의 장대한 행렬들이 아스라이 늘어서 있다. 광장에 대기하고 있던 버스를 타고 2분 정도 달리면 케이블카 매표소가 나타난다. 거대한 암벽들이 병풍처럼 둘러쳐진 황석채라 불리우는 2분 정도 소요되는 케이블카 코스다(편도 48위안, 왕복 86위안). 암벽기둥 위를 수직으로 서서히 올라가는 기분은 마치 암벽사이의 허공에 떠 있는 아찔한 느낌을 준다. 케이블카 정거장에 내리니 정상 뒤편은 울창한 송림 숲과 꽃밭이다. 좌측 봉 언덕 구름에 떠 있는 듯한 누각과 앞면에 펼쳐진 거대한 돌기둥과 계곡 건너편에 보이는 산림속의 수장풍 계곡의 장관이 파노라마처럼 눈앞에

한폭의 동양화를 연상케 하는 황석채 전경

펼쳐졌다. 뒤편 열대 소나무 군락지를 돌아 나오자 마치 환영 나온 것 같처럼 쌍문영비 바위 두 개가 우리를 영접한다. 토가족 전통차밭을 따라 계단을 내려오면 오지봉五指峰을 만난다.

다섯 개의 깎아지른 듯한 거대한 암벽기둥이 마치 다섯 손가락을 경쾌하게 펼쳐 보이는 듯하다. 오지봉 옆으로 연이어 펼쳐지는 거대암벽 군상들이 하나의 성벽을 쌓듯 앞을 가로막고 좌측으로는 터질듯 한 근육질 암벽석산이 햇살에 속살을 드러내고 있다. 석벽너머로 구름을 뚫

6기각

장자지에 계곡

을 듯 연이어 늘어선 연봉들이 고개를 곧추세우고 첩첩히 일어서 있다. 오지봉에서 오던 길을 되돌아 6기각六奇閣정자로 올랐다. 이 부근 일대를 황석채黃石寨라 부르며 이곳이 황석채에서 가장 높은 봉우리다. 정자에는 토가족 기념품점과 전통찻집이 있다. 정자에 올라 잠시 주변을 둘러보면 울창한 송림 숲과 기암괴석들이 어울려 현란하고 아늑한 분위기를 연출한다. 먼 산에 걸쳐있는 흰 뭉게구름이 솜털처럼 펼쳐져 가슴으로 다가오며 마치 한 폭의 동양화 속 선경을 거니는 기분이다.

산정에서 내려와 10여분 정도 숲길을 걸으면 남쪽 하늘 숲 계곡사이에 하늘을 찌를 듯 솟아 있는 거대한 돌기둥 남천일루南天一樓를 만난다. 구름이라도 뚫을 듯한 기세다. 남천문을 지나 차 한 잔 마실 시간쯤 걸으면 옥황상제가 옛날 이곳이 바다였던 시절, 하늘에서 침을 놓았다는 전설이 어린, 역시 돌기둥인 정해신침定海神針을 만난다. 계곡사이에 마치 날렵한 침을 꽂은 듯이 보이는 거대한 석주다. 계곡의 두 갈래 분기점에서 맞은편 산언덕 계단 길을 올랐다. 산마루 옆에는 옥황상제가 천상의 보물 상자를 갖다 놓았다는 천서보함天書寶函이란 보물 함 단지처럼 생긴 바위가 있고 옆에는 토가족 전통가옥이 한 채 그늘 속에 서 있다. 둥근 원두막을 2층으로 크게 지은 가옥 형태로, 아래층은 가축을 기르고 2층은 주거지로 사용하고 있다. 지금은 관광객들을 위한 기념품 가게나 찻집으로 운영하고 있다.

숲길을 벗어나 저녁 6시경 정원에 도착, 다시 긴 계곡을 따라 걷기 시작했다. 시원하고 맑은 계곡물이 흐르는 물길을 따라 걷노라면 별유천지에 와 있는 기분이다. 독수리가 보호한다는 하늘을 찌를 듯한 암벽 봉우리를 바라보면서 마치 신화시대를 걷는 것만 같았다. 저녁 6시반경 문성암文星岩에 도달하여 이 지방 문인들을 배출시킨 인물들에 대해 설명을 들었다. 계곡 물의 양은 많지 않지만 바닥이 보일정도로 맑은 곳은 이곳과 같은 암벽 고산지역이 아니면 찾기 어렵다. 물가의 바위들은 붉고 작은 바위덩이들로 잘게 부서져 계곡바위들의 형태는 볼품이 없지만 계곡의 물길 따라 펼쳐지는 돌기둥과 병풍 같은 석벽의 규모나 아름다운 주변경관은 천하일품으로 손색이 없다. 광대한 중국의 산하엔 참으로 다양한 경관이 존재하고 있음을 보여주는 것이다.

 장자지에의 개관

　장자지에는 후난(湖南)성 서북부 무릉 산맥에 자리한 중국 최고의 명승지 가운데 하나다. 한나라를 세운 장량이 토사구팽당할 것을 염려, 도망쳐서 정착한 곳이 이곳 소수 민족인 토가족이 사는 곳이었다. 장량은 유방의 군사를 피해 황석채 바위에서 49일이나 버텼다고 전한다. 2200년 전 일이다.

　중국의 첫 국가산림 공원이며 1992년에 세계자연유산에 등록됐다. 1980년대 이전의 장자지에는 원시상태를 유지하고 있었지만 지금은 중국정부가 케이블카를 비롯한 관광시설에 많은 투자를 하여 사천성 지우자이고우와 더불어 중국인들이 가장 선호하는 최고의 관광지로 부상하고 있다. 총면적 264㎢ 안에 3,000여개의 기암괴석이 솟아있는 암벽 돌기둥과 800여개의 시냇물이 흘러내리는 지상의 또 다른 별유천지 세계다. 평균 기온이 16℃인 아열대 계절풍 기후로 소수민족인 토가족의 고향이다. 장자지에는 인구 130만의 아주 작은 도시다. 도로나 관광 숙박시설 등은 다소 낙후되었지만 정기항공편과 전세항공기편이 속속 투입되고 있어 성장전망은 매우 밝다.

천자산天子山에 오르다

천자산은 장자지에 투어의 핵심 코스다.

둘째 날 아침 7시에 일어나 만두와 국수, 죽을 곁들인 가벼운 식사를 했다. 한족 음식과는 달리 느끼하지 않아 입맛에 맞다. 8시에 숙소를 나왔다. 아침 안개가 공원입구의 거대한 암벽군상들을 감싸고 높이 130m의 돌기둥들이 안개구름을 휘감아 구름을 찌를 듯 고개를 쳐들고 있다.

120m짜리 수직암벽 케이블카

쑤이라오스먼 입구에서 10여분 걸으면 원앙계곡이다. 깎아지른 듯한 암벽들이 계곡 양옆을 열병하듯 연이어 늘어서고 아열대 수목들이 가득한 계곡의 장쾌한 모습은 설악산에서는 느낄 수 없는 이국적 경관이다. 매표소 입구에서 바라보면, 암벽산의 석면 벽을 타고 오르내리게 되어 있는 특이한 형태의 케이블카를 설치하여 운행하고 있다. 입구에서 승강장까지 120m의 암벽터널을 뚫어 승강장을 만들고 수직으로 된 암벽에 레일을 설치하여 케이블카를 운행하는 그 특이한 발상과 규모에 감탄을 하지 않을 수 없다. 땅을 파서 호수와 산을 만들고 만리장성을 쌓는 민족의 후예다운 발상이다. 중국 대륙 여행을 하면서 느낀 점은 중국 관광은 자연보존보다는 개발수익 사업에 역점을 두고 있다는 것이었다.

케이블카를 타면 326m의 정상까지 2분 정도 걸리는데 암벽 옆에 떠가는 기분이다(상행 53위안, 하행 43위안). 정상에는 바닥과 조경 공사를 하고 있다. 산정으로 나있는 보도를 따라 걸으며 백룡여유전제百龍旅遊電梯매표소에 도착했다. 수 십대의 버스가 손님을 기다리고 있다.

오전 9시경 천하제일교天下第一橋행 봉고차에 올랐다. 오지산간 마을이 나타나고 계단식 밭과 경작하지 않는 묵밭들이 많이 띄었다. 10여 분 달려 천하제일교 입구마을에 도착했다. 산기슭에서 대리석 계단을 따라 돌아 내려가면 미혼대迷魂台란 전망대가 나타난다. 1,000m 고지에서 내려다보는 암벽 면들과 돌기둥들을 바라보면 혼백이 어지러울 정도로 아름답다하여 붙인 이름이다. 이곳 관광의 특징은 터널을 뚫고 엘리베이터를 이용하여 산정에 오르게 하고 차량을 동원하여 여러 군데의 경관을 관광객들로 하여금 손쉽게 감상하게 하는 방식이다. 우리와는 정반대 스타일이다. 힘들이지 않고도 돈만 내면 쉽게 아름다운 경치를 만끽할 수 있도록 배려한 개발 지향적 관광정책을 느낄 수 있다.

설악산을 오르는 기분과는 다른 분위기다. 설악산은 산 전체가 수천 만 년의 풍화작용으로 이루어진 암벽 산이다. 이에 비해 장자지에는 계곡이 풍화, 침식, 붕괴, 유수절삭 작용을 거친 후 기이한 봉우리와 암벽 면들이 열대림과 어우러져 아름다운 비경을 만들어내고 있다. 계곡 위에는 토가족들이 살고 있으며 이들은 농사와 약초재배나 관광업에 종사한다.

미혼대에 올라 계곡아래를 굽어보니 아득하고 오싹오싹한 전율을 느끼게 한다. 수천 길 낭떠러지 아래로 떨어지면 흔적이라도 남을 수 있을까.

미혼대를 돌아 내려 천하제일교에 올랐다. 서쪽 면에 펼쳐져 있는 암벽들이 마치 다리를 연결해 놓은 것 같다고 하여 붙여진 이름이다. 예부터 천하제일교 양옆에는 두 개의 봉을 연결하는 다리의 난간 줄이 있어 이곳에 열쇠를 잠가 놓고 1년이 지난 후에 열어보아 열리면 99세까지 산다는 전설이 있다. 지금도 전설을 입증이나 하듯 수백 개의 자물쇠가 난간 줄에 빼곡히 걸려 있다. 10m 정도 되는 천하제일교 입구에는 토가족 상인이 돈을 받고(20위안) 관광객이 원하는 이름이나 글씨를 새겨 넣어 준 후 훗날 다시 방문하여 열어볼 수 있도록 장사하고 있다. 전설을 판다는 것은 중국인들만이 할 수 있는 특유의 상술인 것 같다.

암벽 산봉과 산봉우리 사이가 허공에서 구름다리처럼 자연스럽게 연결되고 천하제일교 아래 뻥 뚫린 공간으로 보이는 맞은편 계곡의 돌기둥과 암벽사이에 솟아있는 나무들이 어울려 선경을 이룬다. 다리 끝에는 끝이 안 보이는 까마득한 낭떠러지가 전율과 경탄을 자아내게 한다. 천하제일교를 가장 잘 찍을 수 있는 장소에 철사다리를 세워놓고 사진 한 컷 찍는 데 1위안씩 받는 중국인들의 상술에 새삼 놀라지 않을 수 없다.

산간 암벽 벽지 마을 뒤에는 작은 촌락이 있고 연기가 피어오르고 있다. 천하제일교 입구에서 출발하여 국영 장자지에 관리처에 도착했

선녀산화 전경

신선이 사는 착각마저 들게 하는 천자각

다. 음식점과 주민들이 음료수를 파는 작은 버스정류장에서 차를 갈 아탔는데 어찌나 고물차였는지 얕은 언덕길을 오르다 시동이 꺼지는 가 하면 다시 시동을 걸다 문짝마저 벗겨질 뻔했다.

오전 10시 반경 고원의 굽은 언덕길을 돌아 30분쯤 지나 천자산 주 차장에 도착했다. 토가족 마을의 숲길과 완만한 도로와 잔디와 꽃으 로 조성한 가룡공원加龍公園이 나타났다. 모택동을 비롯한 근대 중국사 에 나타난 10대 인물가운데 하나로 추앙받고 있는 이 지역출신 가룡 을 기리기 위한 공원이다. 가룡의 커다란 동상을 지나 천자각天子閣으 로 향했다.

천자각에 이르기 전 좌측 선녀산화仙女散花에 이르렀다. 탑처럼 쌓아 놓은 것 같은 거대한 석벽기둥과 사람의 모습을 한 기암괴석들, 깎아지른 석벽 위에 아슬아슬 올려 쌓은 듯한 바위들, 얼굴을 마주보고 서 있는 것 같은 다정한 쌍봉, 천상의 선녀들이 몸에 푸른 숲을 두르고 계곡으로 내려와 아름다운 자태를 보여주는 것 같은 황홀한 전경이 펼쳐진다.

우측으로 어필봉 전경이 시야에 들어왔다. 자로 잰 듯한 암벽 산들이 양옆으로 갈라져 거대한 계곡을 펼치고 두부모 자른 듯한 석벽을 수백 미터 쌓은 것 같은 암벽군락들이 울창한 수목을 두르고 하늘을 찌르고 있다. 붓끝처럼 뾰족하고 첨탑처럼 날카로운 돌기둥들이 계곡 가운데 수많은 군상을 이루어 하늘에 아름다운 그림이나 글씨를 휘갈길 것만 같다. 바람이 불면 쓰러질 것 같은 연약한 소나무가 네모진 돌기둥 틈 사이에서 뿌리를 내린 것을 보면 자연의 위대한 생명력이 온 몸으로 전해진다. 비한 방울 스며들 수 없는 저 암벽 틈새에 뿌리를 내리고 수천 수억 년을 생멸하는 자연의 숨소리에 호흡이 정지되고 경건해진다.

천자각을 오르며 사방을 둘러보는 전경은 신선들이 사는 푸른 계곡 숲을 거닐고 있는 착각마저 들게 한다. 천자산 자연보호구역

어필봉 전경. 암벽군락이 병풍처럼 서 있다.

은 설악산의 공룡능선에 견주어도 손색이 없다. 6층 천자각에 올라 주변을 바라보면 계곡마다 다양하고 신비로운 형상의 석주들을 형형 색색 구비하여 보이지 않은 하늘의 손길로 박아놓은 것 같다.

　누각을 내려와 마도로스 담배 파이프를 입에 물고 고향을 굽어보는 가룡加龍의 동상과 조그만 정자를 지나 계곡아래 계단을 계속 내려가 면 관망대가 나타난다. 운해가 낄 때면 바다같이 보여 서해西海라 부르

 **설악산과 장자지에 (張家界)**

　설악산이 산을 오르면서 마주치는 갖가지 풍경과 절경을 맛보는 체험형 관광지라면 장자지에는 열대산림에 묻혀 계곡조망이 힘들기 때문에 정상과 산정부근 전망대에서 계 곡 속에 솟아있는 다양한 돌기둥이나 석벽을 감상하는 조망형 관광지다.

　설악산은 수천만 년에 걸친 풍화 침식 작용으로 산 전체가 기암괴석으로 깎여 절경을 이룬다. 반면 장자지에는 침식작용으로 물이 흐르며 계곡을 형성하고 계곡 사이로 거대한 석주들이 살아남아 장관을 만들어 낸다. 게다가 계곡 이외의 산 위 지역은 사람이 거주하 고 농사를 짓는 들판이나 언덕으로 이루어져 있는 것이 특징이다.

　설악산은 단단한 화강암으로 구성되어 다양한 형상의 아름다움을 간직한 반면 장자지 에는 붉은 색조를 띤 비교적 약한 암석으로 잘게 깎여 특별히 아름다운 모습을 가지고 있지는 않다.

　설악산은 암반 수에서 흐르는 것처럼 맑은 물이 옥같이 투명한 반면 장자지에는 암벽 자체가 설악산 보다 단단하지 못해 붉은 색조를 띠며 투명도 역시 떨어진다. 그러나 중국 에서는 가장 맑다고 해도 과언이 아니다.

　설악산 대청봉이 1,708m 인데 비해 천자산 최고봉은 1,384m로 설악산이 훨씬 높다. 장자지에는 해발 1,000m 대의 산지 계곡 안에 이루어진 석주(石柱) 경관이 특색이다. 그 럼에도 설악산과 장자지에는 여러모로 다른 듯하나 한편으로는 비슷한 느낌을 주는 부분

는 계곡이다. 그림 속에 노닌다는 화중유畵中遊란 글씨가 암각 되어있다. 주봉이 높이 솟아 천차만별하고 수풀이 무성하여 봉해峰海와 임해林海라고도 부르며 마치 한 폭의 선경산수화仙景山水畵를 옮겨놓은 것 같다.

장자지에의 거대 암벽군들이 천하를 굽어보고 있다.

이 적지 않다. 운해(雲海)가 끼는 날 설악산의 공룡능선이나 천화대(天花臺)에서 바라보는 느낌이나, 천자산 선녀산화(仙女山花)나 서해(西海)에서 바라보는 전경은, 규모나 형태면에서 다르지만 선경에 홀로 서서 천상세계를 바라보는 것 같은 황홀경에 빠지게 한다.

　　장자지에가 설악산 보다 낫다고 평할 수는 없지만 설악산이 갖지 못한 수천 개의 거대한 석주(石柱) 경관만은 높이 평가할 만하다. 그러나 설악산 보다 입장료가 몇 배 비싸며 케이블카 타는 비용도 만만치 않다. 설악산보다는 고도가 높지 않기 때문에 시간이 넉넉하다면 직접 등산하는 것을 권하고 싶다. 또한 장자지에 대한 정보가 많지 않아서 가이드를 선택하는데 비용이 많이 든다. 가능한 몸으로 부딪치며 안내지도를 보면서 등산하면 비용을 절감할 수 있다. 필자의 경우 중국여행에서 가장 많은 여행경비를 사용한 곳이 장자지에다.

보봉호 풍경구 寶峰湖 風景區

오후 1시 30분경 은도대주점銀都大酒店에 들렀다. 대나무 통에 쩌서 만든 이 지방 특산물인 밥이 인상 깊다. 식사를 마치고 보봉호 풍경구寶峰湖風景區로 갔다.

수문장 같은 점잖은 바위 입구 쪽으로 좁은 계곡길이 산등성이로 뻗어있다. 암벽계단을 올라 선착장에서 유람선을 타고 뱃놀이하는 코스다. 좁은 바위 계곡 속으로 천천히 배가 들어가면 푸른 물결 위에 미끄러지듯 유람선이 지나간다.

배가 누각 쪽으로 다가가자 한 젊은이가 목청을 한껏 높게 뽑아 긴 노래 가락을 여운 있게 불렀다. 모두가 박수를 쳤다. 두꺼비가 하늘을 향해 입을 벌리고 있는 형상이라 해서 붙인 이름이 두꺼비 바위다. 뱃머리를 돌리며 귀엽고 앙증맞은 토가족 가이드 처녀 당샤위양의 낭랑한 노래 한 곡조에 모두가 마음을 빼앗기고 말았다. 토가족 전통 노래라 내용은 모르지만 중국영화의 한 장면을 연상시키는 청아한 노래 가락이다. 가냘프고 애띤 토가족 처녀의 노래 가락이 호수의 정취를 한껏 북돋아 주었다.

선녀가 목욕하다가 도깨비가 옷을 훔쳐가서 흘린 눈물이 호수가 되었다는 전설의 선녀바위 입구를 지나, 돌아가는 관광객

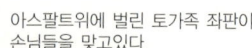

아스팔트위에 벌린 토가족 좌판이
손님들을 맞고 있다.

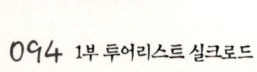

보봉호의 아름다운 자태

을 배웅하는 환송나무의 영접을 받으면서 선착장으로 되돌아 왔다.

보봉호는 좁은 암벽산 골짜기에 댐을 막고 호수를 만든 인공호수다. 비록 보봉호寶峰湖 승선료는 비쌌지만(62위안) 두 남녀의 이국적인 전통노래 한 곡조의 분위기가 그런 느낌을 말끔히 씻어 주었다. 우리 관광이 많이 배워야 할 점이다.

오후 6시 30분부터 시내관광을 시작했다. 아스팔트 위 도로가에서 야채, 과일 등의 좌판을 벌여 놓고 흥정하는 상인들의 모습이 인상적이다. 장자지에는 이제 막 현대화가 이루어지고 있다. 건물들도 낡고 우중충한 잿빛이라 전형적인 시골이다. 거리는 특이하게도 신호등이 없다. 신호등 대신 이 곳 차들은 경적을 울려 서로 존재를 확인시킨다.

시골이라 차 인심이 후하고 또 정감도 있다. 저녁식사로는 돼지고기에다 마늘 줄기를 볶은 쑤완과 고추에다 튀긴 닭고기, 고추전, 두부튀김을 가득 담은 밥을 먹으며 여유로운 한 때를 보냈다. 이곳 음식은 우리 입맛에 맞는 편이다. 저녁 식사 후 토가풍정원土家風情園으로 갔다. 풍정원에는 이마에 터번을 두룬 황금빛 옷을 입고 있는 토가족 조상을 모신 제사당祭祀堂과 높고 화려한 누각이 있어 그들의 생활모습을 자세히 엿 볼 수 있다.

풍정원 옆에 있는 토가족 민속공연장은 맞배지붕에 가늘고 높은 6개의 기둥으로 만든 소박한 곳이다. 100여 평 쯤 되는 마당에 간단한 야외무대 객석을 설치한 일종의 가설무대인데도 관람객은 많았다. 토가족 원시부족시대의 생활모습과 장기자랑, 무술 시범, 화려한 전통의상을 입고 연출한 남녀간의 사랑이야기, 전통악기 연주와 노래 등 토가족 만의 독특한 풍습과 문화를 볼 수 있어 매우 즐거운 밤을 보냈다.

황룡동 입구

장자지에 황룡동

이튿날 아침 식사를 마치고 황룡동黃龍同으로 향했다. 입구에는 행복의 문과 장수문長壽門이 있어 둘 중에 하나를 선택해야 한다(입장료 65위안).

황룡동은 천하제일대용동이라고도 불리며 총길이 28㎞, 총면적 48㎢, 높이 167m규모다. 중국에서 굉장히 이름난 동굴이라 호기심도 있었고 우리 것과 비교해 보고도 싶었다. 동굴 안은 비교적 넓었으나 예술적 가치를 지닌 돌기둥이나 종유석들은 그다지 많지 않았다. 밋밋하고 평범한 코스를 40여분 걸어 동굴 안에 있는 선착장에 도착했다. 8분정도의 거리를 보트 타고 가는 코스다. 수심이 8m라는데 물은 맑지 않았다. 황톳물을 헤치며 탐험대처럼 보트를 타는 느낌은 우리나라 동굴에서 맛볼 수 없는 특이한 경험이다. 황룡동은 석순이 귀해서 석주가 있는 곳은 드문드문 색조 등을 설치하여 풍경과 길 안내를 해주고 있다. 보트에서 내리니 동굴 한가운데서 쏟아지는 천선수天仙水가 하늘의 신선들이 논에 물을 댄 것처럼 계단식 논을 만들어 흘러내린다. 아름다운 석순들이 조금씩 나타났다.

돌로 만든 천선교天仙橋 좌측 암벽 길을 돌아 오르면 관광객들에게 기념사진을 찍어주는 사진가게가 있다. 크기에 따라 30위안에서 50위안까지라 매우 비싸다. 우리나라는 동굴의 계단이나 난간을 철재로 만든 반면 여기는 돌로 만들어 놓은 것이 매우 특이하다.

용왕보좌龍王寶座 사진가게에 이르면 넓고 탁 트인 공간에 다양한 석회기둥이 늘어서 있어 전경이 매우 기이하다. 이 부근은 아름답고 기괴한 형상의 석회기둥이 군집되어 색다른 분위기를 연출한다. 이 주변이 황용 동굴의 꽃이다. 황룡동의 석순은 벽면이나 동굴 천장에 붙어 있는 석순으로 형성된 것이 아니라 천장에서 떨어진 석회석 물방울이 지면에 퇴적해서 자라게 된 석주들이다. 동굴 벽면 천정에 자란 석순은 없고 넓은 광장 한가운데 탑처럼 뾰쪽뾰쪽 솟아 제각기 개성 있는 모습들을 뽐내고 있다. 우리나라 삼척 환선굴의 장쾌하고 맑은 물이 흐르는 아름다운 동굴전경이나 울진 석류굴과 영월 고씨동굴처럼 동굴전체가 현란하고 다양한 석주들의 아름다운 모습과는 비교할 수가 없다.

장자지에를 돌이켜 보니 이곳이야말로 그 옛날 세상과 인연을 끊은

채 근심 없이 살아가는 마을인 도연(陶淵明의 도화원기桃花源記)속에 등장하는 무릉도원이 아닐까 생각해 보았다. 세상과 단절된 이 골짜기는 인간세상에서 볼 수 없는 비경秘境과 자연의 숨결이 온전하게 보존되어 있어 이곳에 살던 옛 사람들은 온갖 애욕과 탐욕이 넘치는 인간세계와 단절하고 살았을 것이다. 장자지에는 닫혀있던 천상의 공원이 인간세계의 열린 공간으로 선경의 베일을 벗어 놓은 계곡이다.

후난湖南성 성도省都 창사長沙

★창사(長沙)

2박 3일간의 장자지에 답사를 마치고 창사(長沙 장사) 행 열차에 몸을 실었다. 30분쯤 달리자 중국내륙 산악지방의 높은 암벽 산들이 펼쳐진다. 냇물과 작은 들과 숲에 여기저기 흩어져 있는 농가마을의 황토 집 벽돌담과 옥수수 밭, 논들이 스쳐지나간다.

1시간 정도 달려 시골의 작은 간이역에 도착했다. 왁자지껄하게 내리고 타는 사람 속에서 자거나 담소하거나 카드치는 사람들을 바라보노라면 난장판처럼 요란한 승객들의 모습에서 오히려 삶의 활력을 느낄 수 있다. 철저하게 예의범절을 따지는 서구인이나 일본인들보다 훨씬 더 인간적인 모습이다. 낡은 건물 사이로 페인트칠이 벗겨진 집들이 스산하게 다가오는 시골마을들을 보면 중국의 내륙 시골마을은 대도시의 발전 속도에 비해 아직도 매우 낙후되어 있음을 알 수 있다.

30분에서 1시간 간격으로 들리는 마을마다 분위기와 모습이 매우 다양하다. 산간지역과 평야지역의 분위기가 전혀 다르거니와 7월인데도 한쪽 논에는 벼가 누렇게 익어 추수를 하는가 하면 다른편에서는 모심기를 하고 있는 화중華中지역의 2모작 풍경이 퍽 낯설게 느껴졌다. 평야지대로 나올수록 집들이 깨끗하고 길은 아스팔트로 많이 포장되어 있다.

여승무원이 수시로 장대걸레로 객실바닥을 닦았다. 중국에서 가장 많이 팔리는 강사부康師傅 컵라면 보다 이李라면을 역무원이 파는 것으로 보아 각 성이나 지역마다 상품선택의 차이를 느낄 수 있다. 처음 만나는 사람도 잠깐 애기를 나누면서 금방 친하게 대화하는 스스럼없는 모습에서 낙천적인 대륙의 기질이 느껴진다. 앞좌석에 앉은 아주머니는 한국에 대해 가장 인상 깊게 생각하는 것이 김치와 축구, 패션감각이란다. 오후 8시 33분 창사역에 도착, 장도작점長島作店 호텔에서 여정을 풀었다. 장자지에서 안내를 해주었던 오휘씨에게 추천받은 호텔인데 깨끗하고 다른 대도시에 비해 가격도 저렴했다.

악록서원岳麓書院의 문향, 창사(長沙 장사)

창사는 후난성의 대표적 관광지다. 이곳은 중국의 남부 창지앙長江 중부에 위치한 지역으로 대부분의 지역이 동팅호(洞庭湖 동정호) 남쪽에 있다고 해서 호남湖南이라고 부른다. 후난성의 기후는 아열대 계절풍 습윤 기후에 속하며 추운 기간이 짧은 편이다.

창사는 3천여 년의 역사를 가진 후난湖南 지역의 성도로 교통의 요지다. 후난 여행은 창사를 기점으로 한 여행과 중국 최대 여행지로 부상하고 있는 장자지에로 크게 나누어 볼 수 있다. 창사에서 가장 우선적으로 방문할 곳은 위에루산岳麓山과 위에루슈위앤岳麓書院이다. 마왕뚜이한무(馬王堆漢墓 마왕퇴한묘)와 텐신거天心閣도 가 볼만한 명소다.

위에루슈위앤으로 가는 길에 먼저 시내 투어를 하기로 했다. 북쪽으로 버스를 타고 도심을 통과한 후 강을 건너 위에루산 풍경구를 지났다. 12시 30분경 후난사범대학에 도착했다. 주변일대는 도로공사가 한창이다. 15분쯤 걸으면 후난대학湖南大學이다. 1976년 건립한 마오쩌둥의 커다란 동상 뒷 켠으로 가로수 우거진 도로를 따라 올라가면 천년학부千年學府라는 현판이 붙은 위에루슈위앤이 나타난다.

입장료(18위안)를 내고 매표소를 지나면 '악록서원' 현판이 나타나고 작은 뜰을 지나면 명산단석名山壇席이 나타나는데 현판을 통과하면 실사구시實事求是란 낯익은 현판을 보게 된다. 너른 뜰 좌우로 잘 조경된 나무들과 강당이 나타나고 도남정맥道南正脈이란 현판아래 장문의 악록서원기岳麓書院記가 쓰여 있다.

우측 좁은 문을 지나면 서원관書院官이 나타나는데 이곳에는 국내외 각계 저명인사 방문기념 사진과 유명인사 친필휘호나 책자들이 전시된 곳이다. 문을 통과하면 가운데 석조계단 옆으로 정사각형 진녹색을 띤 연못이 좌우에 있고 정면에 3층 서원누각이 기품 있는 모습으로 자리를 잡고 있다. 누각 양 옆을 에워싼 무성한 나뭇잎과 새소리가 천년의 향기를 머금고 있다. 비를 맞지 않도록 사방이 회랑으로 연결되어 있으며 검은색 기와와 황금빛 처마선이 고풍스러운 분위기를 풍

위엔루슈위엔은 천년 인물의 산실이다.

기고 있다. 좌측 회랑을 따라 들어가면 연못이 나타나는데 정원을 흘러내리는 물소리와 붉은 연꽃잎, 알 수 없는 남방의 무성한 나뭇잎들이 매미 소리에 젖어 한여름의 더위를 식히고 있다.

마오쩌둥을 배출한 위에루슈위앤岳麓書院

후난지역 천년 인물의 산실이 위에루슈위앤岳麓書院이다. 중국 4대 고대 서원중에 으뜸가는 이곳에서 동양문화에 절대적인 영향을 끼친 인물들이 배출되었다.

시비를 모신 누각 옆을 돌면 커다란 암석에 빼곡하게 글을 써 넣은

녹산시비麓山詩碑가 기다리고 있다. 대나무 숲 담장너머로 야트막하게 자리 잡은 푸른 동산이 평화롭게 앉아 있다. 교학제敎學齊로 오면 춤과 악기를 연주해주고 관람료를 받는다. 우측 현관으로 나오면 청소년 시절의 마오쩌둥毛澤東의 사진이 걸려 있다. 마오쩌둥을 가르쳤다는 양 창제의 사진과 족적들을 전시해 놓았다. 마오쩌둥은 후난성 상담湘潭 의 빈농의 아들로 태어나 19세 때 신해혁명에 참여하였고 창사사범학 교湖南師範學敎에 입학하여 수학했다. 중국 공산당의 태두인 마오쩌둥이 교사가 되기 위해 후난사범학교에서 수학했다는 것은 아이러니다. 송 나라 주희朱熹, 주희급 문인들과 왕양명王陽明 등의 양명학파陽明學派 인 물들, 중국근대사의 유명 인물들의 사진이 전시되어 있다.

후난湖南은 중국역사에 위대한 영향을 끼친 많은 인물들을 배출했 다. 특히 마오쩌둥을 비롯한 유소기劉少奇와 호유방胡耀邦, 팽덕회, 주룽 지朱鎔基같은 중국공산당의 중요 인물들을 배출해 중국공산당의 고향

후난성 박물관

과 같은 역사와 문향의 고 장이다. 중국고전과 근현 대사의 주역들의 자취를 더듬으며 위에루슈위앤에 서 아쉬움의 발걸음을 돌 려야 했다.

오후 3시 15분 창사시 동쪽 2km지점에 위치한 후 난성 박물관에 도착했다. 주로 마왕뚜이한묘(馬王堆漢墓 마왕퇴한묘)에서 발 굴된 유물을 전시하고 있다. 1971년부터 73년까지 이 지역을 발굴한

결과 엄청난 유물이
쏟아져 나와 세간의
화제를 모았다. 서
한西漢 초기 장사국
長沙國 재상과 그의
부인 및 아들의
묘지가 있는 유
적지로, 발견 당
시 시신의 보관
상태가 좋아서
학계의 주목을 받았

위에루 슈위엔은 수려한 경관과 고즈넉한 풍광으로 이름이 더욱 알려진 곳이다.

다. 미이라의 보존상태가 좋았던 이유는 마와 견직물
로 시신을 싸서 숯과 회 점토로 밀봉한 3개의 관에 안치되었기 때문
이었다.

　마왕뚜이 유적은 각종 경전의 판본 연한을 높이고 예술과 의학, 문
학 등 전반적인 문화연구에 획기적인 계기를 만든 중요한 유적지로
평가받고 있는 곳이다. 진열관에는 악기와 도자기, 전쟁도구, 그릇,
생활용기, 함, 다구, 죽통, 다양한 식품, 곡식, 사람의 유골, 동물 뼈,
약제 헝겊, 약초, 씨앗 등이 진열되어 있는데 보존상태가 매우 좋아
2,500년 전의 시대상황과 생활상을 이해하는데 중요한 자료를 제공하
고 있다. 서안시대의 백마포와 마돈, 비단, 칼라풀한 꽃무늬 옷, 천문
지리지, 동물그림과 문자, 지도, 정교하고도 다양한 색채의 벽화, 죽
편에 쓴 글씨들을 전시하고 있어 고대 중국문화의 수준을 짐작해 볼

수 있다. 지하 1층에는 2,500년 전 여인의 시신이 미이라로 보존되어 있는데 안치한 관에는 여체의 모형을 복제하여 전시하고 있다. 2번째 전시관은 보통관보다 3~4배 정도 큰 관이 3개 전시되어 있는데 관의 표면에 그려진 다양한 그림의 형상을 전시실 벽면에 재현하여 그려 놓았다.

 **위에루 슈위앤(岳麓書院)**

악록산 동쪽 기슭에 위치한 중국 강남의 송대 4대 서원중의 하나. 국력은 약했지만 학문과 문화라면 송나라를 빼놓을 수 없다. 송나라 태조 개보 9년 (AD 976년) 건립된 중국 최초의 대학이다. 중국 송나라 진종(眞宗)이 "岳麓書院(악록서원)"이라는 이름을 달았으며 남송 시대에 주희와 장식이 토론한 곳이라 해서 유명하다. 위에루슈위엔은 중국 고대의 4대 서원 가운데 으뜸으로 꼽히며 세계에서 가장 오래된 고등학부 중의 하나이다. 이 서원에서는 지난 1천년 동안 중국의 유명인물인 왕후즈(王夫之) 웨이원(魏源) 청구어환(曾國藩), 차이어(蔡鍔), 양치초(梁啓超), 마오쩌둥(毛澤東)등을 배출하여 명성이 높았다. 조선의 유생은 중국으로 가서 취푸(曲阜)에 있는 공부(孔府)와 주자가 가르친 이곳 서원을 보는 것을 생애 최고의 영광으로 여겼다. 이곳은 우리나라 서원이 관광지화된 것과 달리 지금도 강의가 벌어지고 유명철학자들이 강단에 선다. 천년의 역사를 이어 지금도 정체되지 않는 학문의 발전이 이루어지는 것이 놀라운 일이다.

카르스트 지형이 만든
천하제일 산수 구이린(桂林 계림)

★ 구이린(桂林)

　　　　　　　오후 5시 18분 박물관을 나와 구이
린 행 기차에 올랐다. 창사에서 구이린까지 13시간 30분정도 소요된
다. 구이린은 철도가 잘 발달되어 있지 않기 때문에 가능한 침대차를
구입하는 것이 좋다. 낡은 3등 열차이기 때문에 입석을 타면 굉장히
어려움이 많다. 다행히 2층 침대차(83위안)를 구할 수 있어 편히 잠들
수 있었다. 저녁 7시 30분쯤 잠에서 깨어보니 들녘엔 황금빛 벼이삭과
모심기를 막 끝낸 푸른 벼 잎이 노을 속에 극적인 대비를 이루고 있
다. 강원도 산골짜기와 비슷한 낯익은 계단식 논이 나타나는 풍경 너
머로 어둠이 살며시 다가오고 있다. 마을의 불빛과 숲들이 어둠 속으
로 희미하게 스쳐간다. 피로가 누적되었는지 깊은 잠에 빠졌다가 눈
을 뜨니 어느새 구이린에 가까이 와 있다.

양수오는 구이린 관광에서 출발지로 각인되어 있을만큼 숙박시설.교통 등이 편리하다.

새벽 5시 38분 구이린 역에 도착했다. 역 앞에는 현대식 호텔건물
들이 들어서 있다. 구이린에서 양수오(陽朔 양삭)행 6시 20분 버스를 탔
다. 마을 사람들은 공원이나 공터에 나와 아침 체조를 하고 있다. 거
리는 비교적 깨끗했지만 도심을 벗어나자 낡은 아파트와 빈민촌들을
스쳐갔다. 아침 햇살 속에 특이한 암봉들이 운무 속에 윤곽을 드러내
기 시작했다. 아침 8시 25분 양수오에 도착했다.

죽림반점竹林飯店에서 구리시에서 온 여대생 2명과 북경에서 유학하
는 한국여대생 2명을 만나 이곳의 정보를 교환했다. 밤부 하우스인
(Bamboo House Inn 죽림반점)은 30~100위안 정도면 깨끗한 방을 구할 수
있는데 한국인 배낭여행객들이 즐겨 찾는 게스트 하우스 가운데 하나
다. 양수오 시가지에 메이오 카페Meiyou Cafe 골목으로 들어가면 나무로
된 이 건물을 찾을 수 있다. 이 곳 외국인 거리에는 중국어와 영어를

함께 써 놓아 영어가 자연스럽게 통용되는 중국내 외국인촌 같은 느낌을 주는 거리다.

짐을 풀고 아침 식사로 볶음밥을 시켰는데 한국식당에서 느끼는 맛과 똑같아 모처럼 즐거운 식사를 했다. 식사 후 하루에 두 번씩 하우스에서 모집하는 유람선 단체관광을 신청했다. 구이린에서 6시간 리강을 둘러보는 유람선여행은 비용도 많이 들뿐만 아니라 물가가 비싸고 치안상태가 좋지 않아, 대개 외국인들은 구이린에서 버스로 2시간 거리인 양수오를 찾아 저렴하게 여행하는 추세다. 구이린은 관광시즌이 되면 숙박이나 식사 등을 할 수 있는 곳을 찾기가 불편할 뿐만 아니라 관광객을 상대로 펼치는 그들의 상술 때문에 기분이 상할 때가 많은 곳이다.

낭만의 리지앙(리강) 유람선 여행

오전 11시 40분 유람선 여행을 위해 버스에 올랐다. 덜커덩거리는 비포장도로 위로 뿌연 황토 흙이 차창으로 밀려들고 있다. 옥수수 밭과 논 주변으로 이어진 구이린의 산들이 어린 시절 시골길을 달리던 추억을 연상케 한다. 1시간 달려 흥평興坪이라는 조그만 시골 마을에 도착했다.

구이린은 세계적으로 유명한 카르스트 지형으로 산세가 좋고 물이 맑으며 인문자원도 많이 간직하고 있는 세계적인 관광명소다. 카르스트 지형은 석회암 대지에서 석회암의 표면이 용해 침식溶解浸蝕을 받거나 빗물이 갈라진 틈으로 스며들어가 주위의 암석을 용해하면서 돌리네Doline, 석회동石灰洞이 발달된 특이한 지형이다. 중국산수화에 많이 등장하는 구이린의 독특한 산봉우리의 모습을 수천 개의 화폭에 담아 천지간에 걸어 놓은 것 같다.

마을은 낡고 오래된 벽촌이다. 오후 1시에 출발하기로 된 유람선 보트가 문제가 생겼는지 1시간이 지나도록 소식이 없자 저널리스트인 뉴욕출신의 뚱뚱한 부인이 화를 내며 경찰에 신고하겠다고 소리를 지르기 시작했다. 이 간이 유람선은 마을에서 운행하는 작은 배편으로 정식 허가를 받지 않고 운행하기 때문에 순시선이 단속을 할 때면 잠시 기다렸다가 운행한다고 마을 사람들이 설명을 해 주었다. 구이린에서 운항하는 유람선에 비해 훨씬 싸고 실용적이어서 외국인이나 배낭족들이 많이 이용하고 있다(구이린 400위안, 양수오 50위안).

이런 사실을 알 리 없는 뚱뚱한 저널리스트 뉴욕여인은 미국식 약속문화를 이 시골마을에 적용하다 보니 이해가 가지 않는 눈치다. 시계를 보고 약속시간이 다르다고 소리소리 지른 덕분인지 마을 사람들이 몰고 온 경운기에 세 팀으로 나누어 타고 강가로 갔다. 강 물결에 바닥의 돌들이 보였다. 한국의 설악산이나 시골 냇가의 투명한 물보다는 맑지 못하지만 약간의 석회석이 깃든 리지앙은 중국에서는 보기 드문 맑은 강이다. 작은 암봉들이 갖가지 형상으로 병풍처럼 늘어서 있고 바위를 덮은 푸른 수목들은 품에 안길 듯이 친근하고 다정한 느낌을 준다. 축소하여 정원 한편에 옮겨놓고 싶은 생각마저 들 정도다.

리지강의 물결이 잔잔히 흔들리더니 강바람이 시원하게 불어와 더위를 식혔다. 사람을 압도하고 경외감을 느끼게 하는 장자지에의 거

대한 돌기둥이나
암벽 군들의 위용
과는 달리 구이린
의 암봉들은 기이
하고 이국적인
정취를 안겨주
었다. 동물로
치면 아기 판다
곰 같아서 안
아주고 싶은
그런 마음을
불러일으키게 한다.

리강 유람선에서의 망중한.
리강은 외국관광객들이 즐겨 찾는 곳이다.

　금강산이나 설악산, 중국의 장자지에가 현란하고 날카로운 암봉들
로 하늘 정원을 장식하고 있다면 구이린의 석회암봉들은 평화롭고 부
드럽고 기이한 형상으로 마치 외계의 세계에 있는 느낌을 주고 있다.

　강변에는 대나무 군락지가 있고 여객선들이 무심히 오가는데 계곡
에서 불어오는 시원한 강바람이 여행의 피로감을 씻겨주고 있다. 아
홉 마리의 말과 사자와 곰이 마주보고 있는 암봉 사이로 유람선이 서
서히 미끄러지고 있다. 고등학교에서 중국어와 일본어를 가르친다는
미국인 여선생 노리젠을 만나 여행에 대한 대화를 나누었다. 조그만
유람선 안은 그야말로 다국적 집단이다. 강물을 거슬러 오르면 기이
한 산봉우리 행렬들이 끊임없이 연이어진다. 그 사이로 유장하게 흐
르는 리강을 바라보며 잠시 모든 시름을 놓았다. 나타났다 사라지는

양수오의 국제거리는 동서양의 문화와 사람이 마주치는 교류의 장이다.

작은 마을들과 멱을 감다 손을 흔드는 아이들, 강을 끼고 병풍처럼 늘어선 봉우리들이 옅은 물안개에 젖어 신비의 선경 속으로 우리를 빨아들이고 있다.

　오후 1시간 30분쯤 상류로 올라가다 되돌아 나왔다. 강변에 잠시 정박하며 먼 산의 경치를 감상하면서 선경 속을 노닐어 본다. 구이린의 산들은 부드러우면서도 점잖고 편안하면서도 기품을 잃지 않는다. 그래서 그 넉넉하고 신비로운 몸짓이 세상 사람들의 마음을 사로잡는다.

유람선들은 둔중하고 긴 고동소리를 울리며 지나가고 있다. 뱃머리에 앉아 안개 낀 강가의 물안개에 잠시 마음을 실어 보았다. 오후 5시에 홍평진 선착장에 도착하여 버스로 하우스에 돌아왔다. 저녁 시간이 넉넉하여 자전거를 빌려 도로를 따라 달렸다. 길 연변으로 아름다운 산봉우리들이 늘어서 있어 자전거를 타면서 주변을 감상하는 기분도 괜찮다. 리지앙의 선상유람이 끝난 뒤 배에서 내리는 곳이 바로 시지(西街 서가)인데 이곳은 세계의 젊은이들이 모이는 게스트하우스 촌이다. 이 거리는 젊은이들뿐만 아니라 세계의 각계각층의 사람들이 모여들고 있다. 식당에는 중국요리는 물론 서양요리도 있는데 외국인들의 편의를 위해 영어 서비스도 한다.

이 골목길은 다양한 기념품 가게와 음식점과 카페가 있어 동서양이 만나는 국제적인 촌락이다. 거리의 파라솔 아래서 음식을 즐기고 맥주를 마시는 젊은이들을 보면 이국적인 정취와 낭만이 물씬 풍기는 거리다.

구이린桂林 시내 투어

아침 9시 20분 양수오를 출발했다. 차가 어찌나 털털거리는지 내장이 흔들리는 것 같다. 구이린 시내에 도착하여 식사를 하고 상산공원象山公園으로 향했다. 시내 한가운데 내가 흐르고 있다. 시원한 인공폭포가 쏟아지는 공원입구 좌측으로는 큰 강이 흐르고 있다. 야자수와 푸른 잔디, 아름다운 꽃들과 잘 조경된 나무 정원을 지나 암벽 계단을 올랐다. 구이린시를 관통하는 큰 강과 작은 배들이 점점이 흩어져 있는 강변을 배경으로 도심의 건축물들은 겹겹이 에워싼 기이한 산봉우리들 속에 놓여 있다. 산정으로 난 계단 길을 따라 오르면 둥근 원형대가 나타난다. 산봉우리들로 둘러싸인 도심의 오밀조밀한 아파트 너머로 시가지는 독특한 풍경을 자아내고 있다. 강가엔 대나무 뗏목들이 한가로이 관광객을 기다리고 있다. 매미 소리만 온 산을 뒤덮고 있다.

　홀로 아름다운 봉우리란 뜻의 두슈펑(獨秀峰 독수봉)과 시내를 흐르는 리지앙 서쪽에 있는 푸포산(伏波山 복파산), 길이 2km인 중국에서 가장 유명한 동굴 가운데 하나인 루디엔(蘆笛岩 노적암), 구이린시에서 가장 높은 223m의 봉우리를 가진 대차이산(疊彩山 첩채산), 봉우리 7개가 마치 북두칠성처럼 늘어선 모양을 한 치시엔궁위안(七星岩公園 칠성암공원)등은 뒤로 미루고 강변을 따라 시가지로 나가기로 했다. 버스를 타고 시가지로 향했다. 구이린 도심은 외곽 12개 현과는 극과 극

의 차이를 가지고 있다. 깨끗한 강변을 따라 걷노라면 우리나라 대도
시에 와 있는 느낌이 들었다. 대형 슈퍼마켓이나 햄버거 상점은 붐비
는 사람들로 좌석은 만원이다.

상산공원 위쪽 작은 호숫가 높은 누각에 불빛이 들어오면서 주변의
색조 등이 현란하게 빛을 발하자 도시의 야경은 새로운 모습으로 깨
어나고 있다. 구이린시는 도시 전체에 강을 낀 공원과 숲, 가로수길,
네온 싸인 등이 조화롭게 설치되어 있어 방문객들을 위한 볼거리와
분위기를 잘 조성해 놓고 있다. 시골은 60년대 우리나라의 촌락이나
도시의 변두리 마을이라면 도심지는 서울의 번화가를 옮겨 놓은 것처
럼 화려하고 세련되고 깨끗하다.

소수민족의 고향 쿤밍(昆明 곤명)

★ 쿤밍(昆明)

새벽 1시 50분 쿤밍행 열차에 올랐
다. 대학생들이 방학을 해서 집으로 돌아가기 때문에 뻬이징에서 쿤
밍 가는 열차의 좌석이나 침대차는 구할 수가 없었다. 구이저우(貴州.귀
쥬)에 가서 기대해 보기로 했다. 구이린에서 쿤밍까지는 29시간 소요되
는 장거리여행이다. 좌석이 없어 식당차로 옮겼다. 식당 칸에서 밤을
지내는 것이 가장 좋을 것 같았다. 콧물과 기침이 계속 나왔다. 어제
밤 양수오에서 빨래를 말린다고 장군이 좁은 방에서 머리맡에 달린
에어컨을 너무 강하게 튼 것이 원인이 된 것 같다. 다행히 차장에게
부탁하여 새벽 4시경에 침대칸을 얻을 수 있었다.

아침 9시 잠에서 깨어났다. 담요를 덮고 잔 탓인지 기침이 덜나고
컨디션이 좀 나아졌다. 구이린에서 사온 햄버거로 아침을 먹고 강사
부康師傅 컵라면으로 점심을 대신했다. 오후 1시까지 내내 누워 피로를

풀었다. 처음으로 기차여행에서 여유 있게 누워 잠을 잤다. 구이린에서 쿤밍까지는 하루 4회 기차운행을 하고 있다.

언뜻 언뜻 창밖에 스쳐가는 산간지역의 계단식 논이 시야에 들어온다. 오후 6시 35분 기차는 구이저우貴州성 성도인 구이양(貴陽,귀양)을 지나가고 있다. 1시간쯤 지나자 암벽 산이 나타나기 시작했다. 시후 용정차를 마시며 갈증을 풀었다. 지난밤 구이린에서 샀던 햄버거가 무더운 열차 안에서 하루 밤을 지나면서 상했는지 배탈이 나서 화장실을 자주 가야했다. 감기에다 배탈까지 걸려 앞으로의 여정에 어려움이 예상된다. 그래도 하루를 누워서 열차에서 보낼 수 있어서 퍽 다행이다.

다음날 새벽 6시 45분 쿤밍역에 도착했다. 도착하자마자 다음 행선지인 따리大理행 열차 표를 구했으나 예매를 못해 택시를 타고 숙소를 잡으러 갔다. 청년여관(靑年旅館,Youth Hostel)에 2인 1실(80위안)의 방을 얻었다. 배탈 때문에 가볍게 만두국으로 아침을 대신했다.

쿤밍시 중심가는 비 온 끝이라 깨끗했다. 매우 큰 건물들과 현대화된 도심빌딩들이 즐비하게 늘어서 있다. 쿤밍은 윈난성(雲南省,운남성)의 성도다. 윈난성은 중국여행지 가운데 가장 손꼽히는 명소 가운데 하나다. 사계절 꽃이 지지 않는 도시며 겨울 여행에도 다양한 꽃들을 만날 수 있는 곳이다.

외관이 독특하게 아름다운 포랑족 가옥

1999년 쿤밍세계화훼박람회장은 일회성 행사에 머물지 않고 잘 보존되어 끊임없이 새로운 관광객을 끌어들이고 있다.

 쿤밍 관광

윈난성의 성도 쿤밍은 중국내 소수민족의 본거지 가운데 하나이다. 본래는 타이족(族)의 영역이었으나 원대 이후 중국이 관할하게 되었다. 중앙에서 떨어져 있어 소외되고 있었지만 청불 조약 및 윈난-베트남 철도의 개통 등으로 급속하게 발전하고 있다. 베트남과 구이저우(貴州)로 통하는 철도, 구이저우 쓰촨(四川) 광시(廣西) 등으로 연결되는 간선도로의 요지라서 교통의 중심지이다.

쿤밍(昆明)은 운남성 성도로 정치, 경제, 문화 중심이며 교통과 통신의 중심지이다. 또 중국의 역사문화 명승 도시이며 동남아시아, 남아시아를 대상으로 하는 국제적 상업과 무역의 관광도시이기도 하다. 윈난성 중부 지역에 있는 이 도시는 면적이 15561㎢에 달하며 4개구 7개현을 관할한다. 도시 중앙쪽이 고지대라 해발 1891미터로 한라산 높이에 좀 못 미친다. 연 평균 기온 섭씨 15.1도, 연 평균 일조 시간이 2400여 시간, 연 평균 강우량이 900밀리미터 정도라 꽃이 피면 좀처럼 시들지 않고 초목이 사시사철 푸르러 봄의 도시로도 유명하다. 쿤밍은 중국 10대 중점 관광 도시의 하나이다. 디엔지와 스린(石林)을 보고자 해마다 수많은 외국 관광객이 몰려든다. 최근에는 철강·정밀 공작기계·화학비료·방적·전력 등의 공업이 활발해 관광 및 공업 무역도시의 색깔을 굳혀가고 있다. 이 지역은 낮에 해가 나면 20도 정도까지 올라가지만 해가 떨어지면 금방 온도가 뚝 떨어진다. 비가 오면 체감기온이 영하 수준으로 떨어지므로 반드시 두꺼운 옷 한 벌과 우산, 비옷 등을 준비하고 가야 한다. 일교차가 크고 고산지대라 감기에 한 번 걸리면 쉬 낫지 않는다.

타이족 백탑은 보기에도 이국적이며 신기하다

24개 소수민족 윈난민족촌(雲南民族村 운남민족촌)

　기차역 앞에 내려 한 불럭 정도 걸어 내려와 윈난민족촌행 44번 버스를 탔다. 시내에서 30분정도 달려 윈난민족촌(雲南民族村 운남민족촌)에 도착했다. 윈난민족촌은 쿤밍호의 북동쪽에 접해있는 곳으로 24개 소수민족들 각각의 풍물과 민속자료, 민속춤 등을 소개하고 있는 민족촌이다. 중국내 민족수가 56개인데 이곳에서만 24개 민족이 살고 있으니 윈난은 그야말로 소수민족의 천국이다.

　중국정부도 소수 민족문화에 대한 관광자원의 가치를 인식하고 적극 보존하고 있다. 187만 년 전의 유적으로 추정되는 위앤모런(위안 謀시인 유적 등을 위시하여 많은 고적들이 있으며 따리大理와 리지앙麗江

려강)의 오래된 주택보존지구인 고성古城은 구이린의 양수오처럼 세계의 젊은이들이 모여드는 성소가 되고 있다.

매표소를 들어서니(입장료 70위안) 느티나무 가로수길 주변 잔디밭 위에 늘어선 과일들이 탐스럽게 익어가고 있다. 야자수 길을 지나 수양버들이 늘어진 호수가엔 이르면 흰 뾰족탑이 자신의 그림자를 응시하고 있다.

바이족 백탑

첫 번째 방문지는 타이족 거주지로 타이족 전통의상과 목기류, 이불, 담요 등이 전시되어 있으며 태국의 전통 민속공예품을 판매하고 있다. 태국의 영향을 받은 사찰에 들어가 향을 올리고 삼배를 올렸다. 오른쪽 호수 가에 타이족 전통사찰 백탑이 우아한 모습으로 서 있다. 모형으로 만든 백탑의 실물은 서쌍반남 타이족 자치구에 있다. 백탑을 돌면서 여행의 안녕을 빌었다. 잘 조경된 가로수길을 따라 호수 한가운데 있는 작은 구름다리를 건넜다. 태국풍 선율의 노래 가락이 수양버들 가지에 스며들고 있다. 서쌍반납 자치주에는 162만 타이족들이 거주하며 자신의 달력과 언어와 의상을 가지고 있다.

인구 8만의 얼굴이 검푸른 남방계열 포랑족布朗族의 소박하고 원시에 가까운 생활도구들과 인구 18,000명의 태양을 숭배하는 기약족 흰색을 사랑하고 차 문화가 발전된 백족白族의 누각에 그려진 용과 호랑이의 벽화가 생동감이 돋보였다. 민족촌 가운데는 바이족 즉 백족의 문화가 가장 잘 발달한 것으로 보였다. 정원에 들어가면 잘 가꾸어진 정원수와 벽면을 모두 흰색으로 칠한 2층의 누각형 집이 있다. 우리나라 양반 주택과도 비슷한 분위기를 풍기는 점이 매우 인상적이다. 연못 한가운데 백색 탑 3개가 기품있게 우뚝 솟아있다. 잔잔한 남빛 연못가 주변엔 수많은 비둘기 떼들이 모여들어 관광객들이 주는 먹이를 먹고 있다. 리장 나시족 자치구에 가면 상형문자도 통한다는 나시족의 잘 짜여진 2층 누각형 주택과 칼라풀한 나시족 아가씨의 독특하고 아름다운 의상이 인상적이어서 3번이나 카메라 셔터를 눌렀다.

마지막으로 장족藏族촌을 방문했다. 티벳불교사원의 모습이 재현된 장전불사藏傳佛寺에 들려 다음 답사지역인 티벳의 라사와 수미산, 네팔, 부탄, 인도로 향하는 여정에 부처님의 자비를 빌었다. 이번 답사의 테마는 실크로드 탐사인 '길Road'이다.

다음번은 마음의 고향인 종교가 주제가 될 것이다. 티베트 불교사원은 중국이나 우리와는 복장이나 사찰의 분위기가 많이 차이가 났다. 쿤밍지역에 거주하는 24개 소수민족의 다양한 민족촌을 방문하면서 그들의 생활양식과 가재도구, 방 배치도, 가옥구조 등을 비교분석해 볼 수 있는 좋은 기회를 가졌다.

롱먼(龍門 용문)에 오르다

시산썬림공위안(西山森林公園 서산삼림공원)으로 출발했다. 민족촌에서 10여분 택시로 달려 끝이 가물가물하게 보이는 커다란 호수를 건너 산 입구에 도착했다. 마을 입구에서 우측으로 뻗어있는 석축계단을 향해 오르는 산길은 감기와 배탈이 나있는 상태로 등정하기에 힘이 부칠 정도로 가팔랐다.

취파루翠波樓에 올라 호수를 굽어보니 호수 빛깔은 연한 녹두색 물감을 풀어 놓은 것 같다. 몇 대의 유람선과 보트들이 호수의 물길을 가르고 있다. 민족촌 지붕과 연못들 너머로 도시의 아파트와 건물들이 오밀조밀하게 시야에 들어왔다.

롱먼(龍門 용문) 매표소를 지나 산칭거(三淸閣 삼청각)로 오르면 관광 상품 가게가 나타난다. 돌아 오르면 진무전(眞武殿)이 나타나고 좁은 돌 틈을 비집고 올라가면 롱먼 입구에 도달한다. 롱먼 석굴 입구에 들어서면 시원한 호수바람이 온몸에 스며든다.

롱먼산은 1781년에 착공하여 1853년에 완성된 석굴이다. 절벽 위에 겨우 두 사람 정도가 지나갈 수 있을 정도로 좁은 터널식 동굴이다. 돌계단 1,333개를 올라가면 약 300m정도의 깎아지른 듯한 절벽에 龍門이라 쓰인 산문이 나타난다. 롱먼 석굴에서는 많은 석실과 불상, 석대 등 훌륭한 석각예술품들을 만날 수 있다. 롱먼 위쪽 굴을 오르면 천대가 나타나고 천대에서 호수를 바라보면 롱먼 석굴을 둘러싼 시산西山의 그림자가 연두색 호수에 짙은 그림자를 드리워서 여러 가지 기이한 형상을 만들고 천대위로는 깎아지른 암벽 산이 구름을 받치고 있

롱먼(용문) 석존 진무전의 모습

다. 영국의 엘리자베스 여왕을 비롯한 세계적인 명사들이 들린 명소다. 시산의 깎아지른 암벽 끝에 72년간의 세월을 들여 터널을 뚫고 불상을 조각한 중국인들의 집념과 종교적 열정을 읽을 수가 있는 곳이다.

공원입구에서 버스를 타고 오후 5시 경에 시내로 나왔다. 하루에도 몇 번씩 비와 햇빛과 구름이 번갈아 교차하여 맑은 날씨가 갑자기 폭우로 돌변해 도심은 빗속에 함몰되고 있다. 잠깐 사이에 도심의 다른 구역으로 버스가 진입하자 햇빛이 쨍쨍 내리 쬐인다. 참으로 믿기 어려운 예측 불허의 남방 날씨다.

천상의 숲 스린(石林)

아침 7시에 일어났다. 이마엔 열이 가시지 않았고 배탈도 멈추지 않았다. 쿤밍-스린행 기차표를 사기 위해서 서둘러 출발했다. 아침 8시 10분 출발하여 오후 4시 30분에 도착하는 왕복차편을 끊었다(왕복 30위안). 코감기에서 재채기로 발전, 목안이 긴질거려 기침이 심하게 나오고 말조차 하기 불편해졌다. 그래도 평소 감기약을 먹지 않는 습관 때문에 견딜 만했다.

아침 햇살 아래 펼쳐지는 윈난의 시골풍경은 매우 상쾌한 기분을 준다. 30분쯤 달리자 서서히 산악지역으로 접어들었다. 산 능선이 연이어지고 물안개에 젖은 강물이 시야에 들어왔다. 시간이 지날수록 돌산이 많아지고 높은 산 능선들이 겹겹이 지나가고 있다. 강가 숲속에 모여 있는 농촌마을과 계단식 논과 밭이 강원도 어느 산간마을을 연상시키고 있다. 밭이랑 속에 파묻힌 농부의 등허리와 시골길을 걸어가는 인형처럼 보이는 마을사람들, 딱정벌레처럼 들판 길을 달리는 차량들, 작은 간이역 철도건널목과 굴뚝에서 퍼져 오르는 연기가 차창 밖으로 스쳐지나간다.

열차 안에는 화려한 옷차림을 한 소수민족 젊은 남녀들이 스린행 패키지 관광 상품을 팔고 있다. 쿤밍으로 가는 기차는 물론이고 호텔이나 길거리에서도 패키지 여행상품을 파는 사람들을 많이 만날 수 있는데 나는 가능한 자유롭게 여행하도록 권한다. 단체관광의 경우 아침부터 이리저리 끌려 다니거나 대석림 풍경구에 도착하기 전 별로 볼 것도 없는 지하 석림의 동굴 몇 군데서 비싼 여행경비를 지출할 수도 있기 때문이다. 쿤밍 답사의 테마는 스린의 돌 숲이기 때문에 이곳을 집중적으로 보기로 했다.

오전 9시 47분 스린 역에 도착했다. 역 앞엔 6인승 빵차에서 버스까지 다양한 차들이 기다리고 있다. 차로 10여분 달려 스린에 도착했다. 아침은 속이 좋지 않아 죽 한 사발로 대신했다.

스린石林은 1982년 중국 국가중점 풍경명승지로 지정됐다. 입구에 들어서면 주변에 아름다운 꽃들을 피워 관광객들을 환영하는 분위기를 돋우고 있다. 대석림 지역으로 들어섰다. 20~30m높이의 병풍처럼 둘러친 다양한 거석巨石들이 잔디와 나무들과 어우러져 환상적인 분위기를 연출하고 있다. '石林'이라고 쓴 석병봉石屛峰을 지나 거대한 돌 숲으로 들어섰다. 사람들이 한꺼번에 몰려 시장판 같은 장소에 다다랐다. 대부분이 단체여행객들로 가이드의 깃발아래 돌기둥과 사람들 틈을 헤집으며 행렬이 이어나가는데 그야말로 인산인해다.

석림은 거대한 돌기둥 병풍의 모습니다.

거대한 돌기둥 숲을 미로처럼 빠져들면 암벽 한가운데 천하제일기
관天下第一奇觀이란 붉은 글씨가 선명하게 들어 왔다. 깎아지른 듯한 거
석들을 날카롭고 촘촘하게 꽂아 놓은 틈새를 돌아 나오니 정자가 보
였다. 울퉁불퉁한 수십 미터의 칼날을 수천 개 하늘을 향해 꽂아 놓은

갖가지 기암괴석을 하늘로 향해 꽂아 놓은 모습의 대석림 전경

듯한 장쾌한 기상이다. 계단을 돌아 3층 망봉정望峰亭 정자에 올랐다.
정자 주변은 온통 기이하고 형형색색의 모양을 한 돌들이 숲으로 둘
러쳐져 이색적인 정취를 뿜어내고 있다. 정자는 사람들로 발 디딜 틈

도 없다. 정자에서 우측 동굴터널로 내려가 좁은 돌 숲길을 돌아 내려가니 비로소 땅을 밟을 수 있다. 날카로운 거대한 돌칼을 하늘을 향해 꽂아 놓은 것 같은 기이한 모습들이다. 인간의 손으로는 감히 흉내 낼 수조차 없는 형상들을 빚어낸 걸작품들을 보노라면 저절로 자연의 신

 스린 안내

우리나라의 국립공원 같은 곳이 스린이다. 이름 그대로 돌숲인 스린은 이족 자치현 안에 있다. 지금은 이족의 한 갈래인 샤니족이 살면서 관광객들을 상대로 돈을 벌고 있다. 쿤밍에서 남동쪽으로 89㎞ 정도 떨어졌다. 국가중점명승지의 하나로 대석림, 소석림, 내고석림, 장호, 비룡폭포, 월호, 종유동, 선녀호, 기풍동 등의 볼거리가 있다. 고원지대라 연평균 기온이 15도 정도로 상춘의 날씨다.

지질학자에 따르면 2억8000만년 전의 이곳은 망망대해의 밑바닥이었는데 순수한 석회암으로 된 지층은 바닷물이 빠지면서 육지가 되어 현재와 같이 해발 1760m로 융기했다고 한다.

대석림과 소석림을 다 둘러보는데 걸어서 두 시간 반 이상 소요된다. 스린에서 50㎞ 정도 거리에 구향동굴이 있는데 인류문화의 발상지라고 할 만한 옛 사냥 유적 등이 남아 있어 고고학적 가치를 지닌다.

비로움을 느끼게 된다.

석림 암벽 틈으로 미로처럼 길이 나있어 어디가 어딘지 분간할 수가 없다. 사람들의 행렬은 끊임없이 바위틈으로 이어지고 서로서로 겨우 몸 하나 빠져나갈 수 있는 공간으로 부딪치며 헤매고 있다. 남천

문南天門과 천년수귀天年壽龜의 갈림길에서 천년수귀 쪽으로 발길을 돌렸다. 사람하나 겨우 빠져나갈 돌 틈을 돌아 오르니 천년 묵은 거북이가 바위 속을 유영하듯 뾰족한 바위 위에 두 팔을 펼치고 물속을 들여다보고 있는 것 같은 몸짓으로 나타났다. 주둥이 부분은 얼마나 만졌는지 반들반들 빛났다. 가장 좁은 통로인 판협회인 코스로 갔다.

깎아지른 암벽 한가운데 몸 하나 겨우 빠져나갈 수 있는 좁은 통로가 나타났다. 50~60m쯤 되는 미로를 따라 반대 방향으로 나아가니 돌이 물에 잠겨 있는 부분이 나타났다. 이곳이 옆으로 연화봉을 끼고 있는 검봉지劍峰池이다.

연화봉은 바위의 꼭대기가 마치 연꽃이 피어 있는 것 같은 모양을 하고 있어 붙여진 이름이다. 검봉지는 연못가에 칼끝을 깎아 놓은 것 같은 곳으로 '검봉劍峰'이란 붉은 글씨가 퍽 인상적이다. 이런 암벽 틈새에도 연못을 만들어 놓았다는 게 자연의 조화가 아닐까.

아스마 전설이 서린 소석림 小石林

연못가를 돌아 동글동글한 작은 돌과 향나무 숲이 있는 완만한 산길을 따라 나섰다. 이상한 나라에서 꿈을 꾸는 것 같은 미로에서 탈출하여 세상 밖으로 나온 기분이었다. 2시간 정도의 대석림大石林코스를 마치고 소석림小石林 코스로 접어들었다. 작은 돌들이 풀숲에 고요히 누워 있다. 2차선 도로를 따라 우측으로 돌면 작은 바위들이 촘촘하게 군락을 이루어 커다란 언덕을 에워싸고 있다. 고대의 산수화 한 폭을 연상시키는 고안화古岸畵언덕이다. 이곳에서 2차선 도로 폭 정도의 돌길을 따라 두우장斗牛場이란 푯말을 향해 걸었다.

대석림 지역이 단체여행객들로 인해 인산인해를 이루는 시장터 같다면 소석림 지역은 시장터에서 벗어나 시골 들판 길을 걷는 듯 한가롭다. 길옆 좌우로 펼쳐지는 돌밭사이로 오고 가는 관광객이 거의 없어 호젓한 분위기를 만끽하기는 그만이다.

오른쪽으로 난 모자가 함께 나들이한다는 코스로 들어섰다. 소석림에는 바위언덕이나 돌들이 군집하여 있으며 다양한 이름을 붙여놓는 것이 특징이다. 주변에 논과 옥수수 밭이 펼쳐지고 돌무더기와 연못가에 앉아 있는 토담집이 나타났다.

부근에 정자가 있어 올랐다. 인도네시아인과 홍콩거주 한국인 교포를 만났다. 정자 주변에 못이 두 개나 있어 매우 시원했다. 모처럼 만난 한국 교포라 그동안 지내온 여행지에 대한 애기를 나누었다.

아스마 전설로 유명한 소석림의 모습

 ## 아스마의 전설

옛날 옛적에 아져띠(阿着底 아착저)라는 곳에 가난한 가정에 매우 아름다운 여자 아이가 태어났다. "금과 같이 빛난다"하여 아스마라 이름을 지었다. 같은 곳에 아헤이 (阿黑 아흑)라는 용감하고 지혜로운 사니족 청년이 살고 있었다. 횃불놀이를 하는 휘 바지에(火把節 화파절) 때에 아스마와 아헤이는 운명적인 만남을 가지게 되었고 곧 결혼을 약속한 사이가 됐다. 어느 장날 아스마는 그 동네 재력가인 러푸바라(熱布巴 열포파)의 아들인 아즈(阿支 아지)의 눈에 들게 됐다. 그는 아스마를 아내로 맞이하려 고 중매쟁이를 보냈으나 아스마는 단호히 거절하고 말았다. 아즈의 아버지 러푸바라 는 청혼을 거절당한 것에 대해 몹시 분노하게 됐다.

가을이 되어 양들은 먹을 것이 부족하여 아헤이는 양 떼를 이끌고 먼 남쪽 지방 으로 잠시 이별을 해야 했다. 러푸바라는 사람을 시켜 아스마를 납치하고 회유와 협 박을 하였으나 뜻을 이루지 못했다. 채찍으로 몹시 그녀를 때리고는 감옥에 집어넣 었다. 양을 치던 아헤이는 아져띠로부터 온 어떤 사람에게서 아스마에 대한 소식을 듣고 밤새도록 말을 몰아 러푸바라 집에 도착했다. 이 사실은 안 아들 아즈는 문을 굳게 닫고 서로 노래시합을 하여 아헤이가 이기면 철문을 열고 아스마를 놓아주기 로 제안했다. 3일 낮 3일 밤을 노래하여 결국 아헤이의 승리로 돌아갔다. 그러나 아 즈는 약속을 지키지 않았다. 아헤이는 참을 수 없어 아즈의 집을 향해 집 대문과 집

기둥, 집안에 있는 탁자에 각각 한 발씩 3발의 활을 쏘았다. 놀란 러푸바라는 옥문을 열고 아스마를 놓아주었다.

러푸바라는 어쩔 수 없이 놓아 주었지만 분노를 삭이지 못해 한 가지 계책을 꾸몄다. 아헤이와 아스마가 집으로 돌아가려면 12개의 강을 건너야 하는데 둘이서 강을 건널 때 강 상류의 저수지를 터트려 홍수를 만나도록 만들었다. 강을 건널 때 노도와 같은 급류가 몰려와 아스마가 물살에 휩쓸려 떠내려가 찾을 수가 없었다. 아헤이는 아스마의 이름을 부르며 강가를 헤매었지만 이미 그녀의 아름다운 모습은 돌기둥으로 변해 있었다. 소석림의 아름다운 돌기둥은 이같은 아스마의 슬픈 전설을 간직한 곳이다.

석림에는 대석림, 소석림, 외석림外石林과 지하석림 등이 있다. 소석림도 볼거리가 많아 2시간 정도 소요된다. 정자에 앉아 소석림에 얽힌 아스마阿詩瑪전설을 떠올리니 가슴 한편이 시려왔다.

아름답고 귀여운 연못가 석주를 바라보면서 나시족 처녀 아스마의 아름답고 고고한 품격을 되새겨 보았다. 돌로 변한 수 천 수만의 아스마를 바라보고 있는 것 같아 가슴이 뜨거워진다. 아스마의 슬픈 전설을 생각하며 잠시 묵상을 했다. 아스마여! 아스마여! 영원한 것은 마음에 있나니 빛나는 햇살로 부활의 노래를 부르리라!

되도록 단체 관광객들이 모인 곳을 피해 조용한 코스를 돌아 입구로 나왔다. 입구 광장스타디움에서 2시부터 야외공연이 시작됐다. 경쾌하고 정감이 담긴 선율과 남여 무희들의 의상과 춤 솜씨들이 흥겨운 분위기를 돋우고 있다. 표주박 모양에다 짧은 피리대를 연결하여 불어대는 전통악기의 음조가 애절하여 가슴 깊이 울려 퍼지고 있다.

원색적이고 육감적인 화려한 전통의상과 밝고 경쾌하고 정열적인 몸놀림은 가뭄에 단비를 내리듯 여정에 치친 마음을 눈 녹 듯 풀어주고 있다.

　스린 입구에서 나시족 아주머니가 모는 마차에 탔다. 열차 출발 시간까지 1시간 정도 여유가 있어서 천천히 스린 주변을 감상하기로 했다. 길가엔 코스모스와 갖가지 꽃들이 피어있다. 딸랑거리는 말발굽소리를 가르며 마차는 달리고 있다. 마부 아주머니가 특이한 돌들이 나타나면 무어라 열심히 설명하는데 알아들을 수가 없다. 40여 분간 마차를 타고 달려보니 전혀 색다른 맛이다. 스린의 향나무들이 하늘을 향해 미루나무처럼 꼿꼿하게 치솟아 마치 뾰족한 탑처럼 붓끝을 하늘로 세우며 떠나가는 나그네를 환영한다.

　수억 년 비바람과 강물이 빚어낸 눈부신 신의 손길을 바라보면서 아쉬운 작별의 순간이 다가오고 있다. 350㎢의 광활한 지역에 형성된 카르스트 지형의 하나인 스린의 석주들은 세계적인 경쟁력을 갖춘 독특한 경관을 갖추고 있다.

　스린石林의 잿빛 돌기둥들은 땅위에 거대한 석회암 돌 칼날을 세우고 숲을 이루듯 군집해 있어 경외감과 기이함을 자아내게 한다. 규모는 작지만 금강산 만물상이 현란한 화강암 돌로 천상의 여인들을 빚어 하늘의 꽃밭을 만들었다면 스린의 돌기둥들은 지상에 가장 힘센 괴력의 거인장수들의 돌칼들을 모아 대지위에 꽂아 놓았다고 표현할 만하다. 또 금강산 만물상이 눈부신 여인이라면 스린은 거인국 장수의 칼집을 지상에 열병시켜 놓은 것 같은 웅장한 기상이다.

대리석大理石의 고향 따리大理

★따리(大理)

          오후 6시 20분 열차에서 내려 버스를 두 번 갈아타고 쿤밍 전싱(根興 근흥)호텔을 찾아 쿤밍의 명물인 구어쵸미센(過校米線 과교미선)을 주문했지만 배탈이 날까봐 제대로 먹을 수가 없었다. 쌀국수의 일종이며 땀이 날 정도로 매운데 내 입맛에는 그다지 맞지 않았다. 하루 종일 죽 한 그릇과 물만 마시며 보냈다. 더위를 먹어서 그런지 식욕도 없고 배도 고프지 않았다.

    쿤밍에서 따리행 기차를 잡지 못해 대신 저녁 8시 20분발 야간 버스에 올랐다. 버스 안은 가운데 통로를 중심으로 좌우로 2층 침상을 만들어 누워서 잘 수 있도록 되어있었다. 버스 안에서 1시간 20분을 기다린 끝에 밤 9시 40분 따리행 버스가 출발했다. 밤새 흔들리는 차 칸이란 잠이 오지 않았다. 열차 침대칸은 흔들리지 않아 잠을 자기가 편리하지만 버스는 두 팔을 뻗을 공간도 없이 빠듯하여 배에 손을 얹고 밤새도록 흔들리며 누워 있어야 했다. 새벽 3시 이후에야 토막잠을 두세 번 잘 수 있었다.

다음날 새벽 6시 경, 8시간의 야간 버스여행을 마치고 따리 버스터미널에 도착했다. 터미널에서 짐을 맡기고 따리 고성古城으로 출발했다. 시내는 깨끗하고 조용했다. 30분쯤 달려 고성에 도착했다. 고성으로 들어가는 길 양 옆에는 과거 대리국 사람들이 살던 전통가옥들이 늘어서 있다. 가옥들의 정면과 이층 유리문에 각종 꽃과 동물 형상의 문양을 정교하게 조각하여 문화의 고장임을 보여주고 있다.

아름다운 대리국 고성의 입구를 들어서면 기념품 가게가 나타난다. 남문으로 들어서면 팔작지붕의 3층 누각이 경쾌하게 솟아있다. 대리석면에 청색을 주색으로 한 아름다운 꽃무늬를 장식한 오화루五華樓가 손님을 맞이하고 있다. 고성 안을 조금 걸으니 따리문화원이 나타났다. 청 녹색을 바탕으로 한 현관의 처마와 공포가 아름다웠다. 뜰 마당엔 검무를 배우는 사람들과 춤을 배우는 아줌마들, 마당 한편엔 노인들이 카드놀이에 열중하고 있었다.

아침에 죽을 찾았으나 바이족들은 죽을 싫어해서 죽은 없었다. 대신 옥수수죽 같은 바이족 전통음식을 시켰는데 입에 맞지 않아 반쯤밖에 먹지 못했다. 이제는 입맛까지 잃어 느끼한 중국음식만 보아도 냄새가 나서 토할 것 같다. 따리도 2,000m 고원지대라 병이 나면 잘 낫지 않는다. 나는 끝까지 약을 먹지 않기로 했다. 그게 감기를 다스리는 내 방식이고 지난 20년 동안 아주 심한 경우가 아니면 감기약을 먹어 본 기억이 손꼽을 정도였다. 구이린의 양수오에서 밤새도록 머리맡위로 돌아간 에어컨 덕분에 고원지대에서 오뉴월 감기로 이 고생

을 하는구나 생각하니 한심한 생각이 들었다. 때문에 답사기간 내내
아무리 더워도 에어컨을 틀지 않았다.

따리 역사와 관광

따리는 윈난성 서부에 위치하고 있으며 당나라 때에는 남조국(南詔國), 송나라 때
대리국(大理國)의 도읍지로 번성하였던 곳이다. 1254년 몽고의 말발굽 아래 굴복당
하기까지 350년간 독자적인 왕국을 유지했다. 현재는 3,000년간 고향을 지킨 바이
족(白族)들의 자치주인데 이들은 주로 농업에 종사하고 있다.

따리는 대리석의 고향이다. 창산 대리석, 차이화석(采花石.채화석), 윈후이스(云灰
石.운회석),바이스(白石), 머스(黑石.흑석)등의 품종이 있다. 따리의 서쪽에 있는 창산
(蒼山)에서 채취되는 대리석이 유명하여 이곳의 지명을 따서 대리석이란 돌 이름을
지었다 한다. 따리는 서쪽으로 창산산맥이 뻗쳐있고 반대편으로는 바다와 같은 얼하
이가 남북으로 길게 펼쳐져 있는 아담한 도시다.

얼하이의 서쪽 해발 1900m의 고지에 있으며, 쿤밍에서 약 400km나 되어 오히
려 미얀마와의 국경에서 더 가깝다. 약 150km 정도거리. 현재는 고성을 중심으로
마을이 잘 보존되어 있고 관광객들이 사시사철 끊이지 않는다.

샤관(下關)에는 1996년에 완공된 신공항이 있어 쿤밍에서는 하루에도 몇 번씩 운
항하며, 징훙.중뎬 등 주변 지역에서도 운항하고 있다. 열차와 버스로도 가능하지만
시간이 상당히 걸린다는 점을 기억해 둘 필요가 있다. 따리 시내 관광은 마차를 이
용해도 좋은데 사전에 가격 흥정과 예약을 해 두면 편리하다.

내륙의 바다 얼하이

오후 1시간 30분쯤 고성의 이모저모를 구경하고 북문으로 나왔다. 남문과 비슷한 구조였는데 입구에 해태 2마리가 서 있는 게 특징이다. 북문 앞에서 마차를 타고 얼하이로 향했다. 자갈길과 판자촌 길옆을 돌아 넓은 논과 벌판을 지나면서 성 밖 바이족들의 생활상을 엿볼 수 있어 마차를 타는 것이 훨씬 좋다. 30분쯤 달려 얼하이에 도착했다.

얼하이는 따리시 동쪽 2㎞ 떨어진 곳에 위치하고 있으며 남북 길이는 약 40㎞, 동서 넓이 5~8㎞쯤 되는 호수로, 모양이 사람의 귀처럼 생겼다고 해서 이해라 부른다. 윈난성에서 두번째로 큰 호수다. 검푸른 호수의 물결이 가슴을 확 트이게 한다. 호수의 북쪽을 바라보니 끝이 보이지 않는다. 호수라기보다는 바다처럼 느껴진다. 여기에 와서 비로소 이곳이 바다海로 불리는 이유를 알 것 같다. 호숫가에는 유람선들이 늘어서 있고 주변에는 오리떼 들이 한가롭게 헤엄을 치고 있다. 2,000m의 고원지대라 그런지 중국의 호수치고는 비교적 물이 맑은 편이다. 남쪽은 산들이 안개 속에 묻혀 희미한 윤곽만 보였다. 호수바다 앞에 길게 누운 산맥들이 여인의 허벅지처럼 부드럽게 뻗어있다. 관광객이 많지 않아 80위안 부르는 배 삯을 45위안에 흥정하여 탔다. 가격도 그때의 상황에 따라 변하므로 요구하는 대로 주지 않는 것이 좋다. 깎을 수 있는 데까지 최대한 협상을 하는 것이 유리하다.

아침 물결에 건져 올리는 그물과 점점이 떠 있는 고기잡이 어선들이 눈부신 햇살 속에 출렁거리고 있다. 호수 양 옆 높은 산맥들이 겹겹이 흘러내리고 점점이 흩어진 호숫가엔 마을들이 옹기종기 평화롭

얼하이는 윈난성에서 두번째로 큰 호수로 남북이 40km에 이른다.

게 무리지어 있다. 뱃머리에 앉아 산 능선 쪽으로 아물거리는 누각을
바라보니 천경각天鏡閣이 서서히 윤곽을 드러내고 있다.

이 호수에서 수십 척의 돛단배들이 옹기종기 흩어져 노를 저으며
고기잡이하는 풍경은 눈부신 아침 바다를 여는 한 폭의 그림 같다.

배에서 내려 산정으로 계단을 오르면 팔선루八仙樓란 낡은 2층 고옥
이 나타난다. 오른쪽 관음각觀音閣엔 관세음보살상 3좌가 안치되어 있
고 기념품 가게가 즐비하게 늘어서 있다. 액세서리 가게와 고기 굽는
냄새가 진동하는 계단을 오르면 작고 둥근 연못이 나타난다. 천경각
앞 계단 가운데는 막 비상할 듯한 돌로 새긴 용무늬 조각이 있다. 천경
각 안으로 들어가면 흰옷에 밤색 도포를 어깨에 두른 관음여신 좌우에
남녀 동자와 소녀가 서 있다. 관음여신이 호로병을 왼손으로 받치고

앉아 있고 그 앞에 석가모니 부처님이 오른쪽 팔베개를 하고 있는 특이한 그림이다. 관리인에게 여신의 이름을 물어보니 그들의 전통신앙 속에 자리 잡고 있는 바이족을 지켜주는 수호여신이었다. 관음여신보살 앞에 부처가 팔베개를 하고 있는 이런 유형의 탱화는 처음이라 매우 호기심이 일었다.

충썽쓰 산타(崇聖寺 三塔 숭성사 삼탑)

천경각을 출발하여 금릉도金陵島로 향했다. 일명 해도海島라고도 부르는 금릉도 선착장엔 유람선이 10여척 정박해 있고 관광객과 섬 주민들이 모여들었다. 바이족 섬마을에 조상들을 모신 조그만 삼성묘三星廟와 노인정을 둘러보았다. 섬마을 소녀들 한 떼가 따라 다니며 마을 이곳저곳을 안내해 준다. 13살 해맑은 소녀들의 눈동자와 친절함에 이끌려 바이족 특산물인 삼도차三道茶를 음미했다.

삼도차의 첫 잔은 쓴맛이 배어 나오고 두 번째 차를 마시니 단맛이 났다. 세 번째 차는 수정과 같은 맛을 내었다. 두 번째 차보다는 단맛이 덜하지만 무언가 생각하게 한다는 의미에서 붙여진 이름이라 한다.

한잔에 5위안, 1인당 15위안으로 비싼 차 값이었지만 호기심 많은 초롱초롱한 바이족 소녀의 눈망울을 보니 저절로 기분이 상쾌해진다. 호수 안에 떠 있는 섬 마을 해도에서 차 향기를 가슴에 가득 담고 발길을 돌렸다. 시원한 호수바람이 깃발을 흔들고 있다.

돛단배 띄우고 고기 잡는 모습은 어린 시절의 추억을 되살리게 하는 그런 향수 짙은 정취다. 유람선을 제외하고는 어부들이 노를 저어 가며 대부분 통발로 고기잡이를 하고 있다.

　오후 1시경 선착장으로 되돌아 왔다. 마차로 30여분 달려 싼타스(三塔寺 삼탑사)로 향했다.

　하얀 탑신이 하늘을 밀어 올리듯 층
층이 쌓아 올린
웅장하고 경
쾌한 자태
이다. 싼
타스 입구
길 양쪽엔
가로등이
도열해 있고
노란 빛깔의
관상수 잎들이 무리지어

금릉도의 어부들이 고기를 잡는 모습

피어있다. 청동 해태 조각상을 지나 입구로 들어서면 높은 탑신塔身이 장엄하게 솟아있다. 싼타스 주변은 대리석의 고장답게 광장이 대리석으로 조성되어 있다. 대리석으로 만든 계단과 광장은 단단하고 기품 있는 운치를 풍긴다.

　충성쓰산타(崇聖寺三塔 숭성사삼탑)는 3개의 탑중에 중앙의 제일 높은 천심탑天尋塔이 높이 69m에 16층이며 시안의 소안탑과 비슷한 양식으로 지어졌다. 층마다 감실이 있고 그 안에 대리석으로 조각한 불상이 있다고 하나 현재는 탑의 입구를 막아 놓아 볼 수가 없다. 천심탑 좌우에 작은 탑이 두개 있는데 높이 42m의 8각 10층이다. 삼층석탑의 웅장한 규모나 탑을 쌓은 모양이 독특하여 대리국의 독자적인 문화와 역사의 흔적을 더듬어 볼 수 있다.

삼탑을 지나면 커다란 3층 누각이 나타난다. 누각에 올라서면 3층 탑의 뒷면을 한눈에 조망할 수 있다. 탑 주변의 옛날 고옥古屋과 담 너머 작은 연못 주변으로 이어지는 대리국 주택들을 감상할 수 있다. 앞쪽 산기슭에 자리 잡은 우동관음전雨銅觀音殿 주변 대리석 도로 옆으로 잔디와 조경수들이 질서정연하게 배치되어 있다. 누각에서 내려와 길고 둥그런 곡선을 띤 작은 연못으로 다가가니 삼탑의 그림자가 연못 속에 비추어 독특한 분위기를 자아내고 있다. 매끄럽고 유연한 곡선미를 살려 삼탑의 그림자를 담고자하는 예술적인 혜안이 매우 돋보였다.

따리시의 서북쪽에 위치한 삼탑은 따리의 상징이다. 사찰은 전란으로 사라졌지만 탑만이 남아 따리의 유구한 역사와 예술적 안목을 보여주고 있다. 따리는 해발 1,976m의 서부 윈난의 중부에 위치하고 있으며 윈난 문화의 발상지며 바이족白族의 고향이다.

그들은 따리를 중심으로 음력 3월 15일 3월가三月街와 음력 6월 25일 화파절火把節에 각기 독특한 축제를 벌이는데 소수민족 축제를 보려고 관광객들이 많이 찾아오는 시기이다.

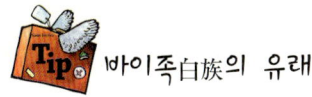
바이족白族의 유래

　백족(白族) 전체 인구는 1990년 약 160만 명이다. 이 가운데 90%가 운남성에 거주한다. 스스로 사용하는 고유한 언어가 있으나 한족의 영향을 받아 언어의 약 60%~70%가 한어(漢語)를 빌어 사용하였다. 따리에서는 대화할 때 자기들만의 민족어를 사용하고 도시에서는 중국어를 쓴다. 문자는 없어졌고 한자를 쓴다.

　바이족은 중국의 56개 민족 가운데 역사가 오래며 고도의 문화를 갖고 있는 민족이다. 전국시대에 초(楚)나라의 군사들이 운남지역으로 들어와 거주하면서 이미 민족이 번성하기시작했고 한(漢)나라 시대에도 많은 사람들이 난을 피해 이주해 왔다. 8세기 중엽에 남초국이 이 지역을 통일한 후, 대리국의 500년의 통치가 계속되어 찬란한 문화를 꽃피웠다. 이때부터 이 지역의 민족들을 바이렌 즉, 백족사람이라고 불렀다. 옷도 흰색을 즐겨 입고, 가옥이나 담장도 하얀색으로 칠한다. 주로 농업에 종사하며 요즘은 관광산업에도 진출하고 있다. 역사와 문화를 보존하려는 움직임이 최근 일어나고 있고 민족에 대한 자부심이 강한 편이다.

바이족 주택과 담장

나시족의 고향 리지앙(麗江 려강)

★리지앙

리지앙 고성古城 - 아직도 상형문자를 쓰는 도시

오후 4시 씨아관(下關 하관)에서 리지앙으로 출발했다. 따리에서 리지앙까지는 열차가 없다. 한참 졸다 깨어 보니 아직도 바이족 자치구 들녘을 지나고 있다. 산길을 따라 보이는 밭들은 새빨간 황토 흙으로 덮여 있으며 대부분은 초원으로 작은 풀이 자라고 있다. 산 정상조차도 붉은 황토 흙이다. 1시간 20여분 달리면 산간 고원마을 집단촌락이 나타나는데 적벽돌 토담과 바위를 제외하곤 모든 것이 황토빛이다.

산정을 달리며 고원 아래 아스라이 펼쳐지는 마을을 굽어보는 것도 또 다른 맛이다. 버스가 2차선 아스팔트길을 타고 산중턱을 가로지르면 마치 허공에 떠서 산 아래 마을을 굽어보는 것 같다. 1시간 30분 만에 처음으로 주유소를 만나고 나자 고도가 조끔씩 낮아지면서 소들이 들판에 보이고 소나무 군락지가 나타났다. 송이버섯 시장도 개설 돼 있어 한국의 중부지방과 비슷한 기후와 풍토인 듯하다. 길 떠난지 3시간 만에 리지앙에 도착했다.

고성국제청년여관古城國際靑年旅館에 방을 구했다. 1인당 20～120위안까지 가격의 차이가 있으며 배낭족들이 즐겨 찾는 곳이다. 20위안짜리 방을 구했다. 나시족 전통가옥을 개조해서 방 한 칸에 3단으로 된 나무침상을 설치하여 12명이 잘 수 있도록 꾸며 놓았다.

저녁은 한국인이 운영하는 사쿠라에
서 김치찌개를 먹으며 모처럼
기운을 되찾았다. 리지앙
의 고성분위기는 그야말
로 불야성이다. 휘황한
홍등 아래 중국인들을
비롯한 세계 각국에서
몰려온 젊은이들이 골
목마다 뿜어내는 대화의
열기로 활력이 넘친다. 지난 밤

나시족거리는 기념품 가게들로 빼곡하다.

내내 침대버스에서 2～3시간 토막잠을 자고는 따리에 내려 쉴 사이 없이 곧바로 답사에 들어가는 바람에 컨디션이 좋지 않았는데 리지앙으로 이동하여 식사를 하고 몇 시간 휴식을 취하니 피로가 좀 회복되었다. 저녁에는 밀린 빨래를 했다. 8위안만 내면 셀프로 세탁도 할 수 있는 세탁기가 구비되어 있다.

아침에 일어나 나시족 고성을 산책하러 나왔다. 나시족 전통음악소리가 골목길을 흐르고 도로 바닥은 작은 돌을 촘촘히 박아 표면이 발자국에 닳아 반들거린다. 중심가는 즐비하게 늘어선 식당이나 기념품 가게들로 이어지고 마을 한가운데로는 맑은 물이 흐른다. 맞배지붕으로 된 2층 건물들이 좁은 골목길을 마주보며 거미줄처럼 이어져 미로에 빠져든 느낌이다. 그 골목길 안에 전통식품과 의상, 악세사리를 비롯한 각종 기념품 가게들이 가득 메우고 있다.

리지앙구청(麗江古城 려강고성)은 1999년 세계문화유산으로 등록됐다. 대연진(大研鎭)이라 부르는 고성은 송나라 때 지은 건축물이다. 총 면적 7,420㎢이며 천년의 역사를 가진 국가급 역사문화 명승지다. 30만 인구 중 나시(納西族 납서족)족이 57.5%를 차지하고 있으며 세계에서 유일하게 상형문자가 통용되는 곳이다.

벽돌을 소박하게 쌓은 작은 문 입구 양쪽엔 해태조각상 2마리가 얌전히 앉아 있다. 사무를 관장하던 목부(木府)의 현판에는 충의(忠義)라는 글씨가 선명하다. 오른편으로 돌아 나오면 일반 주거지가 나타나고 왕이 거처하던 왕부(王府)를 만나게 된다. 광벽루(光壁樓)라는 큰 현판 글씨

리지앙 왕부는 나시족의 영광스런 과거를 엿볼 수 있는 곳이다.

와 커다란 2층 누각, 왕부 주변
의 큰 건물과 높은 담장들이
앞길을 막았다. 미로를 한
참 헤맨 끝에 숙소로 돌아
와 창강長江이 시작되는 후툐
샤(虎跳峽 호도협) 행을 준비했다.

리지앙 고성 입구

나시족의 영광

　　나시족은 운남성 북서부 지역의 소수민족이다. 인구는 24만 5000명. 언어는 티
베트버마제어족(語族)에 속한다. 나시라는 말은 흑인이라는 뜻으로 알려져 있다. 원래
티베트 북동부에 살던 유목민이었는데 아주 오랜 세월전부터 이곳에　장소에 정착하
고 명나라 이후 세력을 떨치게 되었다.

　　농업과 목축업을 생계를 유지하며 동파문자라는 독특한 상형문자를 쓰고 있다.
56개 중국 소수민족 가운데 가장 학력이 높다고 전한다. 국내 방송사에서 기획 프로
그램으로 이곳을 방영한 적이 있었는데 원나라 시절만 해도 귀틀집에 기와를 올린 1
천 호가 있었으며 왕궁과 함께 화려한 도시
를 꾸미고 살았다.

　　아름다운 유채꽃밭과 시가지 곳곳을 흐르
는 시내, 정교한 조각과 기념품 등 어느 한
곳 아름답지 않은 곳이 없다. 다만 최근 불어
닥친 관광붐으로 지나치게 상업화되어 가고
있어 오래 전의 전통을 잘 지켜갈 수 있을지
걱정스럽기도 하다.

나시족 전통의상

창지앙(長江 장강)이 시작되는 후토샤(虎跳峽 호도협)

택시를 대절해서(100위안) 후툐샤로 향했다. 세계 3대 협곡 가운데 하나인 후툐샤가 격렬한 몸짓으로 일행을 반긴다. 후툐샤 상류 진사지앙 입구에 30m 넓이의 큰 암석이 강 중심에 누워 급류와 부딪치고 있는데 옛날 호랑이들이 강 중심에 있는 이 돌을 디디면서 강변으로 건너갔다고 하여 후툐샤虎跳峽라는 이름이 유래됐다.

오전 11시에 출발, 오후 1시 30분 후툐샤 입구에 도착했으니 택시로만 2시간 정도 소요되는 먼 거리다. 매표소에서 계곡을 바라보면 까마득한 암벽 산으로 둘러쳐진 좁은 협곡 사이로 강물이 흘러가고 있다. 강기슭 산 옆구리를 깎아내어 암벽을 뚫어 4~5m의 도로 폭을 만들었고 바닥은 돌을 깔았다. 맞은편 산록엔 작은 나무와 풀숲이 덮여 암벽과 대조를 이루고 있다. 머리가 맞닿을 듯한 터널 강가엔 6.5km의 관광터널 철주가 늘어서 있고 창지앙長江으로 들어가는 물길이 용트림하며 표호하고 있다. 맞은 편 협곡 3부 능선으로 난 도로엔 버스가 딱정벌레처럼 달린다. 가파른 협곡사이 언덕으로 검은 청동호랑이가 계곡을 막 뛰어넘을 듯한 자세로 건너편 계곡 숲을 바라보고 있다.

창지앙은 요동치는 계곡에서 시작된다. 마치 난세를 살아가는 인간 모습처럼… 왼쪽 계곡 산 암벽 틈새로 작은 샘물이 모여 맑은 물이 시원하게 쏟아지고 있다. 샘물이 모여 시냇물이 되고 강물이 되어 바다를 이루듯이 장대한 창지앙의 물줄기도 샘물 한 방울로 시작되고 있는 것이다.

설원에서의 만남

필자 어깨너머로 설원의 장엄한 풍경이 펼쳐져 있다.

밤늦게 고성에 돌아와서 한국 대학생들을 만났다. 북경 공업대에서 어학 과정을 연수하는 종욱군과 여학생 은영, 유미양을 유스호스텔 부근에서 우연히 만나 정보를 나누고 여행일정을 얘기하다 설원으로 함께 가기로 했다. 그들은 방학기간을 이용하여 대륙을 여행하고 있는 중이었다. 출발은 달랐지만 세 팀이 이곳에서 우연히 만나 함께 여행 한다는 것이 퍽 재미있는 인연이 아닌가.

이들과 아침 8시 고성 입구 물레방아 앞에서 만나 출발했다. 강행군이다. 30분쯤 후 작은 골목길에 내려 모두 죽으로 아침을 대신했다. 함께 차를 빌려 운남옥용설산유급여유국云南玉龍雪山有級旅遊局 매표소를 들어섰다(일반 60위안 학생 40위안). 매표소를 지나자 자갈이 널려 있는 넓은 들판과 야생화, 잡초들이 펼쳐지는 산기슭과 소나무 숲이 나타나기 시작했다. 노란 들꽃이 지천으로 깔린 평원과 소나무 숲 사이로 소 떼가 풀을 뜯고 있다.

매표소에서 30여분 달리면 3,000m의 산맥들이 파노라마처럼 뻗어 내려 좁은 계곡을 이루고 있다. 검은색을 띤 회갈색 암벽이 많이 나타

바이산 전경

나는데 계곡건너 작은 마을 집 몇 채가 성냥갑처럼 앉아 있고 길가엔 통나무집들이 간혹 나타나곤 한다. 해발 3,000m이상 고산지대의 집들은 대부분 나무와 판자로 울타리가 쳐진 통나무집들이다. 이곳에는 중국 전통 적벽돌집들은 볼 수가 없다. 거무스름한 땅에 20~30년생의 작은 소나무가 군락을 이루며 자라고 있고 장족의 고산마을 풍경이 스산하게 펼쳐지고 있다.

　한 시간 걸려 케이블카 입구에 도착했다. 이곳을 경유 곧바로 모우평으로 향했다. 해발 4,000m에 펼쳐진 16.6㎢의 소 사육장이다. 목조로 만든 식당과 기념품 가게 위쪽에 위치한 전망대에서 내려다보면 맞은편 언덕 기슭엔 넓은 초원을 배경으로 목조 가옥들이 줄지어 늘어선 장족민가藏族民家들이 보인다. 푸른 초원을 배경으로 노란 야생화가 무리지어 피어있다. 평원너머로 5,596m의 거대한 설산이 흰 눈으로 덮여 있어 히말라야의 한 자락에 서 있는 느낌이다. 모우평 정상에서 입구까지 30여 분 정도 걸어 내려와 말을 빌려 타고 왕복 1시간가량의 산악코스를 시작했다(63위안).

말 주인의 안내로 가파른 산 언덕길을 올랐다. 먼 설산과 나무 숲, 야생화 등을 감상하며 오르는 기분은 잠시 산악의 카우보이가 된 것 같다. 하산할 때는 쇠 안장을 잡지 않고 밧줄만 잡고 말의 움직임에 몸의 율동을 맞추면 쉽고 재미있게 내려올 수 있다.

12시경 모우평을 출발하여 30분 후 백수하白水河에 도착했다. 냇가에 보를 막아 물을 가둔 곳으로 엷은 푸른색을 띤 맑고 투명한 하천이라 백수하라 명명했다. 검은 바탕에 흰색 털을 길게 늘어뜨린 검은 털보 물소가 관광상품으로 인기 있는 사진모델이다. 이곳에서 잠시 휴식을 취한 후 옥용설산玉龍雪山케이블카로 향했다.

케이블카를 타기위해 입구에서 10여분 버스를 타고 3,356m의 선탑장까지 다시 달려야 했다(버스요금 10위안, 케이블카 비용 100위안). 많은 사람들이 대기하고 있어 오후 2시 10분경에 케이블카를 탈 수 있었다. 흰 빛깔을 띤 계곡과 거대한 암벽 산들, 분주히 오가는 케이블카의 행렬들이 마치 허공에 떠 있는 기분이다. 케이블카의 총 길이는 2,968m, 고도 차는 1,150m, 도착지점은 4,506m다. 설산 가운데 백옥처럼 뻗어 내린 흰 석벽 들이 기이한 형상으로 눈부시게 누워 신비감을 자아냈다.

호흡이 좀 불편해졌지만 나무계단을 밟으며 산정으로 향했다. 4,000m이상의 고지는 처음이다. 위로 오를수록 호흡이 가빠지고 고통스럽다. 히말라야를 등정하는 산악인들의 고통을 조금은 이해할 것 같다. 짧은 시간을 두고 갑자기 높은 고도에 오르기에 관광객들은 몹시 힘들어하는 표정이다. 4,643m 정상 전망대에 오르기까지 여러 번 쉬면서 가쁜 숨을 몰아쉬어야 했다. 정상 전망대에 오르고 보니 흰 암벽 산처럼 보였던 석벽들이 흰 눈임을 확인하고 착시현상에 또 한 번 놀랐다.

정상 전망대에 오르니 설산에서 흐르는 물소리가 가늘게 들려왔다. 쨍쨍 내리 쬐이는 햇살을 뚫고 운무가 몰려와 순식간에 암벽 산을 덮어버리는가 하면 어느새 베일을 벗고 드러난 힘찬 산맥들의 파노라마

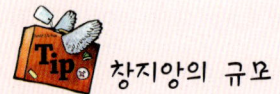

창지앙의 규모

우리는 이곳을 그냥 장강이라고 부르는데 익숙하다. 중국 대륙 중앙부를 가로지르는 이 강의 규모는 세계 3위. 나일강과 아마존강에 이어 긴 강이다. 장강은 청장고원의 탕굴라산에서 발원하여 청해(靑海) 티벳(西藏) 사천(四川) 운남(雲南)등 11개의 성과 시, 자치구를 거쳐 마지막에 황해로 유입된다. 외국에는 처음 양쯔강으로 알려졌으나 그것은 장강 전체를 부르는 이름이 아니다.

장강의 전체 길이는 6,300km, 유역 면적은 약 180만km²로 전국 총면적의 약 1/5(18.75%)을 차지한다. 장강은 깊고 넓은 특징으로 수상 화물 운송량이 가장 많으며 수력 자원도 가장 많은 곳이다. 또 담수어의 생산량도 풍부해 지역경제의 한 몫을 담당해 주고 있다. 장강유역에는 신석기문화유적이 분포되어 있고 중하류지역에는 벼농사를 대표로 하는 수전농업문화가 발달해 있다.

중국문명의 발상지답게 모든 문화유적지가 장강 유역에 널리 퍼져 있다. 장강 중하류 지역은 기후가 온난다습하고 강우량이 많으며 토지가 비옥하다.

장강의 세 계곡 장강삼협은 해외에도 널리 알려진 관광코스였으나 삽협댐 건설로 일부를 볼 수 없게 되었다.

에 가슴이 후련하다. 변화무쌍한 운무의 향연에 약간의 현기증과 호흡의 답답함도 어느새 잊어버리게 된다.

만리장성을 축조한 민족답게 깎아지른 암벽 설산을 이용하여 불모지를 관광자원화 하는 탁월한 능력은 우리보다 한발 앞선다는 느낌이 든다. 4년간의 공사기간이 소요된 설산 개발은 관광자원을 개발하는 중국정부의 의지를 잘 보여주고 있다.

저녁 6시경에 고성으로 돌아왔다. 고성 위쪽 언덕위에 위치해 있어 고성 전체를 한눈에 바라볼 수 있는 전망대에 올랐다. 석축 계단을 따라 산언덕을 오르면 5층짜리 화려한 완구로우(萬古樓 만고루) 누각이 우뚝 솟아 있다. 16개 기둥으로 받치고 있는 22m짜리 이 건물은 나시족의 번영과 화합의 상징으로 축조된 것으로 가장 높은 곳에서 좋은 경치를 즐긴다는 운구룬(溫古輪 온고륜)에서 유래된 말이다.

저녁노을에 비친 고성 마을의 옛집들과 왕부 건물들이 한눈에 들어왔다. 목조 건물로 이루어진 시가지의 모습은 옛날 우리의 한옥마을을 연상시킨다. 저녁 때 사쿠라에서 맛있는 김치찌개를 다시 한 번 맛보며 일행들과 이별의 아쉬움을 나누었다. 거리는 외국인들로 넘치고 붉은 등불 아래 대화를 나누는 세계의 젊은이들에게는 향수를 불러일으키게 하는 고성의 분위기다. 야트막한 언덕길로 나있는 파리의 몽마르뜨 언덕보다는 이곳의 분위기가 훨씬 더 잘 어울린다. 우아하고 화려한 파리의 예술적 분위기와는 달리 서민적인 푸근한 정취를 풍기는 이곳이 오히려 나그네의 지친 마음을 감싸주고 있다. 매혹적인 여인의 유혹 같은 파리의 샹들리제 거리보다는 주막집의 시골 아낙 같은 고성의 분위기가 더욱 정감이 있다.

중국의 알프스라고 불리는 바이산 전경

알프스의 교훈

　바이산 못지않게 알프스도 관광 개발의 효과를 톡톡히 본 곳이다. 빙하가 남기고 간 호수와 설산을 배경으로 세계적인 관광대국으로 성장한 스위스는 가장 열악한 자연의 조건을 가장 풍요로운 관광자원으로 가꾸어 놓은 나라다.

　자연이 준 선물이 아니라 신이 버린 불모지마저 황금들판으로 가꾸고자 하는 인간의 집념과 의지가 놀라울 뿐이다.

해발 567m의 스위스 인터라켄Interlaken에서 해발 790m의 라우터부르Lauterbrunnen까지 20분 정도 기차를 타고 올라가 다시 체인으로 감아 올라가는 체인레일 기차를 갈아타고 계곡의 비경을 보는 풍경은 자연 경관을 가꾸는 스위스인들의 오랜 집념과 의지를 위대하게 느끼게 만든다.

1,274m의 벵겐 마을에서 굽어보는 암벽산과 흰 눈, 침엽수림과 푸른 목초지가 어울려 알프스에만 볼 수 있는 아름다운 전경들이다.

스위스인들은 설원의 산장마을과 깎아지른 듯한 급경사인 산비탈에 굴을 뚫고 체인레일을 깔아 해발 3,160m에 터널 정거장을 만들어 놓았다. 특히 고산지대에 적응할 수 있도록 3번에 걸쳐 시차를 두고 관광객들이 관람하거나 촬영을 할 수 있도록 세심하게 배려하는 서비스 정신, 단계적으로 다양한 볼거리를 제공하는 관광산업에 대한 안목이 놀랍기 그지없다.

유럽의 꼭대기 3,571m산정 아래 펼쳐지는 아득한 목가적인 스위스 마을의 풍경들을 유럽 최고의 관광 상품으로 만들 수 있는 그런 안목이야말로 오늘의 알프스 관광을 만든 원동력이다. 눈부신 햇살 아래 알몸을 드러낸 만년설과 산위에 떠 있는 솜털 같은 뭉게구름, 숲과 푸른 초지로 이분화한 알프스의 모든 마을들이 철저하게 관광자원화되어 있다.

거칠고 쓸모없는 불모의 산악 지역을 자산으로 다른 나라와 차별화한 스위스의 관광 산업은 스위스 국민들이 흘린 99% 땀의 대가라고 할 수 있을 것이다.

알프스, 설악산과의 비교
- 한국관광의 현주소 -

　중국관광의 장점은 접근성의 편리함이다. 내외국인들로 하여금 쉽게 관광지에 다가갈 수 있게 만들어 만리장성이나 구이린, 쿤밍 등이 세계적인 관광지로 부상할 수 있게 한 것이다. 장자지에(張家界)도 설악산 보다 부족한 감이 있지만 중국 내에서는 물론 세계적인 관광지로 발돋움하고 있다.

　알프스의 융프라흐도 터널과 체인레일을 만들어 기차나 케이블카를 설치하지 않았다면 몇 사람의 알피니스트가 찾는 유럽의 오지로 남아 있을 것이다. 알프스에 터널과 레일을 깔고 세계적인 관광지로 만든 스위스인들을 자연 파괴자라고 비판만 할 수 있을까. 자연보존도 중요하지만 원형을 잘 보존하면서 많은 사람들이 함께 공유할 수 있게 개발하는 것도 자원의 효율적인 이용 측면에서 바람직하지 않을까.

설악산의 현주소

　바이산 답사를 통해 설악산과 비교할 부분이 많았다. 설악산은 세계에 내 놓아도 인정받을 최고의 관광자원임은 틀림이 없으나 내국인들이 찾는 국내관광지로의 한계를 벗어나지 못하고 있는 것은 설악산의 전경을 한눈에 조망하고 그 아름다움을 즐기고 평가할 수 있는 접근성의 어려움 때문이다.

　설악산은 금강산과는 달리 1,708m의 대청봉을 중심으로 한 주변 경관은 등산하기가 매우 어려워서 접근성이 쉬운 금강산에 가려 1960년대 이후에야 루트가 개발되고 비로소 널리 알려지게 됐다. 젊고 등산에 능한 사람이 아니면 험준한 설악산의 코스를 제대로 등정하기란 쉽지 않다. 지금도 많은 사람들이 설악산의 기슭이나 권금성의 케이블카를 타고 설악산을 보았다고 생각하는 사람들이 적지 않다. 설악산을 외설악,

내설악, 남설악으로 나누어 볼 때 그 규모나 코스가 매우 크고 다양하다. 사계절의 다양한 변화와 선경을 펼쳐 놓은 것 같은 운해의 바다, 현란한 단풍잎을 펼쳐 보이는 험준한 설악의 파노라마를 짧은 시간에 등산하며 관광하기에는 외국인들에게는 너무 힘든 코스다. 특히 어린아이나 노약자들에게는 거의 불가능에 가깝다.

가족단위로 여행하는 외국인들이나 노년을 즐기고자 하는 부부들일 경우는 설악산은 그에 합당한 시설을 갖추고 있지 않고 있기 때문이다. 설악산도 환경파괴를 최소화하는 선에서 내설악의 일부 코스에 케이블카와 같은 시설을 설치하여 세계인들이 함께 보고 공감하며 즐길 수 있는 조망관광을 개발할 수 있다면 세계적인 관광지로 발돋음 할 수 있을 것이다. 관광을 돈을 벌어들이는 측면에서만 볼 것이 아니라 방문하는 외국인들에게 한국을 알리고 우호적인 감정을 갖게 하여 국가 이미지를 높이고 새로운 문화적인 공감대를 갖게 하는 것도 국가경쟁력을 높이는 관광의 중요한 역할이다.

허허벌판 네바다 사막의 한가운데 라스베가스를 만들어 새로운 도시개념을 제시하고 꿈과 낭만이 깃든 세계적인 관광도시로 만든 것도 99% 인간이 만든 의지의 결과이다.

우리나라 관광의 최대의 문제점은 정부와 지자체에서 이러한 콘셉트를 만들어 내고 창조해내는 인력개발이 매우 부족하다는 것이다. 순환보직으로 인해 몇 년간 관광분야를 담당한 후 다른 보직으로 가는 것이 우리의 실정이다. 장기적이고 새로운 콘셉트를 창조할 수 있는 관광전문 인력이 거의 없다는 것이 우리 지자체가 안고 있는 가장 큰 문제점이다. 한 시 군에 관광전공자가 거의 전무한 것이 우리의 실정이고 보면 새로운 개념의 관광 콘셉트를 각 지역마다 창조해 내는 것이 쉬울 수가 없다는 생각이다.

중국 불교의 4대 명산 어메이산(峨眉山 아미산)

▲ 어메이산(峨眉山)

창밖에 비가 내리고 있다. 길은 도로 공사로 질퍽거리는데 황톳길은 끝없이 이어진다. 리지앙(麗江 려강)에서 진지앙金江으로 향했다. 진지앙은 판지화라고도 불리우는 사천성 도시로서 여행지로서는 볼거리가 없는 편이지만 청뚜(成都 성도)에서 리지앙이나 따리등을 여행하고자 할 때나 혹은 리지앙에서 그 반대 코스로 어메이산이나 러산, 청뚜 방향으로 가고자 할 때는 쿤밍을 거치지 않고 갈 수 있는 중요한 교통의 요지다.

시골 마을의 허름한 식당 앞에 차를 세우고 유스호스텔에서 만들어 온 햄버거로 점심을 대신했다. 운남 지역의 사과나 복숭아 같은 과일들은 매우 작아서 예전에 산골 마을에서 볼 수 있었던 재래종과 과일의 크기가 비슷했다.

이 코스는 도로사정이 매우 좋지 않았다. 뒤뚱거리는 버스는 진흙

밭에서 기어가고 있다. 아침에 떠날 때 종욱군이 찾아와 삶은 계란 4 개를 건네주었기에 흔들리는 차 칸에서 작고 검은 색을 띤 계란을 먹으며 어린 시절 소풍이나 운동회 날을 회상해 보았다. 일 년에 한 번씩 맛보았던 어머니가 싸주시던 김밥에 삶은 계란 한 개를 얹은 그 꿀맛 같았던 추억을 비 내리는 운남 어느 진흙탕 길 위에서 가만히 떠올려 본다. 소풍가는 날과 운동회 하는 날에 한 번씩 맛보았던 그 계란과 김밥이 오늘따라 눈시울을 뜨겁게 만든다. 아침을 먹지 못하고 떠난다니까 근처의 어느 가게에서 사 가지고 와서 전송하는 그 따뜻한 마음을 먹고 있다고 생각하니 질척거리는 날씨마저 푸근하게 느껴진다.

거대한 암벽 산 계곡을 진입하자 황톳물로 개울이 넘치고 있다. 계단식 논들을 층층이 쌓아올린 산간 오지마을을 지나 오후 4시 경 사천성 접경지에서 경찰의 검문을 받았다. 성을 넘기 때문에 신분증이나 짐을 모두 검사하는 것이다.

어메이산 정상에서 내려다 본 산하의 아름다운 모습

오후 5시 10분 진지앙金江시에 도착하여 시내버스를 타고 판지화로 향했다. 리지앙에서 진지앙(판지화)으로 가는 버스는 오전 오후로 두 세 차례 있는데 10~11시간 정도의 시간이 소요된다(58위안). 저녁 8시 30분 어메이산 행 침대차를 끊었다(93위안).

판지화 역에서 어메이역까지는 593㎞, 청뚜까지는 749㎞, 쿤밍까지는 351㎞이다. 서울 부산이 420㎞정도니 이 거리들이 얼마나 먼 것인지 짐작할 수 있다. 하루 종일 버스와 열차를 갈아탔다. 새벽 3시에 잠을 깼다. 이름 모를 정거장에서 잠시 정차하다 다시 출발하며 사라지는 역사의 가로등 불빛들이 지나간 시간들을 되돌아보게 한다. 무슨 인연으로 인해 이 오지까지 먼 길을 떠나왔을까? 치열했던 순간들이 주마등처럼 뇌리를 스쳐간다. 슬프고 아름다웠던 순간들이 레일 위를 달리는 기차의 거친 숨소리처럼 그렇게 달려가고 있다.

어메이산(峨眉山 아미산) 답사

아침 8시 5분 어메이역에 도착했다. 24시간 버스와 기차를 갈아타서 그런지 온몸이 솜처럼 처져 있다. 아직도 음식이 맞지 않아 죽으로 아침을 대신했다. 버스터미널에서 빠오궈쓰(報國寺 보국사) 행 버스를 탔다. 울창한 계곡 길을 접어들어 10여분 달리니 완니엔쓰(萬年寺 만년사)다. 암벽들이 검은 색을 많이 띠고 있어 여름철인데도 물이 맑지 않다. 가끔씩 나타나는 작은 마을들과 상점들을 지나 40여분 달리자 어메이산 매표소 입구에 도착했다. 주변 일대는 고원지대로 상가와 음식점과

여관이 몇 채 있다. 해발 1,320m의 매표소를 지나 버스를 타고 2,540m의 접인전까지 간 후, 그곳에서 케이블카를 갈아탔다(상행 40위안, 하행 30위안).

어메이산을 둘러보는 방법은 걷는 것과 차편과 케이블카를 이용하는 세 가지 방법이 있다. 걸어서 종주하는 방법은 대부분 보국사에서 출발하여 푸후쓰(伏虎寺 복호사)와 청음각, 만년사, 세상지 등을 경유하여 정상金頂을 오른 후 선봉사를 경유하여 하산하는 코스를 선택하는데 이는 산사에서 1박을 해야 하는 2일 정도 걸리는 코스다.

어메이산 탐방은 중학교 시절 보았던 무협지의 '아미파'라는 중국 정통 8대 명문 무술문파에 대한 인식이 각인 되어 있었기 때문에 한 번쯤 둘러보고 싶었다. 아마도 그런 인연이 아니었더라면 지나쳤을 것이다. 아미파는 중원에서 어떤 위치에 있으며 아미산은 어떤 풍광

진팅(금정)

일까 하는 호기심이 일었기 때문이다.

산정 주변의 3,000m이상의 깎아지른 암벽산지대에 금정대주점金頂大酒店이 자리 잡고 있다. 어메이산의 정상을 둘러싼 천지는 거대한 산맥의 파도처럼 겹겹이 에워싸여 있다. 운해 속에 잠긴 마을과 호수와 산의 모습이 한눈에 굽어보인다. 맑은 날씨와 투명한 햇살 덕분에 어메이산 주변 전경을 뚜렷하게 볼 수 있어 하늘에 감사했다.

이곳의 날씨는 변화가 심해 예측하기가 어려우며 운이 따르지 않으면 일출과 일몰을 보기가 거의 어렵다. 산행하는 사람들은 세상지와 뇌동평 지역에 출몰하는 원숭이들이 배낭을 찢거나 소지품을 낚아채는 경우가 있으니 조심해야 한다.

주변의 전경을 돌아보고 3,077m에 위치한 진팅(金頂 금정)으로 향했다. 입구에는 매표소가 있어 또 다시 입장료를 받았다. 어메이산 입장료 80위안, 상행선 케이블카비 40위안을 내고 산정 입구에서 또 10위안을 내라니 짜증이 났다. 이 산정까지 왔으니 다시 한 번 입장료를 내고서라도 정상에 올라가 구경을 하라는 식이니 기분이 몹시 상할 수밖에 없다. 돈을 떠나서 중국인들은 지나치게 상혼을 발휘한다. 소득수준에 비해 턱없이 비싼 입장료를 받고도 마굿간 같은 측간(화장실)에서조차 비용을 따로 내야 하는 곳이 중국이다. 대체로 우리나라 입장료 보다 비싼 편이다. 그래도 관광지마다 사람들로 넘치는 것을 보면 인구가 그 만큼 많기 때문일 것이다. 가는 곳마다 돈돈이다. 중국인들은 참으로 돈을 좋아하는 민족이라는 것을 여행을 통해 절감할 수 있었다.

안휘성의 구화산과 절강성의 보타산, 산서성의 오대산과 더불어 중국불교 4대 명산의 하나인 어메이산은 중국인들의 정신적 고향이다. 청뚜로부터 160㎞ 떨어져 있으며 최고봉은 3,099m의 완포팅(萬佛頂만불정)이다. 유년시절 밤을 새워 읽었던 소림, 무당파와 더불어 등장하던 아미파의 어메이산을 오르니 감회가 깊었다. 진팅엔 유리로 안치된 보살상앞에서 많은 사람들이 향을 피우고 예불을 올리고 있다.

3,000m이상의 깎아지른 암벽산 위에 커다란 사찰을 짓고 구도를 염원하는 중국인들의 불심을 생각하며 발길을 돌렸다. 그러나 기대보다는 이곳이 상업성에 물들어 있고 높은 위치 이외에는 구도에 보탬이 될 만한 그 어떤 것도 찾아 볼 수가 없었다. 어메이산을 오르고 나서야 우리나라 오대산이 참으로 보기 드문 천하의 명당이라는 사실을 더욱 절실하게 깨닫게 됐다.

16세기 건축술을 보여주는 빠오궈쓰

월정사를 지나며 흐르는 맑고 청아한 계곡의 물소리와 아름답고 단단한 바위들을 어메이산 계곡에서는 찾을 수가 없다. 계곡은 메말라 있으며 검은 암벽사이를 흐르는 물은 투명함을 잃고 힘없이 흐르고 있다. 주변의 기운을 다 감싸고 포용하는 듯한 오대산 적멸보궁의 온후한 정기를 이곳에서는 느낄 수가 없다.

24시간을 달려와 본 어메이산은 기대가 너무 컷던 탓일까 실망스러움이 앞선다. 이곳에는 동진 때 만들어 진 완니엔쓰(萬年寺 만년사)가 있다. 어메이산을 대표할 수 있는 사찰로 980년에 제작된 높이 6.84m, 무게 62톤의 청동상으로 제작된 흰 코끼리를 탄 보현보살상으로 유명하다.

빠오궈쓰(報國寺 보국사)를 보고 러산으로 가기로 했다. 3시경 빠오궈쓰 입구에 도착했다. 무성한 가로수 길로 사찰의 종소리가 울려 퍼지고 있다. 입구 현관에는 커다란 청동항아리가 서 있고 양초와 향을 피우는 방문객들로 붐비고 있다. 붉은 기둥에 검은 벽면과 기와로 덮여 있는 사찰이다. 미륵전의 안쪽 중심부에는 석가여래 좌상을 주불로 모신 대웅보전이 있다. 벽면에는 18나한이 늘어섰고 대웅전 뒤쪽으로는 석가모니불을 포함한 7불의 상이 봉안된 7불전七佛殿과 보현전이 배치되어 있다.

주변에는 희귀식물들을 기르는 식물원과 나무숲 정원이 인상적이다. 16세기에 창건된 빠오궈쓰는 어메이산 입구에 위치하고 있으며 배낭여행자를 위한 깨끗하고 저렴한 숙소와 식당을 구비하고 있어 많은 여행자가 이곳에 머물곤 한다. 어메이산의 사찰들 대부분은 숙박이 가능하다.

러산 대불

세계최대 마애불상 러산(樂山낙산)대불

러산의 대불로 향했다. 러산 따포쓰(大佛寺대불사)까지 가는 차는 수시로 있다. 러산은 어메이산으로부터 동쪽으로 33㎞, 청두에서는 162㎞ 떨어진 도시다. 그러나 청뚜로 가는 시간이 빠듯하여 봉고차 기사와 흥정을 하여 다른 일행과 함께 1인당 25위안에 합승을 했다. 오후 3시 35분 러산으로 출발했다. 공공부분의 만만디와는 달리 개인이 운행하는 봉고차는 날아갈듯이 달렸다. 40여 분만에 러산항에 도착했다. 황톳물인 대도하천과 남색 물빛을 띤 민강이 합수하여 러산 따포쓰 앞을 흘러가고 있다. 따포쓰大佛寺 입장료는 80위안이고 유람선을 타고 구경하는 데는 30위안이라 배를 선택했다.

빗방울이 간간히 뿌리고 있다. 유람선이 서서히 붉은 강 물결로 미끄러지고 있다. 감기가 떨어지지 않은 상태에서 계속 일정에 맞춰 답사를 진행하다보니 온몸이 나른하고 피로감이 엄습한다. 도시의 건물들이 물빛에 잠기고 큰 탑이 러산의 산정에 솟아있다. 붉은 암벽 속을 파고 조각해 놓은 러산의 대불을 보고 잠시 호흡을 가다듬어 본다. 암벽 산 한가운데 평화롭고 인자한 눈빛으로 무릎에 손을 얹고 앉아 있는 대불을 알현하니 피로가 싹 가시는 기분이다. 산 위의 계단에서 내려와 대불을 구경하는 사람들의 모습이 개미처럼 왜소해 보였다.

부드러운 붉은 암벽을 이용하여 세계에서 가장 큰 옥불좌상을 조각한 옛 사람들의 인내와 노력에 머리 숙여 합장하게 되었다.

러산으로 올 때 양양 낙산사樂山寺와 지명이 같아서 매우 궁금한 곳이었다. 양양의 낙산은 푸른 동해바다를 배경으로 망망대해를 굽어보는 절경을 가지고 있다면 러산은 황톳물과 남빛 물결이 합수하는 탁하고 작은 강 물결을 굽어보고 있다. 주변의 경치도 러산은 도시의 건물들이나 강물이 전부라면 양양 낙산은 설악산을 배경으로 한 동해의 푸른 물과 백사장을 가지고 있어 비교할 수 없을 만큼 주변 경관이 뛰어나다. 그러나 규모면에서는 양양낙산사의 해수관음보살상과 비교가 되지 않는다. 강가와 바닷가에 위치한 모습이나 절의 배치도를 보면 러산 대불사와 양양 낙산사는 상당히 유사한 점이 많다.

Tip 대불 러산

러산 대불은 어메이산 동쪽의 민강과 청의강, 대도하가 합류하는 능운산 자락에 있는데 능운산 서쪽 암벽 통째로 잘라내 새긴 마애석불이다. 머리와 산의 높이가 같은 71m이다. 머리 너비만 10m, 어깨 너비 28m, 귀의 길이만도 7m로 귀안에 사람이 들어갈 수도 있고 서너 명이 발톱위에 앉아서 사진을 찍을 수도 있을 만큼 큰 규모다.

러산은 당나라(713년) 때 홍수를 막기 위한 기원으로 승려 해통이 조각하기 시작해 그가 죽고나서는 절도사 위고가 90년 만인 803년에 완성했다.

능운사 뒤쪽의 대불로 통하는 길에는 대불을 만든 해통(海通)선사의 동상이 세워져 있다. 실로 3세대에 걸친 대 역사다. 대불이 없는 러산은 황토 강이 흐르는 이름 없는 삭막한 도시에 불과할 것이다. 대불이 없다면 러산 관광도 의미가 없을 것이다.

1994년 유네스코(UNESCO:국제연합교육과학문화기구)에서 어메이산[峨眉山]과 함께 세계문화유산으로 지정하였다.

삼국지의 고장 청두(成都 성도)

★청두(成都)

　　　　　　　　오후 6시 30분 러산에서 청두로 출발했다. 청두는 쓰촨四川성의 성도다. 사천성, 즉 쓰촨성은 약칭으로 천川 혹은 촉蜀이라 부른다. 면적은 48.5만㎢이며 중국에서 가장 인구가 많은 지역이다.

　삼국지의 중심 무대 중에 하나였던 촉한蜀漢의 수도 청두는 소설 삼국지를 통해 잘 알려진 역사의 도시다. 인구가 많고 산악지대가 많은 쓰촨은 비교적 낙후된 지역이다. 그러나 중국정부가 추진하고 있는 서부계발 계획에 따라 경제발전에 활기를 되찾고 있으며 청두를 비롯한 도시들이 집중적으로 개발되고 있다. 청두는 2001년부터 아시아나 항공이 정식 취항할 만큼 비중이 커져가는 지역이다.

　저녁 8시 15분 청두에 도착하여 버스 터미널 주변의 교통반점交通飯店을 찾았다. 시내 중심가에 있는 숙소로 다인방이 있어 외국인 배낭여행객들이 즐겨 찾는 곳이다.

중국에서는 우리와 달리 버스를 기차汽車로 표기하고 우리의 열차를 화차火車로 표시하기에 다소 혼란이 일어날 수도 있다. 다행히 신남문 기차참新南門汽車站 바로 옆에 숙소를 정했다. 아침식사가 포함된 3인 침실을 갖춘 객실을 구했다(1인 40위안). 방에 들어서자 우리보다 먼저 온 일행을 만났는데 중국에서 공부하는 우리나라 여대생으로 혼자 여행 중이었다. 내일 티벳 라싸로 버스를 타고 혼자서 간다며 매우 반가워했다. 따끈한 용정차를 끓여 여독을 풀었다.

지난 밤 깨끗하고 화려한 청두의 야경을 감상했다. 잘 정비된 도시의 모습이 매우 인상적이었다. 아침은 프랑스 대학생 비안카와 함께 식사를 하면서 그녀의 유쾌하고 스스럼없는 대화에 매우 즐거워졌다. 지난밤 호텔에 늦게 도착했을 때 함께 식사하게 된 인류학을 전공하는 여대생이다. 며칠 더 청두에 머문다는 그녀는 즐거운 시간을 가졌다며 여정에 행운을 빌어 주었다.

중국 서부개발과 함께 급성장하고 있는 청두

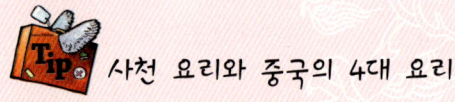

사천 요리와 중국의 4대 요리

사천 요리는 맵기로 유명한 요리다. 쓰촨 요리는 중국 내륙의 쓰촨성(四川省), 구이저우성(貴州省), 후난성(湖南省) 등지에서 발달한 요리를 말한다. 내륙의 분지인 지역적인 영향 때문에 더운 여름에는 음식의 부패를 막기 위해 향신료를 많이 사용한다.

특히 매운 요리의 기본 재료인 고추, 후추, 마늘, 파, 등을 많이 사용하여 우리의 입맛에 비교적 잘 맞는다. 쓰촨인들이 매운 음식을 선호하는 이유는 여름에는 덥고 겨울에는 혹독하게 추워서 매운 음식을 통해 땀을 내거나 몸 안에 열을 만들기 위해 고추를 많이 쓰기 때문이다.

중국의 요리는 전국적으로 여러 계통이 있는데 그중에서도 광둥성을 중심으로 남쪽지방에서 발달한 광둥요리와 쓰촨성을 중심으로 산악지대의 영향을 받은 쓰촨 요리, 황허 하류의 평야지대를 중심으로 발달한 상하이요리, 수도인 베이징을 중심으로 발달한 베이징요리를 중국 4대 요리로 손꼽고 있다.

광둥요리는 중국 동남부에 있는 광둥성(廣東省), 푸젠성(福建省), 광시좡족 자치구(廣西壯族自治區)에서 주로 먹는 요리를 통칭한다. 중국에서 가장 많은 종류를 가지고 있는 것이 광둥요리로 네 발 달린 짐승이면 무엇이든지 요리할 수 있다는 요리의 천국이다.

상하이요리는 바다가 가까운 양쯔강 하구 난징을 중심으로 발달되었기 때문에 해산물과 미곡을 이용한 요리가 많으며 간장과 설탕을 사용하여 달고 진한 맛을 내는 것이 특징이다. 원래 난징을 중심으로 발달한 요리였는데 상하이가 항구로 발달하여 국제적인 풍미를 갖추게 되면서 상하이요리로 부르게 됐다.

베이징요리는 궁정요리가 발전하여 청나라 때에 그 절정에 이른다. 베이징요리는 튀김이나 볶음요리가 발달했는데 특히 북경의 오리구이가 유명하다.

중국 최고의 관광지
지우자이고우

★ 지우자이고우(九寨溝)

구름도 쉬어가는 쓰촨성의 협곡

창밖으로 넓은 논밭과 작은 마을, 높은 산줄기들이 스쳐 지나가고 있다. 청두 교통반점이 위치한 건물에 티벳과 지우자이거우를 담당하는 패키지 상품이 있어 함께 참여했다. 지우자이거우 행 차편은 구하기가 힘들뿐만 아니라 성수기라 방을 잡기도 어려워 비용도 저렴하고 최대한 시간도 단축하려고 중국인들과 3박 4일간(1인당 640위안) 함께 여정에 올랐다.

버스가 시속 60㎞의 속도로 느릿느릿 3시간 정도 달리자 바위산의 허리를 자르고 낸 좁은 2차선 도로가 나타났다. 굽이돌며 하늘을 쳐다보니 아득한 산 능선이 겹겹이 포개져 하늘 벽처럼 협곡을 에워싸고 있다. 문득 당나라 시인 이태백의 시구詩句가 떠올랐다.

"촉나라로 가는 길은 푸른 하늘에 오르기보다 어렵도다(蜀道難難於上青天)"

그 말이 실감나는 전경이다. 산들이 많아서 물은 탁한 푸른빛을 띠고 있다. 산과 산이 첩첩이 포개지고 연이어진 이 오지에서 사람이 산다는 게 신기할 정도다. 논은 볼 수가 없고 옥수수 밭과 밭작물만 눈에 띈다. 쓰촨성 오지 길이 조금씩 닦이고 있다. 차량이 막히고 엉키어 지체되는 구간마저 나타난다. 깎아지른 산비탈에 집 몇 채가 보이고 45도 이상의 비탈진 각도에서 농작물을 재배하는 것을 보면서 어떻게 저런 오지에서 사람이 살며 농작물을 경작할 수 있는지 인간의 생명력에 새삼 놀라움을 금할 수가 없다. 차도는 버스 2대 정도 겨우

수많은 국내외 관광객들로 붐비는 지우자이거우 입구

빠져나갈 수 있는 너비임에도 차량 행렬이 끊임없이 이어진다. 구름도 지쳐 쉬어가는 쓰촨성의 계곡이다. 유비가 제갈공명의 천하 삼분론을 받아들여 촉나라를 세울 수 있었던 것도 이런 천연요새의 지형을 이용한 덕분이다.

청두의 13개 현을 지나가다 아바족이 사는 곳에서 점심식사를 했다. 하루 밤을 호텔 침대에서 편안히 쉬고 난 후라 그런지 다리에 힘이 빠지고 뼈마디가 쑤시는 통증이 많이 사라졌다. 그러나 여전히 음식을 제대로 먹을 수가 없었다. 중국 전통음식에서 내 뿜는 향료냄새가 역겨워 자꾸만 구토가 일어난다. 식사 후 이 지방 아가씨들이 차를 대접하며 선전하는 차 시음 시간을 가졌다.

청두에서 『삼국지』의 중심인물인 유비와 제갈공명의 묘가 있는 우허우츠武侯祠와 두보초당杜甫草堂을 보고 싶었지만 패키지 여행상품이라 개인적으로 방문할 수가 없어 약간의 아쉬움으로 남았다.

쑹판(松潘 송반)에서의 하룻밤

12시간 동안 버스로 쓰촨성의 험준한 산악지역과 협곡을 달린 끝에 쑹판에 도착했다. 좁은 협곡을 따라 작은 마을이 끊임없이 나타나는 인구 6만의 쑹판현. 마을 옆의 경사진 산 전체가 계단식 밭이다. 청두로부터 335㎞ 떨어져 있으며 해발 2,800m에 위치한 산간의 고성 마을로 1379년 명나라 때 세운 성문과 성벽의 일부가 당시의 모습 그대로 남아 있다.

여행자들이 쏭판을 많이 찾는 이유 중에 하나는 이곳에서 2시간 반 정도면 지우자이거우가 있고 63km 떨어진 곳에는 황룽(黃龍 황룡)이 있기 때문이다. 특히 쏭판은 말 타기 트레킹 코스를 개발하여 저렴한 비용으로 재미있게 인근의 관광지를 둘러 볼 수 있기 때문에 많은 여행객

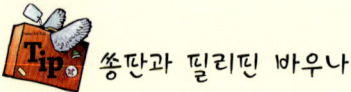

쏭판과 필리핀 바우나

해발 2,800m의 마을 주변에 위치한 산들 전체가 하나의 계단식 밭으로 펼쳐진 모습은 가히 장관이다. 가파른 산 능선의 골짜기 마다 땀으로 일구어 낸 농부들의 체취가 마음을 숙연하게 만든다.

사방이 산으로 둘러싸인 필리핀 바우나의 산간오지 마을도 이런 모습이다. 그 옛날 부족들 간의 다툼으로 깊은 산골짜기로 쫓겨온 이푸가오족이 해발 1,500m, 경사각도 70도의 가파른 산골짜기를 개간하여 논을 일구고 삶의 터전을 이어가는 그들의 삶의 모습이 바로 이런 경관이 아닌가. 반 평도 안 되는 다닥다닥 붙은 손바닥만한 논들을 일구어 생계를 유지하면서 살아남아야 했던 그들의 피나는 삶의 현장은 이곳에서도 재현되고 있다. 논둑과 논둑을 이어 놓으면 지구의 반 바퀴를 도는 22,400km로 중국 만리장성의 10배에 해당되는 거리를 세세손손 개간하며 가꾸어 왔다. 그 논두렁이야 말로 땀으로 쌓은 십만리장성이다.

유네스코의 세계문화유산 제도에는 문화경관(Cultural Landscape)이라는 개념이 있다. 인간에게 주어진 자연환경을 생존의 필요에 따라 적절히 가꾸어서 만들어낸 독특한 경관을 일컫는다. 필리핀 바우나의 계단식 논이 이 문화경관에 해당되어 유네스코가 정한 세계문화유산으로 지정되어 관심을 받고 있는 것은 인간의 삶의 의지가 곧 위대한 경관을 만들고 또한 이것이 예술이고 문화라는 것을 보여주는 증거가 아닐까. 세계 8대 불가사이 중에 하나인 이 계단식 논은 후손들이 대를 이어 잇는 유일한 생계수단인데 그 웅장함 때문에 '천국으로 가는 계단' 이라고 불린다.

들이 이 투어에 참여한다. 쏭판을 찾는 많은 여행자가 대부분 신청하는 Horse Treks투어는 선택의 폭이 다양한데 여행자들이 가장 많이 선택하는 것은 2박 3일 코스로 말을 타고 6~7시간 동안 4,200m의 산을 넘어 황룽까지 다녀오는 투어다. 쏭판에도 버스터미널 바로 옆에 전문 Horse Treks여행사들이 있는데 조건은 비슷한 편으로 자신의 일정에 맞게 선택하는 것이 좋다. 패키지 투어에 합류하지 않았더라면 이코스를 선택하였을 것이다. 갈 길이 워낙 멀고 장거리 여행을 하기에는 시간적 여유를 누릴 수가 없었지만 독자분들께는 권해보고 싶은 루트다.

장급 수준의 여관에 여정을 풀었다. 고도가 높아질수록 감기가 나아지려는 기색이 전혀 보이지 않는다. 음식도 맞지 않아 숙소에서 나와 과일을 사서 보충했다. 과일 값이 물 값보다도 싸다. 상점과 거리는 우리의 아주 작은 시골읍내를 연상시킨다. 이 좁은 계곡마을에 인구 6만 명이 모여 산다는 게 믿기지가 않는다. 날씨가 변화무쌍하여 일기예측이 매우 어려운 고산지대다.

어두운 밤거리를 걷다 이곳에서 운행되고 있는 자전거 택시를 타보았다. 자전거에다 두 사람이 앉을 수 있는 공간과 바퀴를 매어 달아 택시 대용으로 운행하고 있다. 2차 대전 당시 독일군들이 오토바이 옆에다 두 명의 군인을 태우고 달리던 사이드카를 연상하면 된다. 오토바이 대신 자전거로 교체한 모습과 같으니까. 이 작은 읍내마을을 택시로 달리기에는 너무 좁고 걸어 다니기에는 불편한 거리가 있어 택시 대용으로 운행한다. 자전거 수레는 어둡고 좁은 골목길을 안방 드나들 듯 잘 달렸다.

동화속의 계곡 지우자이거우(九寨溝 구채구)

　새벽길을 달리자 작은 마을이 나타났다 사라지고 산들이 밭으로 개간된 고원지대의 전경이 매우 신선하게 다가왔다. 30분쯤 달리면 고산지대가 시작되고 깎아지른 암벽산과 운해가 낀 계곡들이 보인다. 마을 뒷산에 무수한 깃발을 늘어뜨린 장족 마을 어귀에 방목하는 말과 소떼들이 아침을 밝히고 있다. 1시간을 달려 울창한 계곡의 산림지대를 지나 서서히 고원 아래로 내려가고 있다. 오늘 저녁에 공연되는 민속공연 티켓을 예매하기 위해 40분쯤 더 달려서 호텔과 많은 건물이 들어선 마을에서 내렸다. 에메랄드빛 물길이 마을 가로 흐르고 있다. 해발 3,000m의 고산지대에 흐르는 물이라 얕은 곳은 바닥을 볼 수 있을 정도로 맑아서 다른 지역과는 전혀 다른 지형과 경관을 이룬다.

　지우자이거우 입구에 도착하자 매표소 앞에 긴 행렬의 인파가 몰려 있다(입장료 140위안, 공원 내 차량 이용비 90위안). 공원 버스를 타고

신선이 노니는 듯 아름다운 자태를 뽐내는 지우자이거우 천연호

맑은 에머랄드빛 계곡물과 소나무 숲, 창끝처럼 쭉쭉 곧게 솟아오른 원시림, 이름 모를 들꽃들, 연이어 나타나는 비취빛 호수와 계곡의 비경을 감상하며 20여분 정도 셔틀버스를 타고 3,400m의 원시의 산림지대에 도착했다. 지우자이거우는 Y자형의 계곡 경관으로 우측 계곡 정상인 원시산림지에서 투어를 시작하여 교차지점인 약일랑 초대소와 좌측 정상인 장해를 거쳐 내려오면서 경관을 감상하는 코스다.

허공에 빙벽을 두른 듯한 설산과 하늘을 찌를 듯이 늘어선 민싼수 산림지대가 대비를 이루며 빚어내는 환상적인 비경은 지금까지 보아온 전형적인 중국의 경관과는 너무나 달라 히말라야의 원시림 속에 와 있는 기분이다. 마치 신선이 사는 세계에 들어와 있는 느낌이랄까. 개발위주의 중국관광에서는 느낄 수 없었던 신선함과 신비로움을 주는 정취이다. 이곳에서 장해까지 35㎞에 걸쳐 담배 꽁초하나 없는 청정지

지우자이거우 천연호

역의 경관을 걷노라면 중국 인들이 왜 이 곳을 최고의 관광지로 손꼽는지 이해할 수 있다. 지우자이거우 계곡 은 물속에 있는 광물질이 햇빛과 수목에 반사되고 서 로 조화를 이루어 칼라풀한 호수의 물빛을 자아내고 있다. 구채 구九寨溝란 이름은 티베트인이 사는 9개의 장족마을이 있었다는 데서 유래되었다. 청두에서 북쪽으로 440㎞지점에 위치하고 청두와 란저우 (蘭州난쥬)의 중간지점에 있다.

산림지대를 출발하여 전죽해箭竹海에 도착했다. 호숫가에는 촘촘하 게 자란 넓은 수초 밭이 펼쳐있고, 비취빛 물속에는 물에 잠긴 오래된 나무들 사이로 작은 물고기들이 유유히 헤엄치고 있다. 주변의 푸른 산림과 뒤쪽 암벽 산이 어울려 푸른 공간을 조성하고 있는 독특한 경 관이다. 호수바닥에 석고 같은 물질들이 죽은 나무에 엉겨 붙어 있고 바닥에도 깔려있어 특이한 바닥지형을 이루고 있다. 화살처럼 가는 대나무 숲이 거울 같이 잔잔한 호수에 촘촘히 박혀있는 호수라 하여 푸른 대나무의 바다箭竹海라고 명명한 것 같다.

산호섬 바다에서나 볼 수 있는 그런 진한 남색 호수인 웅묘해熊猫海

에 도착했다. 바다빛
깔 보다 더 푸른 호
수를 큰 잔에 담아
둔 것 같다. 이곳은
판다곰이 자주 출몰
하는 곳이라 하여 붙
여진 이름이나 관광
객들이 붐비는 때라
판다곰이 나타나지
는 않을 것이다. 판
다곰의 출현 자체만
으로도 이곳이 청정
산림지대라는 것을
보여주고 있다. 중국
을 비롯하여 중앙아
시아를 답사하면 깨
닫게 되는 것이 있는
데, 바다가 없는 내

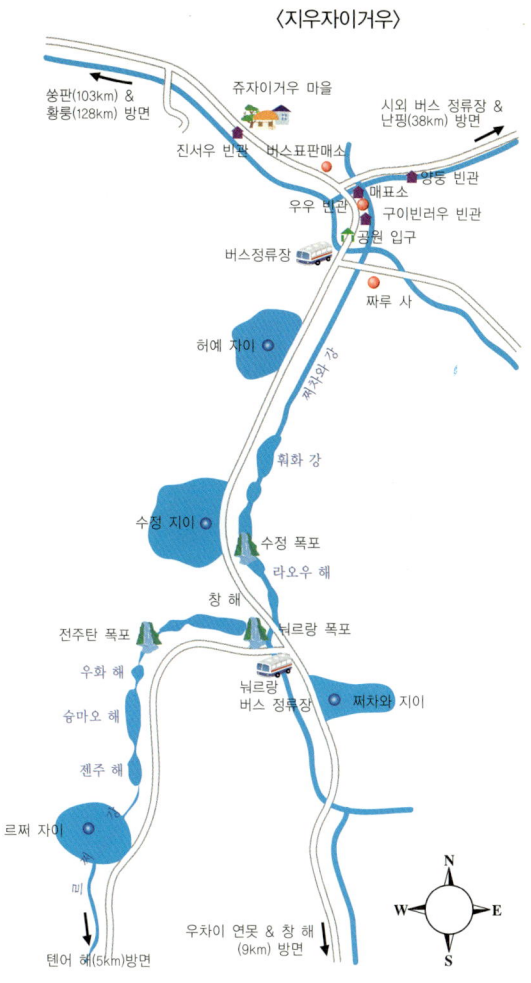

〈지우자이거우〉

류지역에서 큰 호수나 이곳처럼 무언가 특별한 의미를 부여할 때 호湖
보다는 해海를 더 즐겨 쓰고 있다는 것을 알 수 있다. 호수를 바다로 쓰
는 것은 크다는 의미를 강조함과 동시에 바다海를 동경하는 마음을 담
고 있는 것이다.

오화해五花海에서 내려 작은 개울을 건너 좁은 공작하孔雀河 주변 길

을 따라 오르니 넓은 호수가 나타난다. 호수 바닥에 깔린 광물질의 영향으로 반은 푸르게 다른 쪽은 보통의 물 빛깔을 띠고 있다. 조금 더 걸으니 호수를 한 눈에 조망할 수 있는 탁 트인 공간이 나타난다. 앞산 봉우리에 쏟아지는 눈부신 햇살을 받아 주변의 풀밭과 울창한 산림은 신비감을 더해준다. 수목이 빽빽한 산기슭을 돌아 내려오니 고원을 배경으로 폭포수가 시원스레 쏟아진다. 수십 갈래로 흩어져 내리는 시원한 물줄기를 감상하면서 한 여름의 뜨거운 햇살도 폭포수에 함께 적셨다.

일행들과 주차장에 도착하여 경해鏡海로 출발했다. 락일랑 폭포 우측으로 들어서면 첫 번째로 보이는 길이 1㎞, 수심 14m의 호수가 하나 있는데 사면이 푸른 숲으로 둘러싸여 있다. 물이 거울처럼 맑아, 자신의 모습을 비추며 호숫가를 걷노라면 신선이 거닐던 선경의 아름다움을 느끼게 된다.

식사를 마치고 장해長海에 도착했다. Y자 형의 좌측 계곡 최상단에 위치한 장해는 해발 3,102m, 길이 4,390m, 평균 넓이 200m, 깊이 80m, 면적은 930,000㎡에 달하며 이곳 풍경구에서 가장 높고 가장 큰 호수이다. 아득하게 보이는 설산은 가슴 속에 구름을 품고 있다. 짙푸른 물감을 풀어 놓은 것 같은 호수의 물결은 송림가에 고요히 잠들어 있다. 해발 3,000m이상의 고원에서 바라보는 맑고 푸른 장대한 호수를 바라보노라면 이곳이 중국인들의 마음의 쉼터요 영혼의 고향이라고 느끼게 된다. 가뭄에도 마르지 않아 옛 사람들은 이를 일컬어 '아무리 채워도 채울 수 없고 흘러도 마르지 않는 보배 조롱박'이라 했다니 신선이 사는 곳이 바로 여기가 아닌가.

중국 천지에 흐르는 끝없는 황톳물의 탁하고 답답한 물줄기에 대한 갈증을 비로소 이곳에서 풀고 가게 된다. 맑고 거울 같은 호수 가에 사노라면 누구를 속이고 무엇을 숨기랴. 인간의 몸을 차지하는 70%의 물이 사람에게 가장 많은 영향을 주듯이 황톳물이라는 환경이 그들의 차 문화와 음식문화에 가장 많은 영향을 준 것 같다.

쓰촨성 계곡 굽이굽이를 돌면서 속내를 알 수 없는 중국인들의 마음도 실상은 깊이와 속을 들여다 볼 수 없는 황톳물의 성질과 닮아 있다는 것을 불현듯 알게 되었다.

장해에서 오채지五彩池로 향했다. 낮은 골짜기에 위치한 투명한 구슬 같은 작은 연못으로 엷은 푸른색과 짙은 푸른색, 모래 위의 흰색, 바위 위의 검은색, 물속에 잠긴 남색 물줄기 등 다섯 가지 물빛으로 나타난다고 오채지라 이름 붙였다. 보는 이의 각도나 햇빛에 따라 다양한 얼굴을 가진 2,500평의 이 연못은 아름답고 다채롭고 순결, 투명하며 비가 오거나 가뭄이 들어도 전혀 수량이 줄거나 불어나지 않는다.

평온하게 잠자는 호랑이의 호수 노호해老虎海에서 100여 미터 쯤 내려오면 10여 미터 절벽 아래로 힘차게 쏟아지며 거품을 내 뿜는 폭포들이 나그네의 발걸음을 상쾌하게 적셔준다. 울퉁불퉁하게 뒤틀린 암벽사이로 힘차게 흐르는 수정폭포樹正瀑布는 질풍노도와 같은 격렬한 관현악을 연주하는 것 같아 대자연의 교향곡을 방불케 한다.

수정폭포를 따라 하천을 내려가면 흐르는 물속에 뿌리를 내리고 사는 나무들이 나타난다.

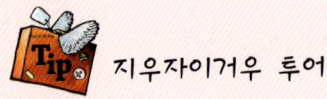
지우자이거우 투어

이곳은 중국인들조차 모르던 원시 비경이었다. 촉나라로 가는 길은 너무 멀고 험해서 접근 자체가 어렵기 때문이다. 1970년대 중반 벌목공에 의해 발견돼 세상에 빛을 보았다. 1992년에 유네스코의 세계유산으로, 1997년에는 세계생물권보호구로 지정됐고 주변의 원시림이 중국의 명물 판다의 고향이라 해서 해외에서 많은 관광객들이 몰려온다. 자연보호를 위해 한번씩 입산 금지조치를 취하기도 하니 미리 살펴야 한다. 관광은 수시로 운행되는 천연가스 투어버스를 이용하면 된다. 철저한 자연보호를 위해 길에는 나무보도를 깔았다.

계곡 상단의 창하이. 협곡(수면 너비 200m)을 점령한 검푸른 물은 'S'자형 계곡을 채운다. 길이 4390m의 호수는 평균수심이 80m. 수면의 고도는 백두산 천지(2199.6m · 북한자료)보다도 무려 950m나 더 높다.

황룽공항 개통(2003년 8월)으로 청두와 충칭에서 항공기로 1시간 만에 오갈 수 있게 되었다. 입장료는 115위안(약 17000원)으로 비싸다.

영혼이 머무는 티베트인의 마음의 고향

개울가에 있는 티베트인들의 작업장인 마방磨房에 도착했다. 산 위쪽엔 티베트 장족들의 전통가옥과 깃발이 보인다. 긴 줄에 다양한 깃발을 꿰어 늘어뜨려 자신들의 영역을 표시하는 것이 고산지대에 사는 장족들의 특성이다. 개울가 마방은 장족들의 전통 물레방앗간이다. 하천가에는 수많은 나무들이 흐르는 냇가에 발목을 담그고 서 있다.

40여 개의 연못과 호수들이 별이나 바둑돌들을 여기저기 놓은 것처럼 4㎞에 걸쳐 아름다운 수정군해樹正群海를 이루고 있다. 계곡에서 흐르는 폭포와 시냇물이 무수한 수목들의 다리 사이로 미끄러져 흐르고 버드나무와 송백나무 등 다양한 나무사이로 비취빛 물결이 흘러 여러 개의 폭포를 이룬다. 두 개의 물방앗간과 통나무로 만든 다리사이로 흘러내리는 산골마을의 정취는 찾는 이에게 아득한 동심을 불러일으키고 있다.

고산족 마을의 티베트인들은 전설에서나 나옴직한 선경에서 살고 있는 것처럼 보였다. 중국정부가 이곳에 도로를 뚫고 개발을 하지 않았다면 장족들은 문명을 등진 원시림 속에서 소박한 자신들의 삶을 이어갈 수 있지 않았을까 하는 아쉬움마저 남는다. 욕망과 탐욕으로 찌든 문명인들이 신선이 사는 선경의 골짜기마다 오염된 발자국을 남기고 가는 것은 아닌지 한번쯤 되돌아보게 하는 소박한 마을풍경이다.

설산에 둘러싸인 암벽 산들과 끝없이 펼쳐진 원시림, 계곡을 연이어 흘러내리는 형형색색의 호수물결들은 대자연이 빚어낸 걸작품들이다. 염주모양의 해자海子는 흐르는 물과 빙하작용에 의해 형성되었으며 층층이 떨어지는 폭포는 많은 조산운동의 결과이다. 봄이 오면 수많은 들꽃이 지천으로 피고, 여름에는 푸른 호수와 아름다운 산이 맑고 다채로운 목소리로 노래하며, 가을에는 단풍잎으로 형형색색의 옷을 입는 화려한 자태, 겨울에는 흰 눈으로 설원의 세계를 펼쳐 동화의 계곡을 만들어 낸다. 빼어난 암석과 울창한 숲, 들꽃이 만발한 곳에 고니, 금빛 원숭이, 판다곰이 노는 하늘이 빚은 풍경구를 떠나며 아쉬움의 발길을 돌려야 했다.

중국을 탐방하면서 느낀 점은 우리 학계나 관광업계가 중국인들을 너무 모른다는 것이다. 중국인의 한국여행상품이 너무 우리식 입맛에 맞는 코스를 선택하고 강요하고 있는 것은 아닐까? 수천 년 동안 황톳물만 접하고 살아온 중국인들의 삶과 영혼 속에는 어쩌면 지우자이거우처럼 맑고 투명하여 그 속을 들여다 볼 수 있는 깨끗한 물을 보고 마시고 싶은 본능적 갈증이 그들의 DNA 속에 녹아 유전되고 있는지도 모를 일이다.

맑고 투명한 설악산의 계곡물이나 푸른 동해바다, 제주도나 한려수도의 풍광과 현지의 생활문화가 오히려 중국인들에게 색다른 감회를 느끼게 할 것이다. 우리나라의 중국관광객 유치의 화두는 한마디로 물(水)이라는 것을 이곳에 와서 다시 확인하는 계기가 된 것이 무엇보다 소중한 경험이다.

창족과 장족의 민속공연

오후 6시 투어를 마치고 민속공연장으로 향했다. 입구에서 북과 챙을 두드리며 흥을 돋우고 관람객의 목에 희고 얇은 머플러를 걸어 주었다. 4~5백 석 되는 객석은 꽉 차서 앉을 자리가 마땅치 않아 방석을 하나 구해서 무대 앞쪽을 비집고 앉았다. 3,000m의 고산지대에 사는 장족과 창족들의 문화를 알고 싶은 호기심으로 가장 비싼 입장료(100위안)를 마다하고 참가한 것이다.

몽고식 빠오로 된 천막무대에 남녀무희가 나와 기백 있는 춤동작과 가슴을 후련하게 때리는 음악소리가 어울려져 분위기가 달아올랐다.

12가지의 주제를 가지고 공연하는 민속공연은 남녀무희 모두 키가 크다는 공통점을 가지고 있다.

　긴 천을 들고 나와 춤을 추는 첫 번째 공연은 가슴을 뛰게 하는 흥겨운 선율과 경쾌한 몸동작이 인상적이다. 특히 남자들은 발과 다리 동작을 경쾌하게 움직이며 춤을 추었다. 두 번째는 남녀무희들이 나와 서로 술잔을 부딪치며 축배를 드는 순서와 세 번째는 티베트 전통 복장을 한 남자가수의 흥겨운 전통민요, 네 번째는 여섯 명의 남자무용수의 경쾌한 스텝과 팔 동작은 마치 권법을 하듯 비호같이 뛰었다 움추렸다. 팔을 휘두르는 폼이 무술을 변형한 춤 같은 느낌이다. 동작 하나 하나를 끊어 절도 있게 한다면 무술동선과 같을 것이다. 경쾌하고 박력 있는 동작에서 고산 지대의 민족들이 생존경쟁에서 살아남기 위한 강인한 투쟁정신과 용기를 엿볼 수 있었다.

　지 우 자 이 거우는 쓰촨성 아빠장주(아패장족)와 창주(羌族 강족)의 자치구이다.

소수 민족의 민속 공연

두 민족이 함께 공연하는 곳도 이곳이 그들의 같은 고향이기 때문이다. 서역풍이 배인 청아하고 간드러진 중국음악이나 우리의 한이 서린 애절한 음조와는 달리 경쾌하고 힘찬 기백을 느끼게 하는 것이 인상적이다. 다섯 번째는 화려한 장식에 카우보이식 모자를 쓰고 맑고 청아한 음색을 가진 소프라노 가수가 나와 노래를 부르자 관중들이 입장할 때 받은 흰 머플러를 들고 나가 가수의 목에다 걸어 주었다. 흰 머플러는 기념품이 아니라 가수와 청중의 거리를 좁혀 서로 어우러질 수 있는 고리를 제공해주는 역할을 하고 있다. 여섯 번째는 아랍풍의 영향을 받은 복장으로 아라비안 나이트식의 모자를 쓰고 조그만 전통피리로 맑고 힘차게 연주한다. 일곱 번째는 아름답고 귀여운 얼굴을 한 아가씨가 나와 귀를 때리는 듯한 청아한 목소리로 관중들을 사로잡았다. 여덟 번째는 여러 명의 응모자를 등장시켜 제비뽑기를

순박하여 때묻지 않은 티베트(장족) 사람들

하여 경기를 시키는데 승리하는 사람에게는 아리따운 여인을 신부로 선택할 수 있는 기회를 주고 부부의 예를 올리는 장면을 연출하여 무대는 관중과 배우가 어우러져 한판의 난장을 이루게 하는 흥겨운 장면이다. 장자지에張家界에서 본 토가족의 민속공연 모습과 비슷한 부분이다.

그러나 토가족에 비해 춤동작이 경쾌하고 힘차며 남방계통보다 키가 훨씬 크고 기백이 넘친다. 그리고 남녀 간의 사랑 표시나 노래도 장족들은 맑고 높은 소리로 노래를 부르고 있어 남방의 고산족과 북방의 고산족 간에는 기질상의 차이점이 보인다. 북방민족이 훨씬 더 경쾌하고 힘찬 기백을 가지고 있다. 뒤이어 이어지는 남녀가수들이 부르는 노래는 한이 서린 애절한 음조보다는 높고 맑은 힘찬 노래 가락으로 흥을 돋우고 가슴을 뜨겁게 하는 공연이다. 마지막 공연에는 출연자들이 화려하고 다채로운 의상을 입고 나와 공연을 했다. 우리의 전통의상에 비해 훨씬 더 화려하고 다양해서 티벳 문화를 새롭게 바라보는 계기가 됐다.

설보산 기슭에 자리한 황룽(黃龍 황룡)

아침 7시에 호텔을 출발했다. 3천미터 정도의 지우자이거우 고원에서 잠을 자 보기는 처음이다. 산에는 운무가 가득하다. 원주민 여인들이 길가에 나와 차를 기다리며 손을 흔들어 주었다. 가까운 읍내에 장보러 가기 위해 차를 세우는 줄 알았는데 장藏족 아가씨를 한 명 태우자 노래를 부르고 분위기를 흥겹게 띄웠다. 한창 재미있는 분위기를 연출하더니 옥 제품과 3천 미터 이상의 고산에서 난다는 향기 나는 돌로 만든 염주를 팔았다. 기념으로 민나쌍주 염주를 15위안에 구입했다. 장보러 가는 장족아가씨가 아니라 기념품을 파는 아가씨라는 것을 나중에서야 알았다. 아무튼 알아들을 수는 없었지만 장족 아가씨의 노래 가락과 재치 있는 말솜씨로 재미있고 흥겨운 시간이 됐다.

도중에 꺼산얼 왕궁 터에 도착했다. 빠오 천막이 나타나고 길 양쪽으로 깃발을 띄워 길게 늘어놓았다. 주변 빠오엔 베짜는 여인과 재봉틀을 굴리는 남자, 은세공을 하는 장인들, 잘 정돈되고 세련된 가구로 장식한 귀빈실, 불화를 천에 그리는 화공, 원시적으로 인쇄하는 장소 등을 둘러보았다. 장족의 영웅을 기념하는 궁터인 꺼산얼 왕 사당에서 180㎝ 정도의 나무막대 크기의 향을 보았다(60위안). 장족들의 생활모습을 볼 수 있는 곳이다.

가는 도중에 두 군데의 식품공장과 수정을 파는 기념품 가게에 들려 점심식사를 했다. 오후 1시경 4,200m고지를 통과하면서 호흡이 부담스러워지기 시작한다. 산정엔 노란 들꽃이 피어있고 야생초와 산능선을 덥고 있는 초원, 거대한 암벽 산들이 병풍처럼 이어진 계곡 사이로 구름이 쉬어가고 있다.

오후 1시 반경 공원매표소에 도착했다(입장료 110위안). 지우자이거우에서 북동쪽으로 68㎞를 가면 오늘 여정의 종착지인 황룽스(黃龍寺 황룽사)다. 지우자이거우와 황룽스의 여행코스는 남북 두 갈래 선이 있다. 남쪽 선은 청두로부터 출발하여 서문 장거리 역에서 쏭판 방향의 버스를 타는 코스다. 거리는 335㎞로 하루나 이틀정도 걸린다. 쏭판에

서 황룽스까지는 55㎞다.

입구에서 울창한 숲길이 나 있는 좁은 오솔길을 따라 올라갔다. 누런 암반 위를 흘러내리는 물 빛깔이 황색으로 보인다 하여 황룽黃龍으로 부르고 있다. 석회암 물이 고여 만들어진 작은 호수와 연못들로 이루어진 황룽은 마치 계단식의 작은 논처럼 연결되어 기이한 경관을 만들어 내고 있다.

작은 폭포가 수십 갈래 흘러내리는 모양의 비폭유희飛瀑遊戲를 지났다. 둥글둥글한 매듭바위를 연이어 뛰어내리는 폭포가 마치 연꽃잎 사이를 돌아내려 오는 것 같은 연태비폭蓮台飛瀑의 풍경을 감상하면서 몸과 마음을 씻는다. 세신동洗身洞에서 잠시 휴식을 취했다. 푸른 논 같은 연못을 지나 2시간 정도 오르면 황룽에서 가장 아름다운 오채지

五彩池가 나타난다. 이곳은 황룡의 누런 물빛과는 달리 지우자이거우처럼 여러 가지 칼라풀한 색깔을 빚어내는 곳이다. 규모나 다양성에 비해 황룡은 지우자이거우 보다는 많이 떨어지는 느낌이다. 호수나 연못이 작고 누런 암반의 다양한 형태에 따라 물의 색깔과 흐름이 이루어지고 있다. 계곡도 폭이 좁아 3,400개의 작은 연못이 주류를 이루고 있다. 이 연못들은 물속의 깊이와 햇빛의 방향, 보는 각도에 따라 황색에서 에머랄드빛에 이르기까지 다양하게 나타난다. 누런 암반 위로 발목을 적실 듯 말듯 수정처럼 투명한 물이 흐르는 모양은 용이 승천을 꿈꾸며 하늘을 비상하려는 몸짓인 듯하다.

오후 4시경 드디어 황룽스黃龍寺에 도착했다. 가끔씩 뿌려주는 빗발 때문에 매우 서둘러 올랐다. 사찰 입구에는 우산이 부딪힐 정도로 사람들이 붐볐다. 뜰에 들어서니 사당 앞엔 향불이 활활 타오르고 있다. 사당 안에는 황색도포를 두르고 백발의 수염을 날리는 황용진인黃龍眞人이 근엄한 눈빛으로 앉아있고 좌우에 두 사람이 시립해 있다. 좌측 칸에는 아름다운 두 여인이 앉아 있고 우측 칸에는 두 남자가 앉아 있다. 도교와 불교가 서로 만나고 있다는 느낌이 드는 사찰이다. 해발 5,580m의 설보산 기슭 한 켠에 V자형의 계곡사이로 펼쳐진 길이 7.5km의 석회 암층에 물이 고여 이루어진 황룽의 경관은 지우자이거우와는 또 다른 분위기와 정취를 갖고 있다.

황룽스 앞 정면을 바라보면 저 멀리 아득한 녹색능선이 구름을 등에 지고 유연하게 뻗어 내리고 사찰 아래 골짜기 좌우에는 산맥들이 웅장하고 힘찬 기세로 감싸 안고 있다. 3,100m의 사찰 입구의 7.5km 주변은 해발 3,500m의 고산지대로 둘러싸여 있다. 사찰 주변은 형형

색색의 우산들이 부딪치며 지나가고 있다. 비가 오락가락하여 달리듯 내려왔다.

오후 5시 반경 쏭판으로 출발했다. 4,000m이상의 고봉들이 서서히 운무에 감기는 차창 밖의 풍경이 동화 속 한 폭의 수채화 같이 스쳐간다. 골짜기의 원시림들과 능선을 흘러내리는 가파르고 부드러운 산맥들의 파노라마, 알몸을 드러낸 암벽들의 근육질 몸매, 부끄러운 듯 운무로 속살을 살짝 가린 계곡의 암벽과 초원들, 산은 산을 넘어 끝없이 이어지고 있다.

오후 6시경 해발 3,800m의 능선에 정차해 주변경관을 둘러보며 사진촬영을 하고 잠시 휴식을 취했다. 관목들 사이로 야크떼들이 계곡아래서 풀을 뜯고 있다. 옆 자리에 앉은 우한(武漢무한)에서 온 아주머니는 황룽 입구에서부터 심한 구토증에 시달리다가 고도가 높아지면서 혈색이 하얗게 변하며 몹시 고통스러워했다. 아주머니의 부탁으로 같이 온 두 오누이를 지우자이거우에서부터 황룽까지 같이 데리고 다녔다.

쏭판에서 이틀 밤을 보내고 청두로 출발했다. 중간에 장족민속공예품 전시장을 들리느라 오던 길로 되돌아갔다. 작은 것을 가지고도 서로 즐거워하며 재미있게 대화하는 중국인들의 모습에서 그들의 넉넉한 품성을 느끼게 된다. 쓰촨성 사람들은 말이 무척 빨라 숨도 안 쉬고 떠드는 것 같다. 인구 1,000만의 도시 우한 사람들과 3박 4일간 함께 여행을 하는 동안 정이 많이 들었다. 특히 구토하던 아주머니의 두 남매는 여행 내내 같이 다녀서 더욱더 헤어지는 것이 아쉬워했다. 차창 밖으로 흔들어 주는 그들의 작별 인사에 며칠동안 정든 마음이 애련하다.

황룽과 지우자이거우 일정을 마친 여행객 중에 쏭판으로 되돌아와

랑무쓰나 시아허 방향으로 가는 경우가 많이 있다. 쓰촨성은 중국에서 가장 각광 받는 여행지로 부상하고 있으며 많은 관광루트가 개발되고 있다. 랑무스(郞木寺랑목사)는 아주 조그만 마을로 마음의 고향을 찾는 듯한 편안한 느낌을 주는 곳이며 티벳 불교의 라마사원이 두 곳이 있다. 며칠 쉬어가고 싶었지만 아쉬움을 남기며 발길을 재촉했다. 또한 청두에서 낙양과 소림사, 시안을 거치는 일정도 잡아 생각해 보았지만 3일 정도가 소요되어 시안으로 곧바로 가기로 했다.

오후 6시 반경 청두기차역으로 택시를 타고 출발했다. 시가지는 깨끗했다. 저녁 7시 30분 발 시안행 침대차가 없어 11시 30분의 심야 기차를 타기로 했다. 16시간 걸리는 시안행을 야간에 앉아서 가다보면 피로가 더욱 누적될 것 같아 4시간을 기다려 침대차로 가기로 결정했다. 숙소문제도 해결될 뿐만 아니라 기차에서 자는 날은 이동시간을 가장 효율적으로 단축시킬 수가 있어 답사일정 내내 최대한 이런 방법을 선택했다. 어느새 중국여행에서 3~4시간 버스나 열차를 기다리는 것에는 익숙해졌다.

시간적 여유가 있으니 청두의 보행가를 걷게 되었다. 거리의 광장한 가운데에 중산 손문 선생이 의자에 앉아 공원을 바라보는 동상이 있다. 분수대와 꽃으로 잘 가꾼 공원에 앉아 청두 시민들이 오가는 모습을 지켜보며 모처럼 한가로운 시간을 즐겼다.

쓰촨성은 사회주의 시장경제 체제로 중국의 진로를 바꿔놓은 광안현廣安縣출신의 작은 거인 등소평을 비롯하여 천북川北의 문호 광원중진(廣위안 重鎭은 중국의 첫 번째 여황제를 탄생시킨 측전무후의 고향이다. 그리고 광원(廣위안) 남면南面의 강유시江油市는 당나라 시인 이백李白

의 고향이기도 하다.

기차에 올랐다. 동행한 장군도 계속된 고산지대의 여행에서 기침을 심하게 했다. 구이린 양수오에서 밤새도록 돌아갔던 그 에어컨 덕분에 여행 내내 고전할 줄 누가 예상했을까. 무거운 짐을 지고 고원을 누비니 조금도 나아지지 않는다. 다행히 쿤밍에서 지우자이거우에 이루는 2,000m~3000m의 고원지대를 통과하였으니 앞으로는 많이 좋아질 것이라 믿기로 했다.

1부를 끝내며

지난 23일 동안 탐방한 중국최고의 관광권을 투어리스트 실크로드(Tourist Silkroad)라고 나름대로 명명했다.

과거의 실크로드가 비단을 비롯하여 옥, 청동기, 유리, 보석, 종이, 향료, 도자기, 칠기 등의 문물교류와 불교, 기독교, 이슬람교, 조로아스터교 등 종교문화의 교류, 그리고 각종 학문과 과학기술 및 예술의 상호교류가 이루어진 동서 문화문물의 교류를 통칭하는 개념이라면 투어리스트 실크로드는 동해를 기점으로 시안까지 중국의 주요 관광권을 잇는 관광 코스와 여정이다. 이렇게 이번 여행의 콘셉트를 일차적으로 설정한 것은 관광을 통한 인적. 물적. 문화적 교류가 금세기 들어 더욱 그 비중과 중요성이 커지고 있기 때문이다.

2부

고대 오아시스로와
유라시아 초원

● ● ● 지금부터 가고자 하는 길은 시안을 거쳐 고대 오아시스 실크로드Old Oasis
Silkroad이다. 고대 실크로드는 동서 간 인류문명의 교류가 진행된 통로를 범칭汎稱하
는 개념이다. 제 2차 세계대전 후 동양학자들은 오아시스로를 통한 동서 교류의 연구
를 심화하여 이 길을 중국에서부터 중앙아시아와 서아시아를 지나 이스탄불과 로마
까지 연결하는 12,000km, 직선거리로는 9,000km에 달하는 동서간의 문명교류의 통로
이자 교역로로 규정했다. 뿐만 아니라 실크로드의 범위에 유라시아 대륙의 북방초원
지대를 지나는 초원로草原路와 지중해에서부터 홍해, 아라비아해, 인도양을 지나 중국
남해에 이르는 남해로南海路까지 포함시켜 그 개념을 확대했다.

실크로드란 원래 중국 비단의 유럽 수출로 인해 명명된 조어造語였으나 그 개념이
확대되었다. 초원로나 해로는 물론이거니와 오아시스로 자체도 그 길을 따라 비단이
교역품의 주종으로 오간 것은 역사상 짧은 한 때의 일이었다. 오히려 더 많은 기간동안
이 길은 수많은 교역품과 문물이 장기간에 걸쳐 오고 갔다. 그러므로 실크로드란 인류

가 예부터 이용해온 원거리 무역로와 문명교류의 통로에 대한 상징적인 명칭이다.

필자는 실크로드의 3대 노선인 오아시스로, 초원로, 남해로 중에 오아시스로를 중심으로 한 여정을 계획했다. 오아시스로는 실크로드의 여러 간선과 지선 가운데 가장 중요한 역할을 해 온 곳으로 동서 교통로에서 중추적 역할을 수행해왔다. 오아시스로의 개념은 주로 중앙아시아를 중심으로 한 건조지대(사막)에 점재하는 오아시스를 연결하여 이루어진 동서 교류의 교통로를 지칭한다. 이 길의 서쪽 끝은 로마이고 동쪽 끝은 한반도의 남단이다. 지금까지의 통념으로는 이 길의 동단東端은 중국의 장안(長安,현 西安)이다. 그러나 각종 서역문물이 장안과 한반도 남단의 경주를 잇는 육로를 통해 한반도에 전래된 사실을 감안할 때 오아시스로는 분명히 한반도 남단까지 연장된다. 정수일은 『씰크로드학』에서 오아시스의 동단은 장안이 아니라 그 동쪽의 한반도 남단이라고 추단할 수 있으며 총 연장 거리는 약 14,700km로 약 36,800리에 이른다고 밝히고 있다.

고대 실크로드의 출발지 시안(西安 서안)

★ 시안(西安)

늦게까지 잠을 잤다. 컵라면에 뜨거운 물을 붓고 차를 마시며 모처럼 여유를 찾았다. 처음에는 20시간 이상 기차를 타는 것이 무척 부담스러웠는데 이제는 적응이 되어 잠도 잘 자고 창밖을 스치는 경관을 즐길 수 있어 오히려 편하고 여유를 찾을 수 있는 공간으로 바뀌었다. 중국여행에서 유일하게 접할 수 있는 우리나라의 신辛라면은 중국 컵라면 강사부康師傅나 이李라면 보다 훨씬 입맛에 맞고 값도 비싸다. 톡 쏘는 매운 국물을 마시고 나면 온 몸에 땀이 촉촉이 밴다. 얼마나 맛있게 먹었는지… 컵 라면 하나에 이렇게 고마움을 느낄 수 있는 것은 힘든 여행에서 얻을 수 있는 작은 행복감이다.

지난 밤 청두역에서 산 플라스틱 차茶통에다 뜨거운 물을 붓고 차를 음미하니 그 동안 누적되었던 여독이 저절로 풀리는 것 같다. 여행은 가장 낮은 몸으로 가장 겸손한 발걸음으로 세상을 향해 마음을 열고 자신을 되돌아보는 과정이 아닐까. 배낭을 메고 세상을 순례하는 나그네의 모습, 그 이상도 그 이하도 아닌 내 안의 존재를 확인하는 과정이 여행의 진정한 의미인 것 같다.

시후西湖 룽징차龍井茶를 차 통에 넣고 천천히 그 향을 음미하면서 초코파이를 한입씩 베어 물으니 식욕이 서서히 되살아나고 있다. 초코파이 맛은 우리나라 것과 같다. 중국 여행에서 맥도널드 햄버거와 컵라면, 초코파이는 어느새 기차여행에서 가장 선호하는 음식이 됐다. 또한 차와 차 통을 항상 가지고 다니게 되었으니 나도 어느 새 중국인처럼 변하고 있는 것인가.

중국열차의 특징 중의 하나는 드럼통 같은 탱크에 연탄불로 뜨거운 물을 항상 끓여 놓고 있는데 침대칸의 경우는 각 칸 마다 설치된 철제 보온 물통에 온수를 담아 놓고 있다. 일반석에서는 물통을 가지고 와서 온수를 받아 가면 된다. 이 물은 찻물과 컵 라면을 먹을 때나 식수

고대 실크로드의 출발지시안성

로 요긴하게 이용되고 있다. 찻집도 없는 열차 안에서 하루 이틀을 보내다 보면 차와 차 통을 가지고 다니는 것이 생활의 필수품이 될 수밖에 없는 것이다. 이제 열 시간 정도의 거리는 멀다는 생각보다는 다행이라는 생각이 먼저 든다. 운남과 쓰찬지역 고원에서 쌓인 피로 탓인지 자고 깨는 것을 반복하는 토막잠을 잤다.

시안성 내부

　　오후 3시 반 시안역에 도착했다. 남문의 성문을 찾아 우측 옆으로 난 길을 따라 조금 걸으면 시안서원청년여사西安書院青年旅舍가 나타난다. 배낭여행객들이 주로 이용하는 유스호스텔이다(1인 40위안). 여장을 풀고 시안성을 구경하러 나섰다. 명과 당대의 장안성長安城을 기초로 해서 만들어진 600여 년 전의 성벽이 완벽하게 보존된 모습을 보니 매우 부러웠다. 성 둘레는 넓은 호를 파서 물이 흐르게 했다. 성벽 주변은 공원처럼 잘 꾸며져 있고 성벽 양쪽으로는 길을 내어 사람이 다닐 수 있도록 만들었다.

　　지도에 나타나 있는 한나라 시대의 옛 장안유적지를 답사하고 싶어 버스를 3번이나 갈아타고 현장에 도착해 보니 지도에 표시된 푸른 색깔이 공원으로 조성된 줄 알았는데 몇 채의 주택과 옥수수 밭으로 뒤덮인 한적한 시골농가였다. 시안성의 안은 고층건물들과 번화한 거리가 있어 옛 수도로써의 명성을 유지하고 있으나 성 밖으로 나가면 낙후된 건물들과 시골 농가들이 나타나고 있어 매우 대조를 이룬다.

　　저녁으로 포도와 바나나를 사 먹었다. 이곳은 세계 각국의 배낭여행객들이 머무는 유스호스텔이라 서양음식이 가능하며 10여 가지 내외의 패키지 여행상품이 있어 함께 참여하기로 했다.

3천 년의 역사문화가 숨 쉬는 고도古都 시안西安

  3천 년의 역사와 문화가 숨 쉬는 중국 제 1의 고도古都 시안은 중국 대륙의 중앙에 위치하고 있으며 주周, 진秦, 한漢, 수隋, 당唐 등 11개 왕조가 이곳에 도읍을 정했던 중국역사상 가장 중요한 도시 중의 하나다. 샨시(陝西 섬서)성은 중국 서북지구에 위치하고 있으며 시안은 인구 약 4백만에 달하는 샨시성 성도다.

  샌드위치와 주스로 아침을 먹었다. 고원지대를 벗어나자 열이 많이 내렸다. 오전 9시에 투숙했던 외국인 배낭여행객들과 함께 승합차를 타고 패키지 투어에 나섰다. 시가지 중심부에 있는 북문에 도착했다 (입장료 8위안).

리산 산맥에 위치, 온천이 많기로 유명한 후와칭츠

국제도시 장안의 면모

장안은 당시 육로를 통해 당나라로 온 서역인들이 주로 거주한 곳으로 여러 인종이 섞여 사는 명실상부한 국제도시였다. 약 100만의 인구 중 서역인을 비롯한 외국교민이 2%, 돌궐족까지 합치면 5% 정도가 외국인이었으며 당대의 혼혈 문화인 중에 출세한 문무고관대작이나 명류들이 수두룩했다. 당대의 대시인 이백(李白)도 중앙아시아의 호객(胡客)의 후예이며 백거이(白居易) 역시 구자인의 후예이다. 장안에 상주하는 서역인들은 상역(商易)이나 예능 분야에 두각을 나타냈을 뿐만 아니라 재상이나 장군으로 중용되는 등 권력구조에서도 일익을 담당하게 됐다.

당대의 이른바 '서역풍' 혹은 '호풍(胡風)'은 가무와 회화, 건축, 복식, 음식, 오락 등 사회생활 전반에 풍미하였고 특히 수도 장안은 그 극치였다. 우리가 한 때 아메리칸 스타일이라고 해서 모든 문화에 미국식 문화가 접목되던 것과 같은 분위기로 이해하면 될 것이다. 서역의 호악(胡樂)과 호무(胡舞)는 당대의 가무 분야를 휩쓸다시피 했다. 당대의 외국음악은 십부악(十部樂)이라 하여 그 중에 칠악(七樂)은 서역에서 기원한 것으로 서역칠조(西域七調)라 칭했다. 이 음악은 비파를 주요한 악기로 사용하였는데 서량악(西凉樂), 천축악(天竺樂), 쿠차악(龜玆樂), 안국악(安國樂), 소륵악(疎勒樂). 고창악(高昌樂), 강국악(康國樂)으로 그 중에서도 쿠차악이 가장 번성했다.

〈구당서〉여복지(舊唐書 輿服志)에 의하면 당 현종 개원년간(開元위안年間, A.D.713~741) 이래 태상(太常,종묘의 의식을 담당하는 관직)의 음악은 호곡(胡曲)을 존중하고 귀인의 식사는 모두 호식(胡食)을 올리고 남녀 할 것 없이 다투어 호복(胡服)을 입는다고 기술하고 있다. 중국인들의 한류열풍도 이런 역사적 맥락에서 접근해 볼 필요가 있는 것은 아닐까?

음악과 함께 서역의 무용도 왕성하게 행해졌다. 이란풍의 무용으로 호선무(胡旋舞), 호등무(胡騰舞), 자지무 등이 유행했으며 유명한 악사들은 대개 강, 안, 조, 미 등 서역국의 출신들이었다. 페르시아에서 전래한 마상격구(馬上擊球)인 파라구는 서쪽으로는 콘스탄티노플에서 유럽으로 전해지고 동쪽으로는 투르케니스탄에서 중국, 티베트, 인도, 고려, 일본으로 전해졌다. 당나라에서는 태종시대에 전해져 역대 모든 황제는 파라구를 즐겼다. 특히 현종은 젊은 시절 금성공주를 맞으러 온 토번(吐藩)의 사절들과 파라구 경기를 하여 멋지게 승리를 거두었다는 일화로 유명하다. 파라구는 왕으로부터 서민에 이르기까지 귀천을 가리지 않고 즐기는 오락으로서 인기가 대단하였으며 장기의 일종인 대식의 쌍육도 유행했다.

'고성제일문古城第一門'이라는 현판을 보면서 벽돌 계단을 오르면 명나라 때 만들어진 높이 38m의 삼층 종루가 나타난다. 시가지를 전망하기에 좋은 이 성벽의 높이는 12m, 둘레는 11.9m이며 폭은 위가 12~14m, 아래가 15~18m로 무려 차량 3대가 지나갈 수 있는 너비다. 성벽 앞 종루에는 명승 정년明崇禎年에 주조된 커다란 종이 매달려 있다. 성벽과 성곽이 완전하게 보존된 것이 매우 부럽다. 고성 안에는 기념품 가게가 있다. 2층의 자개농 전시장은 종루와는 이미지가 맞지 않아 고성에 대한 인상을 흐리게 한다.

성문을 벗어나면 시가지는 확연히 차이가 난다. 낙후된 주택밀집 지역과 허름한 공장과 가게들이 성 밖으로 나타난다. 30분쯤 달려 진시황의 병마용을 만드는 공장을 방문한 후 고속도로에 진입하여 리산(驪山 려산) 산록에 있는 후와칭츠(華淸池 화청지)에 도착했다(입장료 40위안). 시안시 동북쪽의 30㎞지점에 있는 리산은 온천지가 많은데 그 중에서도 후와칭츠가 가장 유명하다. 원래 후와칭츠는 2,800년 전 주나라 때 왕실의 별궁으로 건립되었는데 진시황은 화려한 리궁별관을 짓고 '리산탕'이라 불렀다. 당대에는 온천주변에 많은 전각을 짓고 '탕천궁'이라 하였다가 747년 '후와칭츠'라 개칭했다.

매표소를 지나면 넓은 정원에 연못이 나타난다. 이곳에는 중국의 일반지역과는 달리 엷은 남색계통의 비취색 물 빛깔을 가진 연못이 있다. 이 정도의 물 빛깔은 해발 3,000m정도의 지우자이거우의 물빛보다는 투명하지는 못하지만 해발 1,000m이상의 암벽 산 정도에서 볼 수 있는 색깔이다. 장자지에의 암벽들은 석회암이 적게 함유된 암벽이라서 우리나라 시골마을의 계곡 수준은 되지만 낮은 리산의 지대로 볼 때 수도 주변에 이 정도 수준의 물빛과 섭씨 43도를 유지하는 온천이 있다는 건 중국 땅에서는 매우 희귀하다.

경국지색 양귀비와 당 현종의 로맨스

에머랄드빛 연못인 구룡호九龍湖 정면에는 요염한 유방에 한쪽 다리를 부드러운 치마폭으로 살짝 가린 날신한 키에 통통한 얼굴을 한 서역 여인의 조각상이 주변에 몰려든 붕어 떼들에 싸여 눈부신 햇살을 받고 있다.

이 여인은 이집트의 클레오파트라와 더불어 고금에 가장 널리 알려진 양귀비의 조각상이다. 그녀의 '출욕도'를 보면 오늘날에 태어났다면 그리 사랑 받을 미인상이 아닐런지도 모른다. 우리가 상상하는 아름다운 한족여인의 모습이라기보다는 이국적인 풍모를 가진 서역 계통의 여인이다.

양귀비는 서기 719년 쓰촨에서 태어났다고 하나 그의 선조는 서역인이라는 설이 강하다. 오라버니인 양국충은 비만한 체구에 서역 호선무胡旋舞의 대가였다. 양귀비 역시 서역인 특유의 풍만하고 육감적인 스타일이었다고 한다. 당나라 시대의 미인은 수형미인상秀形美人像이 아닌 풍만한 서역 미인형으로, 이것이 당시 중국 미인의 척도였다.

양귀비는 당 현종玄宗의 18왕자인 수왕壽王의 비였다. 시아버지와 며느리 사이에 일어난 로맨스로 인하여 안록산의 난과 더불어 당나라의 국운을 결정적으로 기울게 하는 경국지색傾國之色의 여인이다. 56세의

화청지가의 양귀비 조각상

시아버지인 당 현종이 그의 며느리인 22세의 양귀비에게 푹 빠져버렸으니 인류도 사랑 앞에서는 눈먼 것인가 보다. 아무리 황제라도 며느리를 아내로 맞이하는 데는 세인의 눈이 있어 수왕의 집을 나오게 하고 출가시켜 여도사女道士가 되게 한 2년 후에 양옥환을 수많은 여자들 중에서 가장 높은 자리인 귀비貴妃의 자리에 오르게 했으니 이 여인이 양귀비다.

현종의 사랑을 한 몸에 받은 양귀비의 일가는 관직에 발탁되고 부귀영화를 누리며 승승장구했다. 현종의 전성기에는 100명의 황실 직

주지육림의 고사와 양귀비의 경국지색

450년간을 누린 하 왕조 최후의 군주 걸(桀)왕이 유시씨의 소국을 공격하자 대항할 힘이 없는 유시씨는 많은 진상품과 함께 말희라는 여인을 바쳤다. 걸왕은 말희에게 빠져 국가의 재산을 탕진하고 술로 연못을 만들고 고기로 숲을 만들자는 그녀의 제안을 받아들여 주지육림(酒池肉林)이란 유명한 고사성어를 탄생시키며 은나라의 탕에게 멸망을 당하게 된다.

은나라의 주왕(紂王)도 처음에는 선정을 베풀었으나 즉위 9년 유소씨(有蘇氏)를 정벌했을 때 유소씨가 헌납한 미녀 달기와 사랑에 탐닉하며 폭정을 일삼다 400여 년의 찬란했던 은 왕조를 주나라 무왕에게 멸망당하게 만든다.

양귀비 역시 당나라의 멸망을 재촉한 장본인이다. 양귀비의 양자가 안록산이다. 안록산은 당의 서역경략(西域經略)으로 당나라에 와서 군대에 봉직하는 서역출신의 강국(康國)인으로 소그드인과 투르크족의 혼혈인 장수였다. 751년 거란과의 싸움에서 패배했지만 황제의 총애를 받고 더 높은 자리로 승진했다. 안록산에 대한 양귀비의 애정이 모성애를 뛰어넘는 것이라는 추문이 장안에 퍼졌고 양귀비와 안록산이 관능적인 소그디아나의 회오리 춤인 호선무(胡旋舞)를 배우자 사태는 걷잡을 수 없게 됐다.

그럼에도 현종은 755년 안록산(安祿山)의 건의를 받아들여 한장(漢將) 대신 서역출신인 번

녀織女들이 양귀비만을 위해 비단을 짰고 황궁에는 무려 3만 명의 악사와 무용수를 두고 있었다. 당 태종 이세민의 정관貞觀의 치治에 버금가는 개원의 치세를 누렸던 현종도 양귀비와 사랑에 빠지면서부터 국정을 게을리 하는 바람에 나라를 기울게 했다.

지금 그들이 거닐었던 연못가에는 붕어 떼들이 한가로이 헤엄치고 있다. 부귀영화와 공명도 한 순간, 세월 앞에서는 연못가에 떠 있는 버들잎 한 잎 같은 게 아닐까. 구룡호를 지나 비문이 늘어선 정원의 우측을 돌아서면 넓은 광장과 잘 조경된 녹원綠園이 나타난다.

장(蕃將) 32명을 절도사로 임명함으로써 안록산의 군사적 세력을 키워주었다. 수도 장안에서는 안록산에 대한 반감이 고조되고 있었다. 재상에 오른 양귀비의 6촌 오빠인 양국충이 안록산이 모반을 계획하고 있다고 중상하자 이에 현종도 안록산을 의심하여 수도로 소환했다. 그러나 안록산은 이를 거부하고 간신 양국충을 토벌한다는 명분으로 755년 12월 오늘날 베이징인 범양(范陽)에서 거병하여 반란을 일으켰다. 불과 한 달 만에 반란군은 장안에서 동쪽으로 300km 떨어진 중국 제2의 수도인 낙양을 점령했다.

황제는 거수한에게 낙양 탈환을 명했다. 756년 거수한의 군사는 반군의 매복에 걸려 참패했고 거수한은 안록산에게 투항할 수밖에 없었다. 동관을 돌파한 안록산 군대는 장안으로 쳐들어왔고 현종은 몇 안 되는 호위군을 이끌고 도망쳤다.

인마가 마외파에 이르자 군사들은 양국충을 교살했다. 양귀비 또한 성난 병사들의 항의에 못 이겨 현종은 눈물을 머금고 양귀비에게 스스로 자결하라는 명령을 내림으로써 세기적인 로맨스는 종말을 고하게 되었다.

여인의 아름다움이란 가시를 숨긴 장미꽃의 향기 같은 것인가. 정사를 제대로 돌보지 않은 군주를 탓하기보다 여인들이 망국의 배경으로 거론되는 것은 동양사회에 뿌리 깊이 박힌 가부장적 사시(斜視)가 아닌가 싶기도 하다.

203

1946년 중국근대사의 가장 큰 전환점인 시안사변이 일어난 유적지인 오간청五間聽이 있다. 공산당을 토벌하고자 시안에 주둔하고 있던 장학량의 전승을 독려하기 위해 남경에서 시안으로 와 이 건물에 묵고 있던 장개석을 장학량이 감금하고 국공내전의 종식을 요구했던 유명한 역사의 현장이다.

　　장개석蔣介石은 자신의 보호자로 믿었던 장학량張學良에게 연금을 당함으로 인해 괴멸위기에 처한 공산당과 국공합작을 하는 계기가 됐다. 이를 통해 기사회생한 공산당이 중국을 장악하는 역사의 전환점을 만든 장소가 바로 오간청이다. 당시 장학량에게 체포당하면서 생긴 총탄의 흔적과 구멍 뚫린 유리창 등이 그대로 보존되어 있다. 만약 시안사변이 일어나지 않았더라면 공산당을 괴멸한 장개석이 중국을 통일하여 20세기 현대사는 전혀 새로운 방향으로 전개되었을지도 모를 일이다.

　　어탕유지御湯遺址 박물관에는 양귀비의 해당탕海棠湯과 현종의 구룡탕을 복원한 연화탕蓮花湯이 있다. 당태종 이세민의 정관 18년이란 안내 표식이 붙은 성진탕星辰湯등 3,000년의 역사를 가진 온천 휴양지의 옛 모습이 잘 보존되어 있다. 양귀비가 온천물을 담아 놓고 목욕했다는 대리석 욕조와 연화탕에는 하얀 옥석으로 물고기와 용, 오리, 연꽃 등 다양한 문양으로 18개의 욕실을 장식해 놓아 그 당시 화려했던 생활상을 짐작케 한다.

　　제국을 치마폭 안에 넣고 한 시대를 풍미했던 양귀비도 38세의 짧은 나이에 목을 매고 자결하였으니 인생무상이란 바로 이런 것이 아닐까. 안록산의 난이 평정된 그 다음 해에 현종은 양귀비가 목을 매고 죽은 장소에 남몰래 양귀비의 묘를 꾸몄다 한다. 높이 3m, 지름 5m 정도의 표면이 회색벽돌로 덮여 있는 그녀의 무덤은 그녀가 누렸던 부귀영화에 비하면 초라하기 그지없다.

위구르의 수탈과 견마교역(絹馬交易)

현종과 헤어진 황태자는 장수들을 이끌고 북상하여 영무靈武에서 군대의 추대를 받아 756년 여름, 황제에 즉위했다. 새 황제 숙종은 카라발기순의 위구르 궁정에 사절을 보내 원군을 요청했다. 757년 7월 카간의 장남이 지휘하는 4천명의 위구르 군대가 도착했다.

이 무렵 반군에도 내분이 일어나 안록산이 살해되는 등 혼란이 일었다. 그해 말 위구르 군대는 장안을 탈환하고 그 대가로 장안을 약탈할 권리를 황제에게 요구했다. 황제는 낙양을 탈환한 후 이를 허락해 위구르 군대가 사흘 동안 낙양을 휩쓸어버렸다. 수많은 낙양의 여인들이 능욕당하고 살해됐다. 막대한 문화재와 보물들이 낙타에 실려 낙양에서 카라발기순으로 운반됐다.

원군을 보내준 대가로 위구르는 견마교역絹馬交易 시장을 국경에 세우라고 요구했다. 위구르는 정기적으로 수천 마리의 조랑말을 몰고 와서 한 마리당 비단 40필이라는 고정가격으로 당에 팔았다. 당시에 조랑말 한 마리당 비단 한 필 정도면 얼마든지 살 수 있는 가격이었다. 중국 사가들은 이 조랑말이 위구르가 당나라 조정에 바친 공물이라고 완곡하게 표현했지만 사실은 위구르의 군사원조에 대해 당이 치

위구르에 출가한 당나라 공주들

서기 821년 가을 당나라 황제 목종(穆宗)의 누이 태화(太和)공주는 위구르와 당의 우호관계를 공고히 하기위해 볼모로 선택되어 위구르의 카간과 결혼하러 가게 됐다. 공주는 장안을 떠나기 전에 호선무를 새로 배웠는데 이 춤은 소그디아나 여인들이 진홍색과 초록색 옷을 입고 작은 원형 깔개 위에서 빙글빙글 맴돌며 추는 춤이었다. 공주는 쿠차의 음악을 특히 좋아해서 카간의 궁전에서도 금을 상감한 현악기를 켜면서 쿠차 음악을 계속 즐기고 싶었다. 서역 음악은 당나라의 도시에서 특히 인기가 있었고 황궁에는 외국 악단이 여럿 상주해 있었다.

당시 위구르는 말 한 마리에 비단 40필 심지어 50필까지를 요구하면서 그 가격에 말을 사지 않으면 쳐들어가겠다고 은근히 협박까지 했다. 733년에 위구르가 말 1만 마리 값으로 요구한 액수가 당의 연간 세입을 넘어서자 황제는 위구르의 부당한 요구를 달래려고 애쓰는 한편 백성의 고통을 늘려서는 안 된다고 선언하고 6천 마리만 사들였다. 하지만 위구르는 정기적으로 수만 마리에 이르는 말떼를 보내 당의 국고를 고갈시키고 있었다.

태화공주는 위구르 카간에게 시집가는 네 번째 당의 공주였다. 카간에게 맨 처음 시집간 공주는 태화의 선조 할머니였다. 이 공주는 안록산의 난 때 위구르가 당나라를 도와준 뒤인 758년에 카간에게 보내졌는데 그때까지 벌써 두 번이나 남편을 여읜 과부였고 나이도 젊지 않았다. 그리고 위구르로 시집간 지 불과 1년 만에 세 번째로 과부가 되어 당으로 돌아왔다. 그녀와 함께 갔던 동생은 위구르에 남아 다음 카간과 결혼했다. 이 공주는 790년 카라발기순에서 죽었다. 2년 뒤 중국황실은 위구르의 군사적 지원을 얻어 티베트와 맞서기 위해 태화의 종조모인 양목(襄穆) 공주를 서둘러 위구르로 보냈다. 양목 공주는 808년 죽을 때까지 위구르에 머물면서 세 명의 카간과 차례로 결혼했다.

위구르가 또다시 공주를 보내 달라고 요구하자 7년 동안 시간을 끌다가 결국 820년 태화의 언니인 영안(永安) 공주를 현 카간의 선대 카간에게 시집보내기로 약속했다. 이 카간은 영안 공주가 장안을 떠나기 전에 죽었다. 얼마 후 영안공주는 장차 또 다른 정략결혼의 제물이 될 위험을 피하기 위해 도사(道士)가 되는 길을 택했다. 8세기 초에 금선(金仙)과 옥진(玉眞) 공주 자매도 앞서 이 길을 걸었다. 그후 태화 공주의 두 조카를 포함하여 15명의 공주가 도사가 되는 길을 택했다.

태화 공주의 운명은 여행을 떠나기 불과 한 달 전에 결정됐다. 거의 600명에 이르는 위구르인이 영안 공주를 데려가려고 장안에 들어올 때였다. 결국 영안 대신 태화를 보내기로 결정되었

고 황제의 결정을 위구르 사절단에 알리기 위해 대신이 파견됐다.

중국은 영토를 지키기 위해 오랫동안 군사력만이 아니라 외교와 뇌물을 이용했다. 공주를 시집보내는 것은 이런 정책의 일환이었다. 공주를 보내 동맹관계를 다지는 정책은 이미 수백 년 전에 시작됐다. 현재의 왕조가 수립된 뒤에도 20명이 넘는 공주가 외국으로 보내졌다.

태화 공주의 남편은 결혼한 지 2년 만에 세상을 떠났고 새 카간이 등극했다. 위구르의 카간과 맨 처음 결혼한 당의 공주는 남편이 죽었을 때 스스로 목숨을 끊어 남편과 나란히 묻혀야 한다는 통보를 받았다. 그녀는 이를 거부했다. 죽기 싫으면 칼로 얼굴에 상처를 내야한다는 요구는 받아들였다. 이것은 위구르의 전통적인 애도 표시였다. 태화 공주는 순사(殉死)하지도 않았고 위구르를 떠나지도 않았다.

832년 카간과 많은 대신들이 암살당한 뒤 새 카간이 왕위에 올랐다. 이 무렵 위구르는 국운이 심각하게 기울고 궁정은 분열됐다. 위구르와 충돌했던 키르기스 군대가 자주 위구르를 침략했다.

839년에 카간이 두 대신을 반역죄로 처형하고 그들 지지자들이 그 보복으로 카간을 살해하면서 카라발기순에 위기가 발생했다. 840년에 키르기스 군대가 위구르 수도를 점령하고 새 카간을 죽이고 도시에 불을 질렀다. 백성들은 남쪽으로 달아났고 태화 공주도 같은 운명이었다. 태화 공주는 목숨을 구하기 위해 고국 땅으로 향했다. 결국 10만 명에 달하는 위구르인들이 당나라 국경근처에 임시로 머물 수 있도록 요청했다.

843년 봄 당나라 원정군대가 위구르 난민촌을 기습했다. 위구르인들은 쫓긴 끝에 훗날 위구르인 학살 언덕이라고 부르게 된 곳에서 수천 명이 살해됐다. 많은 수는 항복했고 일부는 달아났다. 카간도 몇 년 뒤 고비사막으로 끝까지 추적해 온 당나라 군대에 의해 살해됐다. 중국 북부에 아직 남아있던 위구르인들은 그 후 몇 세대를 거치는 동안 중국에 동화됐다.

태화 공주는 계속 남쪽으로 내려가 843년 늦봄 장안에 도착했다. 당 황제는 대신들을 소집하여 태화 공주를 어떻게 처리할 것인가를 의논했다. 위구르에 대한 적개심 때문에 환궁을 반대하는 사람도 있었지만 황제는 태화 공주를 비호했다.

"나는 태화를 생각하면 가슴이 미어질 때가 많았다. 이역만리에서 얼마나 고국을 그리워했겠는가."

결국 태화 공주의 귀국을 환영하기로 결정되었고 그녀의 머나먼 이국생활은 끝나게 됐다.

른 대가였다. 위구르는 이 거래에서 가장 많은 이익을 얻었다.

위구르 카간은 낙양에 머무는 동안 사마르칸트에서 온 마니교 사제단을 만나 개종했다. 카간은 수도로 돌아오자마자 이 새로운 종교를 왕국에 널리 보급하라고 명령했다. 실크로드에서 마니교는 전성기를 맞이하는 전기를 마련했다.

안록산의 난으로 국력이 쇠약해진 당나라는 위구르와 굴욕적인 외교를 할 수 밖에 없었다. 또한 티베트가 세력을 확장하자 위구르와 공동 대처하는 등 대내외적인 어려움에 직면하게 된다. 수잔 횟필드 Susan Whitfield의 "Life Along the Silkroad"를 통해서 그 당시 당나라의 사정을 짐작할 수 있다.

석류꽃 속에 잠든 진시황릉秦始皇陵

시안은 볼거리가 너무 많은 곳이다. 진시황릉을 답사한 후 빙마용(兵馬俑 병마용)을 들를 예정이다. 후와칭츠를 지나 동쪽으로 1㎞쯤 더 가면 거대한 봉분을 만나게 된다(입장료 26위안). 황릉에 도착하자 꽃과 수목으로 잘 조성된 작은 언덕위로 석축계단이 나 있는데 계단 양쪽 과수원엔 석류가 탐스럽게 익어가고 있다. 계단을 오르다 보면 능묘라기보다는 작은 언덕 산을 오르는 기분이 든다.

중국 최초의 황제인 진시황秦始皇은 13세 때 제위에 오른 뒤부터 자신의 능묘를 만들기 시작했다. 살아 생전에 자기 무덤을 만들면 장수할 수 있다는 당시 제왕들의 조묘관습 때문이었다. 진시황은 천하를 통일하고 조묘공사를 본격적으로 하였는데 수인 70만 명을 동원하여 삼천의 깊이까지 착굴해서 동을 부어 현실玄室을 만들고 궁전과 문무백관의 상이나, 갖가지 진귀한 물건들로 묘실 안을 가득 채웠다. 그리고 혹시라도 도굴자가 들어오면 사살되도록 자동 발사되는 석궁 기관 장치를 설치했다. 진시황은 이런 보물들과 장치들이 알려질까 염려하여 관을 안치한 공인들이 현실玄室의 문을 잠그고 출구로 연결된 연도로 나왔을 때 출구를 막아 전원 생매장시켰다. 묘위에는 높이 500척(122.5m), 주위 5리의 분구를 쌓고 초목을 심어 산처럼 자연스럽게 보이도록 능묘를 조성했다. 그러나 진시황이 죽은 지 3년 만에 그의 초대형 능묘는 진의 멸망과 더불어 파괴되고 만다.

　『사기』, 『항우본기』에는 진시황의 무덤에 대해 다음과 같이 기술하고 있다.

진시황릉에서본 능 입구의 모습

"항우가 군사를 이끌고 함양을 함락시킨 후 투항한 진나라 왕자 영을 죽이고 진나라 궁실을 태웠다. 불은 3개월 동안 꺼지지 않았는데 금은보화와 부녀자를 거두어 동쪽으로 갔다."

항우는 아방궁을 불태우고 이어 진시황제 능묘도 파괴했는데 관棺

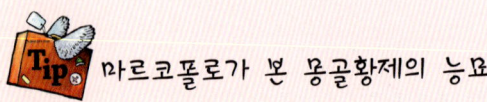

마르코폴로가 본 몽골황제의 능묘

마르코폴로의 동방견문록 69장에 보면 몽골인들은 진시황제와 같은 능묘가 파괴되는 것을 방지하기 위해 대칸이 죽으면 알타이(Altai)라고 불리는 커다란 산으로 운구되어 매장된다는 사실을 이야기하고 있다.

"타타르의 대군주들은 어디에서 사망하든 설사 그 산에서 100일 거리나 떨어진 곳에서 죽었다 할지라도 그들의 시신은 그 곳 장지로 운구 되어야 한다. 시신이 운구되는 동안 장지에서 40일 정도 떨어져 있는 거리일지라도 도중에 부딪치는 모든 사람들은 시신을 옮기는 사람들의 칼에 죽음을 당해야 했다. 병사들은 죄없는 백성들을 죽이며 "가서 저승에서 주군을 섬겨라"라고 말한다. 그들은 정말로 자기들이 죽이는 사람들이 모두 저승으로 가서 주군을 섬긴다고 믿고 있다. 그들은 말(馬)에 대해서도 똑 같이 행한다. 그래서 주군이 죽으면 그가 소유하던 최고의 말들을 모두 죽이는데 그렇게 함으로써 죽은 주군이 저승에서 그것들을 갖도록 한다는 것이다. 몽케칸이 죽었을 때 그의 시신이 장지로 운구되는 동안 2만 명 이상의 사람들이 모조리 죽임을 당했다는 사실을 말하고 있다. 집사(集史)의 저자 라시드 옷 딘도 칭기스칸의 시신이 운구되는 동안 마주치는 사람들이 모두 살해되었고 장례 때에는 40명의 소녀들이 함께 매장되었다고 기록하고 있다. 그래서 아직까지 몽골의 대칸들이 묻힌 알타이 산은 발견되지 않고 역사상 미스테리로 남아있는데 사후 세계에 대한 집착이나 욕망은 힘 있는 자들의 속성인 것 같다."

에 들어가 이를 해치고 30만을 동원하여 30일 동안 물건을 날랐으나 다 나르지 못했다고 한다. 그 후 도적 떼들이 곽실을 녹여 동을 훔쳤다고 '수경주'가 전하고 있는데 파괴되고 약탈당한 진시황의 이 능묘가 얼마나 원래의 모습으로 남아있는지는 아무도 모른다.

황릉의 정상에 오르면 능 뒤쪽으로 높은 산들이 병풍처럼 둘러있고 남서쪽은 넓은 들판과 시안 시가지가 자리 잡고 있다. 2천여 년의 비바람과 인위적 파괴를 무릅쓰고 높이 76m, 동서 넓이 345m, 남북길이 350m인 금자탑(피라미드)형태의 웅장한 능으로 살아남아 세계문화유산이 됐다. 오늘날 중국대륙의 토대를 만들었던 차이나China라는 명칭도 진Chin이라는 이름에서 유래됐다.

실로 상상을 초월한 인간 욕망의 표현이다. 이 세상에 끝이 없는 것이 있다면 그건 바로 인간의 욕망일 것이다. 인간이 향유할 수 있는 극치의 영화와 권력을 누리고도 영원히 살고자 하는 욕망에서 불노초를 구하러 동방제국에 동남동녀童男童女 500명을 태워 영생불사약을 구하러 보낸 그 끝없는 욕망의 바다야말로 인간의 본성이 아닐까. 지난 여러 해 동안 이곳에서 출토된 여러 가지 문물들을 종합해보면 진시황은 죽어서도 지하왕국에서 여전히 3군을 호령하고 위대한 통치자로서 군림하고자 하는 군주로 영원히 남기를 바랐던 것이다.

수많은 백성들의 고혈과 희생으로 만들어진 독재자의 유물이 오히려 오늘날 시안을 먹여 살리는 세계적인 관광 상품으로 각광을 받고 있는 것은 역사의 아이러니가 아닐까. 그 불가사의한 인간 욕망의 산물을 두고 찬탄과 경외감을 갖는 것은 이율배반적인 인간의 속성 때문이다.

2천 년 동안 잠든 진시황 병마용兵馬俑

진시 황릉을 지나 동쪽으로 2km 떨어진 곳에 위치한 진시황 병마용 박물관으로 향했다. 넓은 광장을 들어서자 체육관을 연상시키는 흰 돔으로 조성된 콘크리트 건물이 나타났다. 제일 큰 1호 갱一號坑이다. 1호 갱은 1974년 샨시성 린퉁현(臨潼縣 임동현)에 사는 양배언이라는 농부가 관개용 우물을 파다가 우연히 땅속에 묻힌 토용土俑을 발견하고 현에 보고하여 발굴하게 되었다.

1호 갱을 들어서자 2천 년을 잠들었던 장대한 규모의 토용土俑들이 살아 숨 쉬는 듯한 모습으로 열병해 있다. 당시의 질서 정연한 병사들의 모습과 생생한 표정을 사진으로 찍어 그대로 옮겨 놓은 듯이 생동감이 있다. 진시황을 호위하는 지하군단 병사로서가 아니라 흙 속에 잠들어 있던 자신의 모습을 드러내고 열병을 한 채 당당하게 서 있다. 병마의 진지하고 근엄한 표정이나 행렬을 보고 있노라면 무어라 표현

진시황릉 계단은 마치 작은 산을 오르듯 정상까지 계단으로 오를 수 있게 해 놓았다.

해야 할지 할 말을 잃어버리게 된다. 죽어서도 황제의 안위와 권위를 지킬 수 있도록 저 많은 병마를 제작하여 묻어두었다는 것이 상상이 가지 않을 뿐이다. 변방의 외적을 막기 위해 만리장성을 쌓았고 사후에 침입할 그 무엇이 두려워 죽어서도 호위를 받아야 할까. 쟁취한 천하를 잃지 않기 위해 막아야 할 것도 세상에서 가장 많은 황제였을 것이다. 병마용 하나하나에 묻어있는 수많은 사람들의 피와 땀의 노고를 경외감으로 바라보았다.

병마용은 지표에서 4.5m 깊이의 땅 밑에 세로로 10개의 갱이 줄지어 서 있다. 각각의 갱마다 전위前衞에서 후위後衞까지 10열로 늘어서 있다. 전차대戰車隊와 포대砲隊, 그리고 쇠 노弩와 1백 30여 개의 화살을 가진 보병대를 배치하여 진시황 생전의 군단 모습을 그대로 재현시켜 놓고 있다. 사열에 임하는 근위병들의 표정은 근엄하고 행렬은 웅장했다.

중국을 최초로 통일한 시황제는 시안에서 20㎞ 서쪽에 위치한 함양咸陽에 도읍을 정하고 아방궁을 지었다. 또한 만리장성을 쌓아 외적을 막고 땅 밑에 궁전을 마련하여 사후에도 황제로써의 권위를 지키고 영화를 누리기 위해 근위군단을 주위에 배치했다.

1978년 프랑스 시라크 전 총리는 병마용을 참관하고 나서 "세계적으로 전에는 7대 기적이 있었는데 진용 갱의 발견은 제 8대 기적이라고 할 수 있다. 피라미드를 보지 않으면 이집트에 왔다고 할 수 없듯이 진용을 보지 않으면 중국에 왔다고 말할 수 없다." 라고 전언부에 써 놓았다 한다. 그 이후 이 말은 널리 전해져 세계 8대 기적은 어느새 진의 병마용 갱을 일컫는 것이 됐다.

▶ 1호 갱

1호 갱의 넓이는 60m, 길이가 210m로 현재까지 8천 개의 병마兵馬와 1만여 개의 무기가 출토됐다. 갑옷을 입고 칼을 손에 쥔 근위병들의 근엄한 표정을 보면 2천 년 전의 진

秦의 세계가 지상에 다시 부활한 느낌이 든다. 병마용 갱은 1호에서 3호 갱까지 있는데 1호 갱이 가장 크다. 사진이나 영상매체를 통해 소개되었던 것은 대부분 1호 갱이다.

▶ 2호 갱

2호갱은 전차의 출토 현장인데 망가진 것이 많이 발굴되고 있다. 꿇어 앉아 활을 쏘는 병사와 장교상, 장군상 등이 인상적이다. 2호 갱은 규모는 작지만 1호 갱보다 다양한 모습의 병마용이 있는데 보병

과 기병, 전차 등의 3개 병종을 혼합한 부대의 성격을 띠고 있어 당시 전술전략을 엿볼 수 있다.

섭씨 800~900도의 온도에서 말의 각 부분을 진흙으로 붙여서 구워낸 테레코타 수법이 사용된 것이 진용 병마 갱이다. 갑옷도 입지 않고 서서 활을 쏘는 병사의 모습이 매우 생동감 있게 다가왔다. 현재도 진용 갱은 계속 발굴 중이다.

3호 갱 ▶

　제 3호 갱은 1호나 2호 갱 보다 더 깊게 묻혀져 있으며 목이 없는 병용이 많다. 작은 규모에 비해 가장 중요한 역할을 하는 부대로 추정된다. 다른 2개의 갱은 전투대열로 배치되어 있지만 이것은 서로 머리를 맞대고 통로 양쪽에 정렬해 있는 모양이 아마 지휘기관을 보위하는 부대임을 추정해 볼 수 있다.

4번째 전시실

　이곳은 갑골문자 발굴과 연구에 탁월한 족적을 남긴 동작빈董作賓 선생의 연구업적들을 전시해 놓았다. 아래층에는 색깔을 입힌 무릎 꿇은 병사 2명과 동 마차를 전시해 놓았다. 또한 머리 위에 우산 같은 차양을 받치고 4마리 말을 이끄는 병사와 하늘과 마차의 사방을 막고 작은 문으로 밖을 볼 수 있게 만든 4마리 말이 끄는 2호 갱 마차와 화살촉, 각종 장식품과 무기들이 전시되어 있다.

　독재자의 과대망상적인 유적과 유물은 당대의 백성을 죽음으로 몰아넣었으나 세월의 흐름은 오히려 이 유물들로 하여금 세계적인 관광상품으로 거듭 태어나게 만들었다. 시안 시민들에게 이곳은 황금알을 낳는 거위가 되었으니 이것을 시황제의 업적이라고 칭송하기보다 당시 억울하게 죽은 백성들이 후손들에게 남겨준 음덕이라고 해야 하지 않을까? 진시황릉을 보면 역사적 진실과 가치가 무엇인지 착잡한 생각이 들 정도다.

서역경략(西域經略)이 가져온 최초의 동서방 교류

한(漢)대의 서역경략(경영)은 전한 무제(武帝, BC 140~87)때 장건의 서역착공(西域鑿空)을 계기로 시작되어 후한 때 반초부자에 의한 서역경략에 이르기까지 단절적으로 추진됐다. 이로 인해 비로소 유라시아와 아프리카를 잇는 동서 교통로가 뚫리게 됐다. 동방의 한(漢)문명권과 서방의 고전문명권 사이에 사상 처음으로 직접적인 내왕이 가능해진 것이다.

특히 한무제는 한혈마(汗血馬)을 얻기 위해 심혈을 기울였다. 광활한 중국대륙에서 말의 존재는 전쟁에서의 승패뿐만 아니라 외국과의 교역에도 매우 중요했다. 그래서 한 무제는 서역정벌을 위해 힘 있고 빨리 달리는 대원(大苑)의 한혈마를 찾기 위해 심혈을 기울였다. 한 무제는 이광리(李廣利)를 시켜 천금과 금마(金馬)를 주고 명마를 사오라고 시켰고 말을 주지 않는다는 이유로 전쟁을 일으키기까지 했다. 실크로드를 통해 들어온 오손(烏孫)의 천마(天馬), 대완(大宛)의 한혈마(汗血馬), 월지마 등은 사회경제적으로나 군사적으로 중요한 역할을 했다.

당(唐)대에 이르러 강대한 통일제국의 국력을 바탕으로 한대 이후 500년간 중단되었던 서역경략을 재개하여 페르시아까지 그 범위를 확대했다. 이로 인해 아무다리아강까지 동진한 이슬람 군과 당의 군대가 중앙아시아에서 부딪히게 됐다. 고선지(高仙芝) 장군의 4차 서정(西征)으로 당에 다시 복속되었으나 751년 7월 탈라스 전투에서 패배함으로써 파미르고원 서쪽 속령지는 거의 잃게 됐다. 이슬람군의 승리는 중앙아시아에서 불교의 이슬람화가 촉진되는 계기가 됐다.

서역경략(經略)으로 인하여 당의 비단과 도자기, 칠기, 금은세공 등이 서역에 다량 수출됐다. 또한 연단술(煉丹術)과 제지술(製紙術), 맥학(脈學) 등 과학기술이 서역으로 처음 전파되었으며 회화도 소개됐다. 특히 고선지장군이 탈라스 전투에서 패배하여 포로가 된 중국인 병사들로 인해 중국 제지술이 이슬람세계에 도입(8-9세기)되었고 다시 이슬람을 거쳐 12세기경 유럽에 전해지게 됐다.

한편으로는 서역으로부터 각종 문물이 당에 대거 밀려왔다. 당시 중앙아시아의 상권을 장악하고 있던 소무구성(昭武九姓)의 소그디아나 상인들에 의해 모직물과 향료, 주옥(珠玉), 보석, 양마(良馬), 약재 등 서역 특산물이 교역됐다. 당 경략 하에 서역을 통해 불교, 특히 서역불교가 큰 폭으로 유입됨은 물론 새로이 네스토리우스파 기독교인 경교(景敎)와 마니교(摩尼敎), 배화교(拜火敎,조로아스터교), 유태교 등 서방종교가 동전(東傳)했다. 이는 후일 이슬람교의 진입을 위한 길을 틔워 놓는 계기가 됐다. 이 시기에 서역과의 교역이나 인적 내왕을 통하여 다양한 서역 예술이 유입되었는데 그 흔적은 오늘날까지 남아 있다. 그중 두드러진 것은 가무와 회화이다. 일반적으로 호악(胡樂)이라 불리는 서역음악은 한대에 전래되기 시작하여 지속적인 확대과정을 거쳐 수, 당대에 이르러 중국 악부(樂府)에 하나의 중요한 체계로 자리를 잡으면서 큰 영향을 주었다.

시안에서의 마지막 여정

장안성은 고대 성벽 가운데 유일하게 완벽하게 보존되어 있다. 장안이 고대제국의 수도로써 발전할 수 있었던 것은 넓은 들판을 가진 원활한 교통입지와 급수가 용이하고 홍수피해도 받지 않는 천혜의 지리적 조건 때문이다.

아침저녁으로 종을 치면 동서남북으로 이어지는 성문이 열렸고 저녁에 종이 울리면 성문이 닫혀 외부의 출입을 금했던 실크로드의 관문역할을 한 완벽한 모습을 아직도 잘 간직하고 있다. 장안을 기점으로 서쪽으로 길게 자리 잡은 깐수(甘肅 감숙)성을 따라 란저우(蘭州 난주), 지아위관, 둔황(敦煌 돈황)을 거쳐 하미, 투르판, 우루무치를 거치는 천산남북로와 카스에서 터키의 이스탄불과 로마를 잇는 실크로드의 대탐사가 본격적으로 시작되는 순간이라 매우 비장한 마음이 앞섰다. 앞으로 어떤 위험이 도사리고 있을지 아무도 예측할 수 없는 미지의 시간들이 바다처럼 놓여 있다.

신석기 유적지 반프어半坡

다양한 민족과 문화가 어울렸던 국제도시 장안을 떠올리면서 시안 교외에 있는 반프어촌 유적지 박물관으로 향했다. 6,000년 전에 존재했던 시안 반프어半坡유적지는 신석기 시대의 촌락으로 널리 알려진 곳이다. 입구에 들어서면 정원수가 우아한 자태로 맞이한다. 1953년 우연히 발견된 반프어 유적지는 황하 유역의 전형적인 원시공동체 사회인 모계사회 시대의 모습을 그대로 유지한 채 발굴된 곳이다.

제 1전시관은 반프어인들이 사용하던 농기구와 돌 도구, 활, 동물유골, 토기, 공구재료, 종자 채집항아리 등이 전시되어 있다. 제 2전시관은 도기재료인 호로병과 잔, 항아리, 물독, 장용 항아리, 채색토기, 다양한 고기 화석, 새 종류 등이 전시되어 있다. 제 3전시관은 반프어인들이 살던 유적지

▶ 반프어 유적지

가 보존되어 있는데 주거지역은 둥근 돔형지붕을 씌우고 마치 작은 체육관처럼 만들어 보존하고 있다.

신석기 시대의 것을 복원한 집과 방 구조, 유적지 지층분석도, 구멍을 파고 만든 곡식저장 창고와 무덤에 대한 것을 전시하고 있으며 장례할 때 무덤 안에 토기 같은 것을 함께 매장한 풍습을 볼 수 있다. 우측으로는 반프어 유적지를 복원한 씨족 마을을 지상에다 재현하여 놓았다. 마지막 전시실은 세계원시부족 사진자료전과 모계씨족사회 사진들, 원시사회 생산방식, 성숭배, 생활양식과 장식문화에 대한 사진 전시 장소가 있다.

이 반프어 유적지를 중심으로 신석기 시대의 마을을 재현하여 놓고 옥수수 밭과 과일, 초막집 등을 꾸며놓아 과거의 생활상을 다시 한 번 감상해 볼 수 있었다.

서예 예술의 보고寶庫 시안 베이린(碑林 비림)

12시경 유적지를 나와 시안 베이린(碑林 비림)으로 향했다. 베이린 박물관은 시안성의 남문 동쪽에 위치하고 있다(입장료 30위안). 입구를 들어서면 좌우에 작은 동물 조각상들이 늘어서 있고 새들이 지저귀는 정원이 나타난다. 청 건륭시대(1755~1759)에 세워진 거대한 비석이 2층 비각 안에 안치되어 있다. 정면으로 걸어가면 2층 누각 현판에 베

중국서예예술의 보고 베이린 비문

이린碑林이라 쓴 글씨가 나타난다. 화려하게 장식한 비문 위에 당 현종 이륭기가 공자에 대한 이야기를 쓴 비문글씨가 있다. 비림에는 한漢대에서 근대에 이르기까지 각 왕조의 묘지비석과 비문을 합쳐 3,000여 개가 수장되어 있어 중국 서예 예술의 최대 보고寶庫가 됐다.

비림 1실의 '개성석경開成石經'이라는 병풍식 비석에는 총 65만 2천 5백자에 이르는 한자가 새겨져 있다. 그 규모와 숫자에 놀라고 갖가지 아름답고 힘찬 필체에 찬탄을 금할 수 없다. 당대 명필들의 서체가

검은 돌 위에 살아 움직이는 듯 생동감 있는 표정과 소리를 내고 있다. 작은 글씨에서 몸집만한 큰 서체에 이르기까지 조화를 이루어 보는 이로 하여금 신비로움과 경외감을 불러일으킨다.

주경과 서경, 예기 등이 쓰여 진 비문을 지나 제 2실로 들어서면 거북이 등에 비석을 세운 비석 상단이 보인다. 아름다운 용과 부처상을 조각한 비문들과 거대한 석문 등 사찰에서 흔히 볼 수 있는 비문의 모습이다. 다보탑 비를 비롯하여 불경화상비 등이 눈에 뜨인다.

제 3실에는 거북의 등 위나 돌에 새겨진 전서목록 편방자원비를 비롯하여 십팔체서十八體書등을 볼 수 있다.

제 4실에는 비석하단을 용으로 조각하고 그 위에 공자의 상을 커다랗게 돌에 새긴 비석이 눈에 뜨였다. 소림사 달마대사와 공자의 전신 초상을 새겨 넣고 일대기를 기록한 비문 앞에서는 절로 감탄을 하지 않을 수 없다. 비석에 사람의 형상을 조각한 것이 매우 인상적이다.

4실에서 좌측 통로로 제 5실을 들어가면 큰 글씨의 휘호가 보인다. 이곳에는 비석의 파괴를 막기 위해 테두리를 철재로 싸서 보호하고 있다. 제 6실은 적벽부赤壁賦와 화산기華山記, 천자문 등이 있고 제 7실에는 비문을 벽면에 안치하고 유리로 덮개를 씌워 보호하고 있다.

비석에는 새의 발자국을 보고 최초로 한문을 만들었다는 창힐蒼詰의 묘비를 비롯하여 구양수, 왕희지, 안진경 등 중국역대 명필들의 서체는 물론 공자의 상像과

▶ 베이린 종각

천자문, 금강경 등 다양한 인물과 다양한 필체들이 망라되어 있어 살아 있는 한문문화의 진수를 보여주고 있다. 또한 학문을 하고자 했던 옛 선비들은 이곳에 와서 몇 달 몇 년을 깨우칠 때까지 비림의 돌들과 씨름하였다고 하니 이곳이야말로 살아있는 서체의 도서관이다.

베이린碑林은 북송北宋 철종哲宗 2년(1087년)부터 시작하여 약 900여 년의 역사를 가지고 있다. 현재 한漢대에서부터 근대까지 수장하고 있는 비석, 묘지 비석이 3,000여점 되고 1,000여점은 전시를 위해 외부에 나가 있다. 중국 내 가장 많은 고대 비석을 보존하고 있으며 그로 인해 비석림을 세우고 베이린碑林이라 불리고 있다.

시안 베이린은 중국 고대 서법書法의 진수이며 보고寶庫이다. 이런 문화들은 중국과 외국의 문화교류에 엄청난 반향을 일으켰고 중국문화 발전에 기여했다. 현재는 서법 애호가들이나 많은 관광객들이 찾아오는 명소가 되었다. 짧은 시간 안에 방대한 분양의 비석을 음미하거나 감상한다는 건 불가

▶ 현장의 숨결이
느껴지는
따옌타

능하지만 이런 문화적인 유산이 있다는 것만으로도 보는 이들로 하여
금 마음을 흐뭇하게 한다.

현장법사의 발자취가 남은
츠언스(慈恩寺 자은사), 따옌타(大雁塔 대안탑)

베이린을 관람한 후 택시를 타고 츠언스(慈恩寺 자은사)로 향했다. 츠언
스 앞에는 큰 시민공원이 있고 지팡이를 잡고 있는 현장법사의 동상
이 우뚝 서 있다. 향나무가 늘어선 정원 좌우측에는 객당客堂이 있고
거대한 따옌타大雁塔를 배경으로 대웅보전大雄寶殿이 있다. 대웅전 안으
로 들어갈 수가 없어 밖에서 3배를 올렸다. 여의문如意門을 들어서면
법당 양쪽에 거북 등에 새겨진 커다란 비석이 좌우에 서 있다. 법당
안에는 현장법사를 안치하여 놓고 벽면에는 현장스님의 연보가 적혀
있다.

자은사 경내에 있는 따옌타는 서역순례를 마치고 돌아온 당나라 현
장법사(600~664)를 기념하기 위해 세워진 탑이다. 속명은 진의, 낙주
洛州 구씨 출신으로 11세에 형을 따라 낙양 정토사淨土寺에서 불경을 공
부하다 13세에 승적을 얻어 화상和尙이 되고 현장이란 법명을 얻었다.
부처의 설법을 모은 경장經藏과 계율을 모은 율장律藏, 연구 논석論釋을
모은 논장論藏을 삼장이라 하는데 삼장법사란 이 3장을 통달했다고 하
여 일컬어지는 명칭이다.

벽돌로 쌓은 따옌타는 측천무후 때 크게 개수하였는데 원래 10층탑

이었으나 전란으로 인해 상단 부분이 붕괴되어 현재는 64m의 7층 만 남았다. 7층까지 나선형 계단으로 올라갈 수 있다.

▶ 삼장원

현장법사의 행적을 생각하며 탑 뒤편으로 들어갔다. 현대식 건물로 말끔하게 단장한 현장 삼장원三藏院이 나타나고 우측으로는 반야당般若堂이 있다. 반야당 안에는 탱화와 부조로 된 불화가 벽면을 장식하고 있다. 삼장원 안에는 현장법사를 안치한 광명당光明堂이 있는데 현장의 구법순례를 불화나 조각으로 새겨 놓았다. 이곳에는 항저우杭州의 링인스(靈隱寺 영은사)에서 본 노란색이나 주황색 법복이 아니라 우리나라 스님들처럼 회색빛 가사장삼을 입고 있다.

타클라마칸 사막을 지나 카스를 거쳐 중앙아시아를 경유하여 터기의 이스탄불과 로마로 향하는 내 마음에 현장스님은 새로운 용기를 북돋아 주었다. 스님의 구법순례에 비하면 너무나 편안한 여정이 아니냐고 자신을 위로해 보았다.

중국의 관광루트와 고대 실크로드를 따라 동서 문명의 교류와 역사의 흔적을 찾으며 관광적 측면에서 어떤 의미를 줄 것인지를 답사해 보는 것이 여정의 목적이기에 중생제도의 일념으로 걸어서 18년을 길 위에서 보냈던 스님의 높은 뜻과 감히 비교할 수는 없지만 앞서간 선배에게 간절한 마음으로 기도를 올렸다.

동양불교사에 장장 19년간 경經·논論 75부 1,335권(총 1,300여만 자)을 한역하는 미증유의 역경업적은 수 개황開皇 원년부터(581) 당 정원(貞위안) 5년(789)까지 약 208년간 54명의 역경 자가 총 2,713권의 불전을 역출하였는데 그중 약 절반이 현장 한사람이 수행한 것이다.

또한 순례기에 명시된 현장의 왕래노정은 갈去路 때는 오아시스로의 북로이고 돌아올 때는 남로이기에 한 사람이 남북로를 두루 답파하면서 남긴 기록은 중세 초 오아시스로를 파악하는데 중요한 의미를 부여하고 있다.

대당서역기는 후에 명나라의 오승은吳承恩이 각색한 『서유기西遊記』의 대본이 되어 우리들에게 잘 알려져 있다. 그리하여 대당서역기는 동서양 학계의 인정을 받아 1850년대부터 프랑스, 영어, 일어 등 여러 나라로 번역되어 소개되었다.

츠언스 앞 현장법사의 커다란 동상과 우뚝 솟은 따옌타를 뒤로하고 4차선 도로가 뚫린 광장으로 나왔다. 이곳에서 멀지 않은 곳에 천복자의 샤오안타(小雁塔 소안타)가 있으나 시간이 없어 샨시역사 박물관으로 향했다. 천복사薦福寺는 684년 측전무후가 죽은 남편 고종황제의 백일기百日忌 행사를 기해 건립된 곳이다. 당나라 고승 의정義淨이 20여 년간 30여 개 국을 방문하고 400부의 경전을 가지고 귀국하여 천복사에서 번역한 것이 대당서역구법고승전大唐西域求法高僧傳이며 이를 보관하고자 세운 탑이 샤오안타이다. 이 책은 당시 중국과 인도의 불교문화를 연구하는데 매우 귀중한 자료이다. 또한 천복사는 인도와 서역에 구법순례를 했던 신라인 혜초가 주석했던 곳으로 우리와는 인연이 깊은 사찰이다.

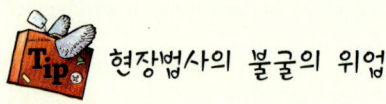

현장법사의 불굴의 위업

허난성(河南省) 뤄양(洛陽) 동쪽에 있는 거우스현출생으로 10세에 뤄양 정토사(淨土寺)에 들어갔으며, 13세에 승적에 오른 중국의 고승이다. 장안(長安) 청두(成都)와 그 밖의 중국 중북부의 여러 도시를 여행하며 불교를 연구했고 수행을 정진하기 위해 28세 때 황제의 명을 거역하고 몰래 서역 행을 시작했다.

18년 만에 서역 110개국을 순례하고 성공리에 귀환했다. 현장법사가 가져온 불상 9기와 불전 520협(夾) 657부를 진열하였는데 이 불전만 옮기는데 말 22 필이 필요했다. 태종의 명에 따라 자신의 도축구법 순례기인 대당서역기(大唐西域記) 12권을 646년 7월에 상재(上梓)했다. 이 순례기는 직접 답사한 110개 나라와 전문한 28개 나라를 합쳐 총 138 개 나라의 역사와 지리, 물산, 농업, 상업, 풍속, 문학, 예술, 언어, 문자, 화폐, 국왕, 종교, 전설 등 제반 사정에 관해 간결한 필치로 정확하게 기술하고 있다. 이 때문에 고대 및 중세 초의 중앙아시아와 서남아시아의 역사나 교류사를 연구하는데 귀중한 사료로 평가받고 있다.

특히 문헌기록이 미흡한 인도 고대사를 연구하는데 있어 1차적인 사료로 유용하게 이용되고 있다.

현장법사 동상

현장은 5천축 80개국 중 75개국이나 역방하면서 사실적인 기록을 남겨놓음으로써 할거로 점철된 인도역사를 통일적으로 파악하는데 더 없이 소중한 자료를 제공해 주었다. 영국의 인도역사 전공 학자 스미스(Vincent Smith)는 "인도 역사가 현장에게 진 빚은 아무리 높게 매겨도 결코 과분하지 않다"고 했다. 인도 역사학자 알리는 법현과 현장. 마환의 저서가 없었더라면 인도 역사의 재현은 불가능하였을 것이라고 평가했다.

귀국 후 현장은 장안의 홍복사에 머무르다 자은사(648년)로 옮겨 주석하면서 19년간 불교의 신종(新宗) 개창과 역경에 진력했다. 현장은 중국 법상종의 시조다. 천축을 순방하며 유가론(瑜伽論) 학설을 종합하고 성유식론(成唯識論)을 정립하여 법상종의 이론적 기초를 마련했다. 그러나 워낙 교의가 번잡한 까닭에 법상종은 일시적으로 흥하였다가 곧 쇠퇴하고 말았다. 653년 일본 승 도소(道昭)는 현장에게서 법상종을 전수 받아 일본에 전했다.

현장은 664년 1월 1일 대보적경(大寶積經)을 시역(始譯)하다가 기력이 쇠진해 절필하고 섬서 의군(宜君) 옥화사(玉華寺)에서 입적했다.

시안(西安 서안)역사박물관

시안의 마지막 코스로 문화유물들을 둘러보고 란저우蘭州로 출발하기로 했다. 점심식사를 할 시간도 없이 곧바로 택시를 타고 박물관으로 향했다. 박물관입구엔 단체로 입장하는 학생들로 붐볐다(입장료 35위안).

주은래의 지시로 건립한 시안역사박물관은 부지 7만 평방미터, 건평 55,663평방미터로 중국 지방박물관 중 최대의 규모다. '91년 6월에 개관한 고색창연한 당나라 건축양식의 건물로 소장품 370,500건 중 국가 1급품 762점, 국보 18점을 보유하고 있다. 전시실은 전통문화와 현대과학기술이 접목된 예술의 전당이다.

제 1전시실에는 역사 이전 시대의 중국고대와 신석기 문화, 앙소문화의 씨족생활상등과 주周나라의 청동제품, 서주西周와 진秦왕조 등의 유물들이 전시되어 있다. 특히 서주시대의 다리가 셋인 솥과 동탁銅鐸, 청동악기 등이 세련되고 눈에 띄는 유품들이다.

제 2전시실은 한의 장안성과 위진남북조 시대의 유품, 제 3전시실은 수당전시실로 당 3채의 채색도기가 인상적이었다. 당대의 대표적인 도자기 당삼채는 기형이나 내용, 기법에서 이국적 정취가 물씬 풍기는 작품들이다. 납작한 오지인 삼채편호三彩扁壺는 기형에서 이란형을 모방한 것이고, 인물삼채는 서역인의 형상이 유난히 많다. 마부나 낙타몰이꾼 용俑 등 호인삼채胡人三彩에 등장하는 인물은 대부분 눈이 깊이 들어가고 코가 높은 서역인들이다. 복식 또한 서역인 복장에 모자와 혁대를 차고 있어 당대의 아랍문화의 영향과 교류의 폭을 상상해 볼 수 있다. 송, 원, 명, 청으로 이어지는 다양한 유품들이 전시되어 지나간 시안의 발자취와 역사를 연대기적으로 감상할 수 있게 배치하여 놓았다.

시안에서 서쪽으로 실크로드가 출발한다면 동쪽으로는 경주가 마지막이다. 경주를 실크로드의 동단으로 보는 견해는 매우 고무적이다. 나는 21세기의 문화관광적인 측면에서 설악산과 금강산, 아름다운 동해바다가 태평양을 향해 열려있는 동해를 기점으로 중국 시안까지를 잇는 코스를 새로운 개념의 관광루트로서 투어리스트 실크로드라고 지칭했다. 앞으로 남북철도 연결과 남북통일 시대가 도래하면 물질적인 교류 못지않게 관광교류가 더욱 활발하게 이루어질 것이다. 중국은 급속한 경제성장 못지않게 관광산업도 눈부시게 발전하고 있다.

앞으로 우리나라 관광자원의 비중과 전망을 심도있게 연구하여 이 지역이 가지고 있는 관광자원과의 비교우위를 통해 적절히 잘 활용해야 할 때이다.

하서회랑河西回廊의 동쪽 길목
난저우(蘭州 란주)

★ 난저우(蘭州)

들판위로 저녁 햇살이 쏟아지고 있다. 농촌의 붉은 벽돌집은 중국전역 어디서나 비슷한 모습이다. 좌석에서 침대칸을 두 번 갈아타며 새벽 2시 경에야 난저우까지 가는 침대칸을 구할 수 있었다. 아침 7시에 난저우 역에 도착했다. 지아위관(가욕관) 가는 기차표를 예매하고 오전 내내 잠을 잤다. 한 달 만에 모처럼 여유 있게 잠을 푹 자 보았다. 난저우 역에서 버스로 두 정거장 거리인 란저우반점蘭州飯店은 보통 방은 180위안 정도 하지만 5층에 있는 도미토리는 1인당 30위안에 깨끗하고 저렴한 방을 구할 수 있다.

점심을 먹으러 인근 식당에 들렀더니 음식도 깔끔하고 서비스도 좋았다. 북쪽으로 올수록 여자들의 얼굴이 둥글 넙적하며 피부색이 남방보다 흰 편이다. 오후 5시에 호텔을 나섰다. 란저우는 깐수(甘肅 감숙)

성 중앙에 위치한 성도로써 정치와 경제, 문화, 상업의 중심지며 서북 지역 교통의 중심지이자 여행자들의 휴식처이다. 예로부터 실크로드로 가는 요충지로 발전했으며 한족 이외 회족과 티베트족, 몽고족 등 다양한 민족과 문화가 공존하는 곳이다.

오천산 고원과 바이타산白塔山 공원을 잇는 대로가 시가지의 중심가이다. 버스를 타고 황하강을 따라 중국에서 가장 긴 녹색거리를 달렸다. 20분쯤 달려 황하 제일교에 도착하니 황하강이 도심을 관통하고 있다. 황톳물이 흐르는 제일교를 지나 바이타산(白塔山 백탑산) 공원에 도착했다(입장료 6위안). 산 정상에는 원나라 때 건축되고 명, 청 시대에 증축된 백탑이 있어 바이타산이라 부른다.

바이타산은 칭기스칸에게 인사하러 가다가 란저우에서 입적한 싸쟈파이(隆迦派 룽가파) 라마를 기념하기 위해 건립되었다. 메마르고 푸석푸석한 산길을 오르면 법우사 사찰이다. 산정에 오르자 백탑주변에 둥군 회랑으로 만든 목조 건물과 쉼터가 나타나고 7층 8각형으로 만든 17m높이의 백탑이 시가지를 굽어보고 있다.

바이타산에 오르면 난저우 시가지와 황하의 황톳물이 한눈에 굽어보인다. 난저우시는

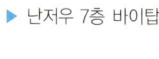
▶ 난저우 7층 바이탑

남북으로 산들이 병풍처럼 둘러싸고 있고 동서는 오이처럼 좁고 길게 누워 있다. 고층 건물들이 저녁 햇살을 만끽하는 가운데 도시 주변 산들은 녹화사업으로 나무를 심었으나 멀리 보이는 민둥산들은 진흙으로 덮여 메마르고 건조하게 보인다. 사막지형이 여기서부터 본격적으로 시작되는 느낌이다.

하서회랑河西回廊의 입구인 난저우의 풍경은 지금까지 답사한 다른 도시와는 전혀 색다른 분위기다. 하서회랑이란 황하 서쪽의 길다란 복도라는 뜻이다. 즉, 황하의 서쪽부터 둔황에 이르기까지 북쪽의 고비사막과 남쪽에 길게 뻗은 기련산맥 사이에 동서 약 1,000㎞ 정도의 띠 모양으로 생긴 지역을 하서회랑이라 부른다. 이것은 중국 내륙의 동서를 잇는 동맥인 동시에, 북쪽의 몽고 초원 유목민과 기련산맥祁連山脈 너머 남쪽에 본거지를 둔 티베트족을 잇는 연결고리였다. 기련산맥의 만년설이 흘러 내리면서 하서회랑에는 자연발생적으로 생긴 오아시스가 많아 서역으로 왕래하던 대상들이나 구도자들이 북쪽의 거친 고비사막을 피하고 이 지역을 지나게 되었고 실크로드의 중요한 교역로로 떠올랐다.

▶ 바이탄산에서 내려다 본 전경

황하강 위를 유람선이 한가로이 지나가는 남쪽에 오천산五泉山이 있다. 한무제 때 곽거병장군이 흉노를 정벌하러 이곳을 지날 무렵 병사들이 마실 물이 없어 고통을 겪자 차고 있던 장검으로 산허리를 찔렀더니 시원한 물이 다섯 군데에서 솟았다 하여 오천산이라 불려지고 있다.

바이타에서 내려와 시내를 구경했다. 건물들이 깨끗하고 정갈하며 시민들의 옷 입은 모습도 세련된 편이다. 저녁은 KFC가게에서 닭고기를 맛있게 먹었다. 햄버거 가게와 마찬가지로 매장은 앉을 틈이 없을 정도로 붐비고 있다. 저녁 9시까지 시내 중심가와 과일가게, 먹거리 골목 등을 다니며 난저우 사람들의 생활모습을 구경했다.

사막과 황하를 품고 있는 바이인(白銀 백은)

호텔부근에 있는 려도반점麗都飯店에서 아침 겸 점심을 먹었다. 바닥이나 주변을 부지런히 청소하고 깍듯이 예의를 갖추어 맞이하는 분위기가 인상적이다. 버스터미널에서 바이인 가는 버스를 탔다(13위안). 시외로 벗어나자 산들은 진흙덩이를 다져놓은 것 같이 답답하다. 까마득한 산 능선에 파이프를 설치하여 물을 뿌리며 나무에 물을 주고 있다. 바위 하나 보이지 않는 황토 흙과 산들, 1시간 만에 보이는 척박한 작은 마을, 길가에 늘어선 옥수수 밭과 집단부락들이 나타나고 작은 읍내를 지났다.

거의 3시간 걸려 바이인시에 도착했다. 도로 양편을 따라 작은 밭이나 뜰이 연결 되어 있으나 대부분은 사람들이 살 수 없는 척박한 황무지다. 벌거숭이산들은 최근 중국정부에서 대대적인 조림사업을 실시하여 작은 나무나 풀을 재배하고 있다. 바이인 버스역에서 10여분 걸어서 버스를 갈아타고 수이촨(水川 수천)행 버스에 올랐다. 길가에 드문드문 눈에 띄는 수박덩이들과 옥수수 밭, 1시간 내내 달려도 인가 하나 없는 황량하고 한적한 붉은 산과 산들, 비가 내리면 금방이라도 흘러내릴 것 같은 황토 흙과 민둥산들이 눈앞에 펼쳐질 때 이것이 사막지대의 시작이구나 하는 실감이 다가왔다.

오후 3시경 수이촨에 도착했다. 아스라이 펼쳐놓은 높은 산맥들은 양파껍질처럼 알몸을 겹겹이 포개어 놓고 있다.

수이촨에서 버스를 갈아타고 황토먼지 풀풀 날리는 도로를 따라 10분 정도 달리면 시골 마을 바이인이다. 이곳에는 매년 5월 1일을 전후해서 황허따샤기촨黃河大峽奇觀 여행축제가 벌어지는 곳이다. 도시와 근접한 황하인 수이촨따샤水川大峽에서 벌어지는 이 축제는 이 지역의 자연 경관과 각종 민속을 결합시켜 독특한 볼거리를 제공한다. 황하의 첫 모습을 만드는 수이촨따샤 경관은 물론이고 전통악기인 태평고 연주 등이 볼만한 구경거리다.

진흙토담으로 이어진 좁은 시골마을 길을 걸으면 커다란 철교가 황하강 위에 놓여 있다. 철교 위에서 시골농부가 밀 타작을 한창 진행 중이다. 메마른 황톳물만 천천히 흘러가고 있다. '60년대 우리나라의 작은 시골마을이 연상되는 곳이다.

그 동안 성도省都와 문화관광유적을 중심으로 탐방하였지만 사막과 황하를 동시에 느낄 수 있는 이런 작은 마을은 처음이다. 사람들이 찾

지 않는 이 한적한 시골마을의 고요와 소박함을 담아 가지고 간다는
것도 또 다른 여정의 아름다운 추억이라 생각된다. 위대하고 아름다
운 경관이나 유물만이 사람의 마음을 감동시키는 것이 아니다. 메마
르고 한적한 시골마을에도 하루 밤을 묵어가고 싶게 만드는 것이 바
로 관광자원이다.

　저녁에 지아위관행 열차를 타야하기에 또랑또랑한 눈망울을 굴리
며 이방인을 바라보는 천진한 아이들을 더 이상 볼 수가 없는 것이 아
쉬웠다. 털털거리는 낡은 차량들이 부지런히 사람들을 실어 나른다.
붉은 벌거숭이산에서 흘러내리는 물이 모여서 황하를 만들고 있다.
이곳 아이들은 강 색깔이 황토 빛이 아닌 맑고 푸른 색깔이 있다는
것을 상상이나 할 수 있을까. 강원도 태백시 탄광촌 아이들이 사생대

회에서 강물을 시꺼멓게 칠해 한동안 화제가 되었듯이 이 아이들에게도 강이란 황토색으로 밖에 표현할 수 없는 모습일 것이다.

마을 공터에서 버스를 타고 20여 분 기다리자 승합차 좌석이 차서 출발했다. 이곳에선 버스의 출발시간이 정해져 있는 것은 아니다. 좌석이 차는 때가 출발시간이다. 옆 좌석에 탄 아이들의 표정은 즐겁고 밝아 보인다. 순박한 아이들의 초롱초롱한 눈망울이 빛나고 있다.

어둠을 질주하는 야간열차

저녁 8시 50분 난저우에서 지아위관행 열차에 올랐다(침대칸 121위 안). 눈을 뜨니 벌써 아침 7시다. 창밖엔 끝없는 들판과 옥수수 밭, 키 큰 포플러나무 숲이 스쳐가고 있다. 밤새 기차는 사막 속을 누비고 있었다. 시간이 지날수록 끝없이 넓은 평야와 민둥산들이 시야에 들어온다. 가끔씩 스치는 옥수수 밭과 해바라기 꽃이 철로 변을 스쳐가고 붉은 가슴을 드러낸 산들이 햇볕을 쪼이고 있다. 물길은 메말라 있고 들판은 진흙으로 덮여 있다. 끝없이 펼쳐진 메마른 대지위에 작열하는 사막의 햇살이 주는 황량함이야말로 실크로드의 실체를 조금씩 실감나게 해 주고 있다.

오전 10시경 옥수수 밭과 해바라기 꽃 속에 묻힌 몇 채의 주택과 밀 타작을 한 건초더미가 보인다. 넓은 자갈밭이 펼쳐지고 물이 흐른 자국이 남아 있는 큰 하천에 물웅덩이 몇 개만 남아 있다. 곧이어 시골 마을이 밀집해 있는 작은 역에 도착하자 많은 사람들이 기차에서 내렸다. 밭에는 밀이 익어 추수가 한창이다. 지우추안(酒泉 주천) 마을의 벽돌 토담집이 지나가고 있다.

술주酒에 샘천泉이란 지명의 유래는 하서회랑에서 흉노족을 물리쳤던 한나라 때 장군 곽거병에게 황제가 그 전공을 치하하여 술 한 병을 하사하였는데 단 한 병의 술로는 부하들과 함께 나누어 먹을 수가 없어 곽 장군은 그 술을 샘 속에 붓고 골고루 섞은 다음 병사들과 함께 솟는 샘물을 퍼 마시고 모두가 기쁨에 취했었다는 일화 때문에 붙여진 지명이다. 참으로 부하를 사랑하는 지혜로운 장수와 그런 장수와 함께 전쟁터에서 동고동락했던 병사들의 가슴 따뜻한 이야기가 전해지는 주천 마을이다.

벌거숭이산들이 눈앞에 더욱더 바짝 다가오고 있다. 작은 산들마저 사라지고 끝없는 황무지 벌판이 전개되는데 메마른 들판에도 염소 떼들이 풀을 뜯고 있다. 하천에 검은 진흙탕 물이 얕게 흐르고 있다. 이 삭막한 땅 가운데 하천이 흐르고 있다는 것이 신기하게 여겨졌다.

 곽거병과 흉노

곽거병은 한무제의 절대적 신임을 받고 흉노족 토벌에 나섰다. 흉노족은 선우의 지휘를 받아 용감하기로 이름난 군사들이었으나 토벌군의 습격과 내란으로 초토화된다. 이 때 곽거병은 수많은 흉노족 포로를 붙잡았다. 그러나 24세의 나이로 요절하자 황제는 그의 죽음을 기리고자 기련산의 모양을 본딴 무덤을 만들어주었다. 곽거병의 이름은 그래서 이곳에 길이 남아 있다. 흉노에겐 원수 같은 존재였으나 한족에겐 고대 최고의 용장으로 칭송되었다.

만리장성의 서쪽 끝 지아위관(가욕관)

★가욕관

오전 10시 35분 지아위관 기차역에
도착했다. 4차선 도로를 따라 시내로 들어섰다. 현대식 고층건물이
몇 채 보이고 도시는 한산했다. 깨끗한 거리와 잘 가꾸어진 가로수들
이 매우 인상적이다. 버스터미널에 도착하여 둔황敦皇가는 버스 표를
예매했다. 지아위관에서 둔황까지 기차와 버스 둘 다 있지만 기차의
경우는 둔황역에서 시내까지 1시간 정도 버스를 타고 들어 가야하는
불편한 점이 있어 오아시스 마을들을 구경하면서 갈 수 있는 버스 노
선을 택했다.

버스비용에 보험료를 30위안 추가로 내었다(차비 67위안). 철로를
선택하면 안전하고 비용이 적게 들지만 오아시스 마을을 하나씩 보는
재미도 그에 못지않을 것이라는 생각이 들었다.

우선 점심 식사 후 택시를 타고 지아위관을 돌아보기로 했다(택시비 10위안). 성곽 입구엔 포플러 나무가 많았다. 지아위관은 하서회랑의 중간 부분에 위치하고 있으며 만리장성 서쪽이 시작하는 곳이라는 뜻에서 얻어진 이름이다. 지아위이란 뜻은 아름다운 골짜기란 뜻이다. 남쪽은 치렌(祁連 기련)산맥이 뻗어 내리고 북쪽은 마종산, 동쪽은 지우추안 분지, 서쪽은 가파른 절벽으로 둘러싸인 하서회랑의 가장 좁은 곳에 위치해 있다.

치렌(祁連 기련)이란 말은 흉노족의 토속어로 하늘이란 뜻을 포함하고 있다. 중국에서 하늘과 통하는 천산天山산맥과 기련산맥은 같은 어원을 가지고 있는 셈이다. 만년설이 녹아 오아시스를 만들어 모든 생명체를 잉태하고 살아가게 하는 치렌산맥이야 말로 하늘이 내려준 천산이기 때문이다.

버드나무 가로수 길을 지나면 성채에 걸린 천하제일웅관天下第一雄關이란 높은 현판글씨가 보인다. 성채 안쪽 담 벽은 진흙으로 깨끗하게 발라 놓았으나 주변의 성벽들은 비가 내리면 흘러내릴 것 같은 진흙 덩이로 쌓여져 있다. 철문으로 된 성문의 본채를 들어서면 군사를 조련시켰던 사각형의 넓은 공간이 나타난다. 성문 정면의 천하제일웅관

▶ 자아위관 성벽의 여러모습

이라 쓴 현판아래 광화문光化門이란 매우 낯익은 현판이 나타난다. 광화문 계단을 돌아올라 3층 누각인 광화루 쪽으로 오르면 주변 일대를 한 눈에 조망할 수 있는 전경이 펼쳐진다.

이 성은 명나라 홍무 5년(1372년)에 축조된 것으로 높이 10m, 둘레가 733m로 2~3백 명의 병사가 늘 상주하였다고 한다. 전투가 끊일 새 없었다는 지아위관은 성곽이 내외의 이중구조로 축조되어 있다. 외곽성과 11m를 사이에 두고 다시 쌓은 내성의 안쪽 넓은 공터엔 아직도 당시의 우물터가 남아 있다. 요새처럼 쌓아올린 내성에는 적의 동태를 세세히 살필 수 있도록 만든 3개의 뾰족한 망루가 허공을 찌를 듯 솟아있다.

3층 누각의 성문을 지나면 세 번째 누각이 있는 마지막 성채가 나타난다. 성채에서 앞을 바라보면 잡초들이 듬성듬성 자라고 있는 허허로운 들판과 붉은 산 능선들이 좌우로 펼쳐져 있다. 저 멀리 아득하게 이어지는 장성의 긴 성벽들이 황량한 벌판에서 쓸쓸하게 머리를 맞대고 있다.

고비사막 저 너머 피바람을 일으키며 싸우던 병사들의 함성소리는 간 데 없고 낡은 성벽의 잔해만 남아 나그네의 발걸음을 멈추게 한다. 천하를 다투었던 영웅호걸들의 호령소리는 간데없고 번득이던 창검의 칼날 소리도 멎은 황량한 사막지대엔 살을 뚫을 듯한 햇살과 모래바다만이 고요히 숨쉬고 있다.

버스터미널에 도착, 오후 2시 30분 둔황 행 16인승 승합차를 탔다. 아스팔트 도로가 들판으로 이어져 있다. 출발한 지 30분도 채 안 되어 버스가 고장이 나는 바람에 고칠 때까지 사막의 열기를 견뎌야 했다.

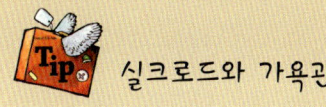

실크로드와 가욕관

만리장성의 동쪽끝인 발해만의 산해관(山海關)에서 서쪽끝 가욕관에 이르면 만리장성을 다 보았다고 할 수 있다. 산해관에서 가욕관까지 약 2,700km의 거리이며 도중에 갈라진 장성의 길이를 모두 합하면 6,400km에 이른다.

만리장성은 하서회랑에서도 가장 협소한 가욕관 일대에서 끝나 이곳을 만리장성의 마지막 관문이라고 불렀다. 예부터 하서회랑의 제일 요충지인 가욕관성은 서역의 관문이기도 했다.

바닷길이 열리지 않았던 시절 육로로 통하는 가장 길고 가장 복잡한 정치. 경제적 이해관계가 얽혀있던 실크로드의 출발지가 이곳인 셈이다. 중국과 로마를 연결하는 강력한 제국들의 문화가 이 길을 통해 교류하고 자극을 주고받으며 발전을 거듭했던 인류문화의 교통로였다. 종교인들에겐 성지순례와 구도의 길이자 순례로였으며 사막의 캐러번에게는 동서의 물자를 교류하는 자유무역로였다.

이 일대를 드나드는 사람들을 통제하기 위해 사막 한가운데에 세운 관문이 바로 천하제일웅관(天下第一雄關)이라 일컫는 가욕관성인 것이다.

가욕관성은 명나라 때인 1372년에 축조되어 1507년에 다시 확장했으며 토성으로 된 내성과 벽돌로 된 외성의 이중성이다. 그러나 실제로 만리장성의 끝은 남쪽으로 가로질러가서 만날 수 있는 천하제일돈(天下第一墩)으로 연결된다. 천하제일돈은 천연 절벽지역이다. 물이 흐르는 단애지역으로 그 광경이 장엄하다.

이렇게 낡은 차에 보험료까지 30위안을 내야하니 좀 황당했지만 기다리는 수밖에 도리가 없다. 수리를 한 후 1시간쯤 달리자 큰 주유소가 나타났지만 이를 제외하면 가끔씩 지나치는 작은 마을을 제외하고는 주변 전체가 사람이 살지 않는 불모지다.

2시간 정도를 달려서 옥문시玉門市에 도착했다. 냇가에는 물이 흐르고 있으며 마을 주변의 넓은 들판에는 밀 수확이 한창이다. 들판에 펼쳐진 해바라기 꽃들이 눈부시다. 마을을 벗어나자 또 다시 펄펄 끓는 사막의 아스팔트길이 계속되고 풀 한 포기 없는 길가의 붉은 민둥산들을 보면 말로 표현하기 힘든 기묘한 분위기에 사로잡히게 된다. 에어컨도 없는 승합차 속, 사막의 뜨거운 열기가 창문으로 쏟아져 들어올 때면 숨이 콱콱 막혔다. 따가운 햇살에 눈이 피로해지고 똑같이 반복되는 사막의 풍경에 지루함을 느끼게 된다. 1시간 반 간격으로 오아시스 마을이 나타났다 사라지고 그 사이에는 사람이 살 수 없는 메마른 사막이 놓여있다. 대상들이 낙타를 타고 하루 간격으로 한 마을씩 지나갔던 여정을 이제야 이해할 수 있을 것 같다.

고선지 장군의 영광과 좌절

오후 6시 20분 안시현(安西縣 안서현)에 도착했다. 사막 한 가운데 이런 현이 있다는 게 믿기 어려웠다. 자전거와 상점과 사람들이 모여 있는 것을 보니 신기하다. 이곳에서 잠시 내려 휴식을 취했다. 안시현은 우리들에게 낯익은 이름이다. 고구려 유민 안시 절도사 고선지(高仙芝 장군이 활약하던 안시현이라고 생각을 하니 감회가 새로웠다. 고선지 장군의 전기를 읽고 감동과 안타까움으로 밤을 지새웠던 학창시절의 추억이 책갈피 속에서 걸어 나온다.

안시현에서 1시간쯤 더 달리자 초원과 둔황 공항이 나타났다. 곳곳에 옥수수 밭과 수목들이 자라고 있으며 특히 느티나무 가로수길이 인상적이다. 8시에 버스터미널 앞 비천병관飛天兵館에 여정을 풀었다. 지아위관에서 둔황까지 버스로 5시간 30분이 소요되며 버스요금에 보험료 30위안을 포함시켜야 한다. 기차는 3시간 걸리며 빠르고 비용이 저렴하다. 그러나 버스를 타고 오아시스 마을이 이어지는 것을 감상해 보는 것이 고대 실크로드를 더 잘 이해할 수 있을 것이다

둔황 앞 메마른 하천. 사막길이 시작됨을 알려주는 듯 하다.

고선지 장군과 페이퍼로드

삼국시대, 나당 연합군에 의한 고구려의 패망으로 당나라는 수많은 고구려 유민들을 당나라의 여러 변방으로 강제 이주시켰다. 고선지 장군 아버지인 고사계도 유민으로 끌려와 안시군의 장교로 임명됐다. 무인 가정에서 자란 고선지는 어려서부터 무예를 익혀 안시 주둔군에 몸담았다. 활을 잘 쏘고 말을 잘 타는 소질과 재능을 인정받아 그는 후에 병마사를 거쳐 절도사 자리에까지 오른다.

절도사에 발탁된 고선지는 토번 족을 정벌하라는 황명을 받고 1만여 군사와 함께 파미르 고원을 넘어 토번 족을 격파하고 계속 진격하여 험준한 힌두쿠시 준령까지 넘어 주변국을 정복하고 돌아오게 된다. 동서양사에 그의 커다란 족적을 남기게 된 것도 747년 제 1차 원정에서 크게 승리하고 돌아오면서부터다.

고선지 장군이 파미르고원을 넘은 것은 나폴레옹이 알프스를 넘는 것 이상으로 힘들고 어려운 작전으로 평가받고 있다. 고선지 장군의 티베트 정벌의 첫 번째 성공비결은 파미르 고원 북쪽 기슭에서 1만 병력을 셋으로 나눈 것이었다. 그는 병력을 세 개의 다른 길을 통해 남쪽의 와한 왕국으로 보냈고 그로인해 세 개의 보급로를 유지할 수 있었다. 이들 세 부대는 8월에 사르하드 및 티베트군 진지와 마주보는 옥수스 강 북안에서 합류했다.

옥수스강(아무다리아강)이 범람해 있었지만 고선지 장군은 낙담하지 않고 병사들의 사기를 북돋아 주기 위해 신에게 제사를 올렸다. 그리고 티베트군의 시야에서 벗어난 몇 킬로미터 하류에서 별 어려움 없이 몰래 강을 건넜다. 도강한 뒤에는 전날 밤 정찰대가 찾아낸 샛길을 따라 남쪽의 산허리로 올라가 티베트군 본대가 포진하고 있는 지류 골짜기와 나란히 행군했다. 그렇게 몇 km를 가자 상당히 쉽게 골짜기로 내려갈 수 있는 지맥에 이르렀다. 그래서 티베트군의 본대를 배후에서 기습하여 치명타를 가할 수 있었다. 또 다른 당나라 분견대는 옥수스강 남안에 포진한 티베트군과 교전을 벌였다.

티베트군의 패잔병을 추격할 때 고선지 장군은 기동력과 용감한 병사만을 차출하여 질풍처럼 빠른 속도로 다르호트 고개까지 돌진했다. 그는 길기트 골짜기로 내려가는 길이 얼마나 가파른지 알고 있었기 때문에 그 험한 고개를 부하들이 넘어가게 하기위해 유인책을 썼다.

그래서 중국 출신이 아닌 믿을 만한 병사 열 명을 차출하여 밀명을 내렸다. 이들 별동대는 다른 길을 통해 고개를 몰래 넘어간 다음 소발루르 왕국의 도읍 주민으로 변장했다. 그리고는 당나라 군대가 고갯마루에 나타날 때까지 기다렸다가 도읍에서 파견한 대표단인 것처럼 말을 타고 올라와 주민들이 당군을 환영하기 위해 자기들을 보냈으며 길기트강의 다리는 티베트군의 반격을 막기 위해 주민들이 끊어버렸다고 말했다.

고선지 장군의 이 계략은 멋지게 성공했다. 군사들이 골짜기 아래로 내려가기를 꺼렸지만 위장한 대표단이 병사들을 안심시켰다. 당 병사은 이미 승리를 확신하고 낙관적인 기분으로 전진했다. 이어서 고선지 장군은 선발대를 도읍으로 보내 왕족과 고관들을 사로잡게 했다. 덕분에 아무런 저항도 받지 않고 도성으로 들어가 티베트에 충성을 서약한 관리들을 처형했다. 그리고 지체 없이 공병대를 남쪽으로 보내 길기트강에 걸려 있는 다리를 끊어 버렸다. 세그라톤을 포함한 티베트군이 어스름 속에서 강 건너편에 나타난 것은 바로 그때였다. 고선지 장군의 기동력과 탁월한 전략과 책략이 전쟁을 승리로 이끈 전투였다. 난공불락의 파미르 고원을 넘어 티베트군과 싸운 전쟁의 일화이다.

또한 750년 안시절도사 고선지는 쿠차에서 석국(石國)으로 공격해 들어가서 항복한 왕을 사로잡아 개선했다. 석국왕은 장안으로 호송되어 현종의 손으로 사형에 처해졌다. 4차에 걸친 서역원정에서 대승을 거두고 높은 명예와 벼슬까지 얻었다.

그러나 무자비한 당의 처사에 불만을 품은 석국 왕자는 재차 사마르칸트까지 진출해 온 아랍 대표 아부 무슬림에게 울며 매달렸다. 총명한 아부 무슬림은 노련한 노장 지야드 이븐 살리흐에게 대군을 주어 동쪽으로 진격하게 했다. 그리하여 마침내 751년 톈산산맥 북서쪽 탈라스 강변에서 당과 아랍군 사이에 일대 격전이 벌어졌다. 탈라스강은 아랍과 중국세력의 분계선이었다. 전투는 닷새 동안 계속되다가 중국군을 지원하고 있던 현지인 부대가 아랍 쪽으로 돌아서자 비로소 결판이 났다. 중국군은 예상치 못한 사태에 대오도 갖추지 못하고 뿔뿔이 흩어져 달아나는 참패를 당하게 됐다. 『자치통감』에 의하면 카르룩의 배반으로 고선지는 대패하여 병사의 대부분은 전사하였다고 기록하고 있다. 귀국 후 감군 변령성과 불화로 누명을 쓰고 참형으로 억울하게 세상을 떠나게 된다. 탈라스 전투의 패전으로 당군 5만 명이 전사하고 2만여 명은 포로가 됐다. 포로가 된 당나라 병사 중에 종이를 만들 줄 아는 병사가 있어 종이 기술자들이 머물렀던 강국(康國)의 수도 사마르칸트에 종이공장을 세우게 됐다. 이것이 서역 제지공장의 시초가 되었고 아랍세계로 전파되어 유럽에서도 12세기 중엽부터 제지술을 전수받아 크게 발전하게 됐다.

작가 진순신은 이 과정을 추적해 『페이퍼로드』라는 책을 저술했다. 탈라스 전투의 패배는 중앙아시아의 이슬람화를 촉진시켰다. 제지술의 전파는 서역과 유럽문화에 지대한 공헌을 하는 역사적인 계기를 마련했다는 점에서 고선지 장군의 서역정벌은 동서 문화 교류에 지대한 공헌을 하게 됐다.

불교문화의 보고寶庫 둔황(敦煌 돈황)

★둔황(敦煌)

아침 8시에 호텔을 출발했다. 호텔에서 운영하는 승합차를 이용하여 뭐카오쿠(莫高窟 막고굴)로 가기로 하였다(왕복10위안). 시내를 벗어나자 사막이 시작된다. 30여분쯤 달려 시내에서 25㎞ 떨어진 둔황 매표소 입구에 도착했다(입장료 80위안). 뭐카오쿠앞 하천에는 물 한 방울 보이지 않는 메마른 하천이 햇볕에 심부를 드러내고 있다.

매표소에서 촬영도구와 가방 일체를 가지고 들어가지 못하게 해서 짐을 맡겨야 했는데 별도로 보관료까지 받는다. 여행객에게는 상당한 불편이자 괴로움이다.

타오르는 햇불이란 뜻의 '둔황'은 고대 실크로드를 따라 떠나는 여행자들이 중국에서 마지막으로 캐러밴을 푸는 곳이다. 황량한 고비사막과 무시무시한 타클라마칸 사막을 건너려는 대상들과 순례자, 군인들은 예측할 수 없는 사막의 기후와 침략자들에 대한 불안과 두려움으로 여정의 무사 안녕을 빌기 위해 석굴 사원을 찾아 기도를 올렸다. 서역에서 도착한 대상들과 순례자들도 저 황량하고 무서운 사막을 무사히 건너게 해준 데 대해 이곳에 들러 감사를 올렸을 것이다.

둔황은 서역 남북로가 만나고 갈리는 교차지점이기 때문에 육로를 이용할 경우 이곳을 반드시 통과해야만 한다. 여기서 갈라진 실크로드는 서쪽으로 1,000㎞ 이상 떨어진 카슈가르에서 다시 합쳐진다. 또한 둔황은 전략적 요충지로써 한무제는 기원전 111년에 이곳에 첫 번째 군郡을 설치하여 성을 쌓게 했다. 둔황은 2천 년 전부터 사람들의 물결로 북적댈 만큼 동방과 서방에서 온 대상과 순례자들이 쉬어 가는 중간 기착지였다. 기나긴 여행 끝에 이곳에 머물며 장사를 했고 중국과 서역을 포함한 다양한 문화가 섞여 다채로운 여흥문화가 발달하게 됐다. 발굴된 악기와 당시의 회화 그리고 문헌들을 통해 볼 때 이

뭐카오쿠 전경

곳이 동서양의 음악 교류에 큰 몫을 했다는 것을 증명하고 있다.

교역으로 살아가던 많은 민족들이 이곳을 거점으로 삼으면서 둔황은 당시 세계에서 가장 부유한 도시들 가운데 하나가 되어 갔으며 인도, 중국, 중앙아시아, 그리고 서구의 문화가 만나는 지점이기도 했다. 이곳은 대상들이 옥문관玉門關을 통과해 첫 번째 오아시스를 만날 때까지 식료와 물을 공급받을 수 있는 마지막 공급처였다. 옥문관은 옥玉이 중국으로 운반될 때 통과하는 둔황의 서쪽 관문이다.

더할 수 없이 높은 굴이라는 뜻의 뭐카오쿠(莫高窟 막고굴)의 기원은 전진前秦 2년(366년) 낙준이란 스님이 광휘로운 구름에 싸여 있는 천명의 부처를 이곳에서 본 데서 유래했다. 낙준은 부유하고 신심이 깊은 어느 순례자에게 여행을 마치고 안전하게 귀향하기 위해서는 지역 화공畵工을 사서 석굴 하나를 아름답게 장식하여 부처님께 봉헌해야 한다고 설득해서 석굴을 팠다. 그 뒤를 이어 법량선사法良禪師가 절을 창건했다. 그리하여 이 두 스님이 이곳에 석굴을 판 것이 천불동의 남상濫觴이다. 그 뒤를 이어 관원이었던 건평建平과 동양東陽이 석굴을 팠다.

그러므로 낙준과 법량이 여기에 개산을 하였고 건평과 동양 두 사람은 그 유업을 이은 것이다. 그 후 수백 년 동안 이를 선례로 해서 많은 석굴사원이 벼랑에 생겨나게 되었으며 사원 내부가 찬란하게 장식됐다. 이렇게 해서 오늘날 뭐카오쿠莫高窟 혹은 천불동千佛洞이라 불리는 불교 회화의 정수가 태어나게 됐다. 초기에 건축된 석굴 사원들은 대개 벽면과 천장에 벽화가 그려져 있고 중앙에 점토로 만든 큰 불상을 중심으로 수많은 작은 불상들이 에워싸고 있는 형태의 작은 동굴이었다.

대상들과 순례자들은 힘든 여행길을 앞두고 불상 앞에서 여행의 안

뭐카오쿠는 더할 수없이 높은 굴이라는 뜻을 가진 석굴사원이다.

전한 귀향을 간절히 염원했다. 그리고 이들은 돈과 불상을 부처님 앞에 봉헌했는데 이 시주를 바탕으로 불교 벽화가 그려진 새로운 동굴들이 1,600m 길이의 석벽에 속속 생겨나게 됐다. 당나라 때에는 이곳에 1천 개 이상의 석굴사원이 있었으나 현재는 492개만 남아있다. 실내에는 벽화와 조각 그리고 봉헌자의 소원을 엿볼 수 있는 많은 명문銘文들이 오늘날까지 남아있다.

첫 번째 방문지는 29호 석굴로 석실 안에 석가를 중심으로 좌우에 보살 7명이 있으며 벽에는 수많은 작은 불화가 장식되어 있다. 정사각형 바닥에 천장은 정 가운데를 높이 4~5단으로 움푹 파서 오늘날 천장벽지에서 볼 수 있는 화려한 문양들로 장식했다. 2층 계단을 올라 320호 석굴로 갔다. 천장 가운데 화려한 꽃문양 장식으로 주변 천장에는 수많은 작은 부처 그림으로 장식되어 있다. 다리를 아래로 늘어뜨리고 의자에 앉아 있는 부처상은 처음 보는 특이한 양식이다. 채색화 벽면 둘레에는 유리로 둘러 처져 있다. 336호와 337호 석굴은 철문으로 닫혀 있었고 335호 석굴을 들어섰다. 이 석굴은 당唐나라 초기(618~704년)의 작품으로 천정 지붕의 꽃무늬와 주변의 작은 불화들, 부처를 중심으로 2명의 스님과 4명의 보살상이 그려져 있는데 얼굴이 통통한 것이 특징이다. 벽면으로는 큰 불화가 그려져 있는데 가운데 검은 얼굴색에 붉은 가사장삼을 입고 있는 것이 특이하다. 당나라 초 唐初 승려들의 복장이나 화풍을 느낄 수 있다.

둔황 장경동진열관藏經洞陳列館에 들렀다. 다양한 문자를 복사하여 진열해 놓은 자료실이다. 현장법사의 대당서역기와 혜초 스님의 왕오천축국기, 만다라, 불화도, 4~5m짜리의 두루마리 글씨, 정교하게 쓴 10m짜리 두루마리 족자 글씨, 붉은 색조를 바탕으로 한 화려한 채색 불화가 전시되어 있다. 읽을 수는 없지만 당나라 시대의 티벳 슈트라 Tibetan Sutra 글씨 등이 퍽 인상적이다. 주로 당나라 시대의 불화나 문자가 주류를 이루고 있다.

한편에는 둔황 탐험대의 역사와 인물들이 소개되어 있다. 장경동 문물세계전시현황에서 눈에 띄는 인물로 왕원록 도사와 영국의 오렐 스타인, 프랑스의 폴 펠리오, 스웨덴의 스벤 헤딘, 독일의 폰 르콕, 미국의 랭던 워너, 일본의 오타니 백작 등 책 속에서 많이 읽었던 인물들의 사진이 나란히 진열되어 있다.

중국이 유물 반출에 대한 금지령을 내릴 때까지 그들은 경쟁적으로 실크로드의 사라진 도시들에 대한 벽화와 필사본, 조상彫像 그 밖의 유물들을 톤 단위로 반출해 갔다. 이 방대한 중앙아시아 수집품은 최소 13개국의 박물관과 연구기관에 흩어져 소장되어 있다. 스타인과 헤딘은 영국인이 아니었지만 그들의 유물발굴과 수집업적으로 영국에서 기사작위를 받을 정도로 존경과 추앙을 받았다.

둔황의 화공 이야기

동굴의 벽화를 보면서 10세기 때 둔황지역에서 화공畵工을 했던 둥바오더董保德의 석굴조성 작업과 벽화 이야기가 떠올랐다. 둥바오더는 둔황의 화공조합 간사이자 관립 도화원圖畵院 소속 화사畵師였다. 때는 965년 둔황은 새 왕조가 송나라에 명목상의 충성을 바치고 있었지만 910년부터 둔황 출신인 차오씨曹氏 일족의 통치를 받고 있었다. 왕을 자칭한 차오위안중이 현 통치자였고 둥바오더의 후원자이기도 했다.

둔황 안팎에는 15개 이상의 사찰과 승방이 있었는데 그 중에서도 중요한 것은 둔황에서 남동쪽으로 20㎞쯤 떨어져 있는 뭐카오쿠莫高窟라는 석굴사원이었다. 그곳에서 동쪽을 향한 벼랑이 작은 시내 위로 30m가 넘는 높이까지 불규칙하게 솟아 있고 양쪽으로 1.5㎞쯤 뻗어 있다.

4세기부터 실크로드를 여행하는 승려와 신자들이 이 벼랑에다 여러

층으로 굴을 파기 시작했다. 처음에는 참선수행을 하기위한 암자로 굴을 팠지만 나중에는 불공을 드리기 위한 장소로 굴을 파고 그곳을 장식하기 위해 정교한 벽화와 채색한 불상을 봉납했다. 둥바오더가 한 일은 대부분 기존의 석굴벽화를 복원하고 새로 판 석굴을 장식하는 일이었다.

3년 전인 962년 둥바오더는 차오위안중의 후원으로 새로 조성된 석굴의 장식을 감독했다. 석굴파는 작업은 비숙련 일꾼이 맡았다. 벼랑 기슭에 비계를 세울 자리를 고른 다음 계획된 석굴의 지붕 높이까지 비계를 세웠다. 10세기 중반에는 이미 이 벼랑 대부분이 석굴로 뒤덮여 나무 통로와 계단으로 연결된 수백 개의 석굴이 노란 암벽에 벌집처럼 뚫리어 있었다. 오래된 석굴을 개조하는 경우도 많았고 때로는 기존 석굴을 확장하거나 벽화만 덧그리기도 했다.

벼랑을 이루고 있는 역암은 아주 물러서 파기는 어렵지 않았다. 곡괭이와 삽만 있으면 충분히 팔 수 있었다. 그들은 노동에 대한 대가의 일부로 골짜기 바닥에 있는 사찰에서 식사를 제공받았다. 사찰에서 직책을 맡은 승려들이 공사의 진척상황을 점검하고 석굴의 최종 규모를 결정하기 위해 며칠에 한 번씩 현장을 찾아왔다.

굴을 파는 예비 작업이 끝나자 석공들은 천장과 벽을 끌로 마무리하고 바닥을 다져서 평평하고 매끄럽게 만들었다. 석굴은 작은 전실前室과 본당으로 이루어져 있었고 짧은 통로가 두 공간을 이어 주었다.

굴착작업이 끝나자 미장이들이 작업을 이어받아 짚과 진흙을 섞은 걸쭉한 회반죽을 돌벽에 바르고 그 위에 고운 점토액을 덧칠했다. 사막의 더위 속에서는 칠이 금새 말랐다. 이렇게 마른 표면에는 프레스

▶ 둔황 입구

코화가 아니라 벽화를 그릴 수밖에 없었다. 인부와 석공들에게 주는 품삯은 곡식과 식사였다. 미장이들은 추가로 대마씨 기름 3리터를 받았다.

석굴과 벽과 천정을 장식하기 위해 부자들은 다양한 그림을 주문했다. 사방 벽의 주요 부분에는 정토 장면과 '관음경'에 나오는 일화인 샤리푸트라가 마귀들을 복종시킨 설화를 비롯하여 여러 가지 불화가 그려질 예정이었다. 샤리푸트라의 이야기는 당시에 인기가 높았다.

작업을 시작하기 전에 그는 하루 아침을 석굴에서 보내면서 크기를 재고 머릿속으로 다양한 장면을 배치해 보았다. 그런 다음 제자들에게 벽에 선을 그으라고 지시했다. 그들은 실에 묻힌 붉은 가루가 벽으로 옮겨지게 했다. 이 방법으로 각 구역의 경계를 이루는 수평선과 주요부 작품의 경계를 명확히 표시하는 것이다. 정오가 되면 화가들은 작업을 중단하고 벼랑 아래 골짜기 바닥에 있는 사원 식당으로 내려가곤 했다. 여기서 그들은 노임에 포함되어 있는 식사를 제공받았다.

둥바오더의 후원자는 차오위안중과 자이씨 부인만이 아니다. 둔황의 최고 부자들만이 아니라 둔황을 방문한 외국 왕족과 사절단들도 그에게 그림을 주문했다. 그는 수많은 연중행사 때 사용하거나 법요식 때 전시할 탱화와 당번(幢幡 깃발)을 그려 달라는 청탁을 자주 받는다. 이 많은 행사 중에서 둥바오더에게 가장 많은 수입을 가져다준 것은 불상행진이었다.

불상행진은 호탄에서 들어온 봉축행사였다. 호탄에서는 5세기부터 이 행사가 엄청난 인기를 얻고 있었다. 호탄에서는 지역의 모든 승려가 참가하는 불상행진이 14일 동안이나 계속되었고 지역의 고승들을 새긴 조상이 날마다 하나씩 행진에 가담했다. 불상을 실은 수레는 5층탑 모양이었고 20대가 넘는 수레가 동원됐다.

둔황에서는 행사기간이 더 짧고 덜 복잡했지만 그래도 중요한 행사여서 여유가 있는 사람은 모두 공물과 장식에 필요한 돈을 시주했다. 이 행사는 석가탄신일이나 정월 대보름을 비롯하여 1년 중에도 여러 번 열렸다. 거대한 불상을 수레에 싣고 금과 은, 꽃과 깃발로 장식했다. 보살상들과 사천왕상을 실은 수레가 그 뒤를 따랐다. 행렬이 둔황 시내를 빠져나가 석굴사원으로 향하기 전에 사람들은 거리를 청소하고 물을 뿌리고 모든 성문을 거대한 장막으로 남겼다. 승려들은 향기로운 물로 불상과 보살상들을 깨끗이 씻었다.

승려들이 높이 치켜들거나 수레에 매단 수많은 깃발들은 대부분 둥바우더의 작품이었다. 대개 보살이나 사천왕상이 그려지는 깃발은 약 60cm 규격으로 생산되는 비단 한 폭으로 만들어졌다.

둥바오더는 전체 구도를 실물 크기로 꼼꼼히 스케치한 뒤에야 비로소 그림을 그리기 시작했다. 하단부에는 시주의 초상을 그려 넣을 공간을 남겨놓았지만 시주들은 차츰 제 호상을 훨씬 크게 그려 달라고 요구했기 때문에 결국에는 시주의 초상이 본 그림 자체를 침범하기에 이르렀다. 때로는 시주의 초상이 그림의 주제만큼 커진 경우도 있었다.

수잔 휫필드의 실크로드의 삶에 소개되었던 둥바우더와 실크로드 화가들의 이름은 잊혀진 지 오래되었지만 그들의 작품은 살아남아 주목을 받고 있다. 소박하게 살았던 당시 인물들의 활동을 통해서 실크로드 상에 번창했던 둔황의 모습을 생각해 보게 되었다.

둔황 뭐카오쿠(莫高屈 막고굴)

장경동 진열관에서 나와 3층으로 올라갔다. 1,500년경 북위北魏시대 석가모니불을 모신 259호 석굴로 간다라 주름양식이 돋보이고 벽면에 미륵보살의 조각상이 배치되어 있다. 237호 석굴에서는 파란 옷에 깃털모자를 쓴 이가 통일 신라 시대의 왕자모습이라고 가이드가 설명했다. 벽화를 바라보면서 신라 시대의 궁중의복 양식을 조금이나마 엿볼 수 있었다. 이 석굴에는 당나라 중기 화풍의 관세음보살과 문수보살, 보현보살의 모습을 볼 수 있으며 얼굴이 긴 것이 특징이다. 특히 벽면에 갈색 비파를 연주하는 보살의 불화가 매우 인상적이다.

96호 석굴을 들어갔을 때 느끼는 경외감이나 위압감은 둔황 석굴의 백미를 이룬다. 33m의 미륵불좌상高彌勒佛座像高는 뭐카오쿠에서는 가장 큰 소상이다. 이 북대 불전(618~705)은 측전무후가 권력탈취의 기념으로 세운 것이라고 하는데 여성이라는 취약성을 극복하기 위하여 불교의 힘을 빌어 자신이 미륵의 재림이라 하여 그 증거로 세운 것이라는 말이 전해진다.

9층 누각에서 대불의 얼굴을 보려면 누각 위로 올라가 보지 않으면 제대로 볼 수가 없다. 발등이 사람 크기 두 배나 되는 이 거대 미륵상을 아래에서 쳐다 보노라면 따뜻함이나 평화로움 보다는 오히려 위압감이나 인간의 왜소함을 느끼게 만든다. 송나라 때 만든 비천상이 벽면에 두어 개 잔해로 남아 있다.

뭐카오쿠입구의 장엄한 모습

천년이 지나도 윤곽이 선명한 채색화는 자연 염료 물감의 뛰어남을 느낄 수 있게 한다. 1,100년 된 당나라 시대의 목조건물 한 채가 아직도 보존되어 있다. 130호 석굴의 거대한 부처상의 뒷면 광배 벽화와 짚 위에 진흙을 발라서 만든 가사장삼의 주름은 매우 사실적이고 생동감 있는 표현기법으로 느껴졌다. 입구에 있던 벽화가 문화혁명 시절에 칼질로 훼손된 것을 보면서 뭐카오쿠가 이만큼이라도 보존될 수 있었던 것도 부처님의 가호가 아닌가 생각해 보았다. 148호 석굴에는 오른손을 팔베개하고 누워있는 20m의 와불 상(705~780)과 와불 상 뒤에 부처님의 제자들이 서 있으며 어두운 동굴벽면에는 현란한 채색 무늬 벽화가 그려져 있다.

뭐카오쿠 석굴은 개방이 되는 굴이 한정되어 있고 특별히 더 방문하고 싶은 사람은 추가로 돈을 내야한다. 2,000점이 넘는 채색소조상 彩色塑造像과 총 4만 5천 제곱미터 면적에 그려진 벽화들은 비단길의 문화와 불교 문화사를 한눈에 보여주는 중요한 문화유산이다. 각 석굴을 다 감상하고 음미하기에는 얼마나 시간이 걸릴지 모를 만큼 방대하고 그 규모 또한 거대했다. 만리장성을 쌓는 민족답게 장구한 세월을 인내하며 불상을 조각하고 그림을 그렸던 옛 사람들의 간절한 종교적 신념과 소망이 굴 안 가득히 스며 있다.

인간은 왜 저 거대한 불상을 만들어 신봉하고 기원하며 자신의 안녕과 국가의 평안을 빌었을까. 부처님은 정녕 자신을 형상화한 일체의 상像들을 원했던 것이었을까. 나약한 인간의 간절한 염원을 이곳에서 다시 한 번 맛보게 된다.

실크로드의 약탈자들과 사기꾼들

1907년 3월 지친 몸을 이끌고 둔황에 도착한 영국인 스타인은 우루무치의 한 상인 한테서 왕원록이란 도사가 몇 해 전 막힌 한 석굴 안에서 방대한 고문서를 발견했다는 놀라운 이야기를 듣게 된다. 지체 없이 천불동을 가 보았지만 왕도사는 사원을 복구하기 위해 공사비 모금을 하러 나가고 없었다. 중국인 조수 장을 시켜 탐문해본 결과 고사본의 수량이 적어도 몇 바리 분은 되며 이것을 발견한 사실을 난저우(蘭州) 당국에 보고해서 견본을 직접 확인한 태수가 왕도사에게 그 동굴에 자물쇠를 채우고 고사본을 안전하게 보존하라는 명령을 내렸다는 사실을 알게 됐다.

불가사이한 고대 서고의 존재에 가슴 벅차하며 장려한 벽화와 조각상들로 가득찬 석굴에 경탄해 마지않고 이 동굴 저 동굴을 돌아다니던 스타인은 우연히 절에 있는 한 젊은 승려를 만났다. 그로부터 왕도사의 소식과 고서에 대한 얘기를 전해들은 스타인은 인내를 가지고 왕도사에게 접근하여 불사를 위한 시주도 하고 현장법사를 존경하는 그의 심정을 전하면서 왕도사에게 환심을 사고 신뢰감을 얻기 위해 많은 노력을 했다.

현장법사를 존경하고 있던 왕도사는 현장에 대한 스타인의 신뢰감과 존경심에 마음이 움직이게 되고 마침내 토굴 안에 있는 비밀 수장고를 가리고 있던 벽돌 벽을 허물어버리고 원시적인 등잔불 아래서 그 내부를 들여다 볼 수 있게 해주었다.

"작은 방안에 펼쳐진 광경에 눈이 휘둥그래졌다. 무질서하게 빼곡히 쌓여 있는 두루마리 필사본의 높이가 왕도사의 어둑한 램프 불빛 아래서 거의 3m에 달해 보였으며 방안에 가득 차 있는 이 문서들의 부피는 나중에 측정해 본 결과 약 150입방미터에 육박했다"

스타인이 그 때의 심경을 술회한 내용이다.

스타인은 난저우 당국이 운송비를 염려한 나머지 왕도사에게 고서들을 현재의 장소에 그대로 책임지고 보관하도록 맡겼다는 것을 알게 됐다. 왕도사의 환심을 사기 위해 치밀한 노력을 기울이며 수개 월 간의 노력 끝에 필사본 24상자, 회화와 자수품 등 미술품 5상자를 단돈 130파운드에 매수하여 대영박물관으로 보냈다. 실로 인류역사에 귀중한 고대사 자료가 헐값으로 팔려나가는 어처구니없는 해프닝이 왕도사로 인해 발생했다. 중국인들로서는 외국 약탈자들에게 분노와 적개심을 끓어오르게 하는 장면이다.

둔황 고서에 대한 두 번째로 중요한 사건은 프랑스 동양학자 폴 펠리오가 중국 탐험대에 합류하게 된 것이다. 13개 언어에 능통하고 중국어 실력이 본토 중국인들도 놀랄 정도로 해박한 펠리오는 27세의 유명한 하노이 프랑스 극동학원의 교수였다. 8개월 동안 쿠차에 머물면서 답사에서 많은 수확을 거둔 펠리오는 우루무치에 가서 머무는 동안 고사본들이 천불동 비밀동굴에서 발견됐다는 얘기를 전해 듣고 둔황을 방문하게 됐다.

펠리오가 둔황에 도착해 천불동을 찾았을 때 스타인의 경우처럼 필사본이 있는 동굴문은 굳게 잠겨 있었고 왕도사는 자리에 없었다. 며칠 뒤 둔황 읍내에서 왕을 찾아 고문서에 대해 추궁했다. 펠리오의 중국어 실력에 기가 질린 왕도사는 마침내 필사본을 보여주겠다고 응낙했다. 스타인에 비해서는 너무나 쉽게 이루어지게 된 것이다.

스타인에게서 받은 기부금도 동이 나 있었고 외국인 탐방객에게는 스타인에 대한 언급조차 없었다. 왕은 스타인이 자신

천불동 전경

과 맹세한 비밀 약속을 잘 지켜준 것으로 믿지 않을 수 없었고 외국인들을 신뢰하게 되었는지도 모른다.

펠리오는 스타인이 이미 그 비밀 동굴을 다녀갔다는 것을 알고 실망하였지만 3일밖에 안 된다고 잘못 알고 위안을 삼았다. 펠리오는 천불동에 온지 한 달여 만에 그 비밀 동굴에 들어갈 수 있었는데 펠리오는 완전히 넋을 잃고 말았다. 어림잡아 1만5천~2만 부는 되는 방대한 양이었다. 하나하나 펼쳐 보면서 살피려면 최소한 6개월이 걸리는 양이라고 판단한 펠리오는 서고 전체를 개략적으로나마 파악하는 것이 효율적이라고 생각하게 됐다. 펠리오는 어떤 비용을 들여서라도 반드시 손에 넣어야 할 것과 원하긴 하지만 필수적이지 않는 2가지 부류로 나누었다. 그는 먼지투성이가 된 꾸러미들을 뒤지면서 길고 숨 막히는 3주간의 시간을 보냈다. 펠리오는 둔황 고서에 대한 발견이 이 지역에 너무 많이 알려졌기 때문에 수장된 문서 전부를 달라고 할 수는 없었다. 마침내 따로 챙겨놓은 두 부류의 사본을 팔라고 설득하고 두 사람 사이의 협상은 극비리에 추진됐다.

마침내 5백 테일(약 90파운드)에 합의가 이루어졌다. 수집품을 꾸린 상자가 증기선에 오른 후에야 펠리오는 그것들을 공개적으로 언급했다. 펠리오는 고사본의 견본을 가지고 북경으로 향했다. 그것을 본 중국학자들은 이 엄청난 고사본에 대해 믿을 수 없어 했다. 그 결과 북경당국은 둔황의 부지사에게 즉각 전보를 쳤다. 석굴에 남아있는 어떤 것도 밖으로 못나가게 금지시키라는 명령이었다. 그러나 이미 귀중한 고문서가 유출된 뒤였으니 안타까운 노릇이었다. 펠리오는 중국어에 능통하였기 때문에 질적인 면에서 영국의 스타인이 가져간 고문서 보다 훨씬 더 귀중한 것들을 가져갔다.

작고 왜소한 체구에 밭이랑을 메고 방금 나온 듯한 시골 아저씨 얼굴을 한 왕도사의 얼굴을 바라보니 피터 홉커크(Peter Hopkirk)의 외국인 악마들(Foreign Devils on the Silk Road)에서 보여준 그의 모습이 떠올라 한동안 시선을 고정시키고 바라보았다. 실크로드 역사에 가장 어리석은 짓을 한 왕원록은 고문서 유출자로써 역사에 길이 오명을 남기게 됐다. 무자비한 수집광들이 칼질해 놓은 수많은 석굴사원의 프레스코 벽화들은 보기에도 무참한 심정이다. 화염산 천불동 계곡에서 느꼈던 그 황량하고 야만적인 약탈행위를 보고 씁쓸했던 기억이 아직도 남아있다. 그러나 이것이 한편으로는 투르크 무슬림들의 광신적인 문화재 파괴행위로부터 유럽의 탐험대들이 불교문화의 보존에 기여했다는 평가도 받고 있어 역사의 아이러니가 아닐 수 없다.

독일의 폰 르콕 교수는 자신의 저서 〈사막에 묻힌 중국 령 투르키스탄의 유물들〉에서 지역 농민들이 밝은 색 안료를 강력한 특수 비료로 믿고 프레스코 벽화를 마구 긁어냈다고 설명하고 있다. 더욱이 건조한 기후에 수세기 동안 보존된 사원 유적의 대들보는 나무가 극히 부족한 이런 지역에서 땔감이나 건축 자재로 각광을 받았다. 르콕의 설명에 따르면 벽화는 무슬림들이 혐오하는 것이기 때문에 눈에 닥치는 대로 파괴를 일삼았다 한다. 벽화 속 인물의 얼굴에 난 흉측한 상처들이 모두 그런 것들이다. 우상을 철저히 배격한 이슬람 교리가 실크로드 문화를 파괴하는 가장 큰 원인을 제공했다. 또한 유물약탈자들은 지역의 위조업자들도 부채질하게 되었는데 그들이 만들어낸 어떤 위조품들은 너무나 정교해서 그 분야 최고의 동양학 학자까지도 감쪽같이 속아 넘어갔다고 한다. 특히 이슬람 아훈은 동업자와 함께 조그만 공장을 만들어 필사본 생산에 착수했고 고문서 구입에 혈안이 된 경쟁자들이 그들의 먹이 감이 됐다.

위조자가 쓴 필사본이 최초로 생산되고 팔린 것은 1895년이었다. 아훈이 스타인에게 붙잡혀 털어 놓은 얘기에 의하면 초기에는 단단윌릭에서 출토된 진본 필사본인 초서체 브라흐미 문자를 본떴다고 했다. 실제로 그들의 기도는 완전히 성공했다. 이런 다량의 위조문서가 유럽의 주요 박물관에 수장되고 학자들은 이 미지의 문자를 해독하느라 골머리를 썩이고 있었다. 공장은 번창했고 그들은 신임을 얻었다.

스타인은 "사막에 묻힌 고대도시 호탄"에서 이렇게 서술하고 있다. 이슬람 아훈은 자신의 책이 공급된 즉시 팔려나가는 반면에 그 책을 구입한 유럽인 가운데 어느 누구도 그 문자를 읽지도 못하고 고대 서체들과 구별하지도 못한다는 것을 재빨리 간파했다. 따라서 진본에 쓰인 문자를 모방하느라 고생할 필요도 없어진 셈이었다. 동업자들은 이렇게 해서 각자 독자적으로 미지의 문자를 개발하게 됐다. 그 때문에 이런 해괴한 서체가 다양하게 나올 수 있었다. 언젠가 대영박물관 수집품에 있는 텍스트들을 동양학 학자들이 분석해 본 결과 날조된 서체가 한 다스 이상 된다는 판독결과가 나왔다고 기술하고 있다.

간다라 미술

초기 불교 회화에서 부처의 모습은 상징적으로 표현됐다. 순수의 상징인 연꽃이나 해탈의 상징인 보리수, 인간 세상에 남긴 부처의 발자취를 의미하는 발자국 등이 그러한 상징들의 일부였다.

자신에 대해 어떠한 형상도 만들지 말라던 부처의 뜻과는 달리 훗날 대승불교의 영향으로 부처는 신으로 형상화됐다. 인도 최초의 통일 국가인 마우리아 왕조의 3대 아소카 왕(재위 BC 268~232)대에 이르러 전성기를 맞으면서 불교가 간다라 지방으로 퍼져나갔고 알렉산드로스 대왕의 동방원정으로 간다라 불교미술은 점차 헬레니즘 미술의 영향을 받아 이른바 간다라 미술이 싹트기 시작했다. 기원전 40년경에 건국된 쿠샨 왕조는 페샤와르를 수도로 하고 전성기인 3대왕 카니슈카(128 혹은 144년에 즉위) 치세에는 그 판도가 동.서 투르키스탄과 아프카니스탄, 북인도 대부분을 포괄하였으며 불교를 적극적으로 보호하고 권장했다. 그리하여 헬레니즘 미술과 불교미술이 융합된 독특한 간다라 미술이 정형화定型化되기에 이르렀다.

간다라 지방의 가장 중요한 특징의 하나는 불상佛像의 제작이다. 불상의 전파는 곧 불교의 전파를 의미하는 것으로 불상은 간다라로부터 서역을 거쳐 중국이나 한국, 일본 그리고 남해를 거쳐 동남아시아 여러 나라에 전파됐다. 간다라 미술의 유품은 페샤와르 근교의 불교유적지와 펀자프의 탁실라, 아프카니스탄의 핫다Hadda 등지에서 다수 발견되고 있다. 오아시스로를 통해 인도로 떠난 구법승들은 예외 없이 간다라 유지를 순방했다.

특히 조형예술의 그리스적 색채가 중앙아시아를 거쳐 인도로 전해졌고 초기 불교 회화에도 많은 영향을 끼치게 됐다. 이 과정에서 부처는 서서히 아시아 각국 사람들의 얼굴 특색을 띠어 갔고 마침내 아시아에서 하나의 공통된 얼굴이 생겨나게 됐다.

대승불교의 경전에서는 부처의 초상을 그리고 불상을 만드는 작업을 공덕을 쌓는 일로 높이 치고 있다. 부처의 그림을 그리는 일은 참된 마음으로 부처님 전에 재물을 바치는 것과 생명체를 부처의 품으로 이끄는 것, 그리고 부처의 가르침을 따르는 것과 함께 불성에 이르는 4가지 수단 중의 하나로 알려져 있다. 인도 불교의 영향으로 중국에서도 거대한 조형 예술 경향이 나타나기 시작했다. 서 있거나 누워 있는 부처의 모습을 거대한 바위벽에 새기는 것은 곧 석가모니 부처를 초월적인 존재로 만드는 노력의 일환이었다.

중국인들은 불교의 파라다이스로 서방정토에 대해 이야기하고 있고 현장이나 혜초스님이 서쪽으로 구도 여행을 떠난 데서도 알 수 있듯이 서역은 거의 불교의 고향과 같은 의미를 갖고 있다.

수 왕조 이후 불교는 국교수준으로 발전하였을 뿐만 아니라 당 왕조 시대에 최고의 전성기를 맞이했다. 이처럼 불교의 찬란한 융성과 함께 중국에서는 인도의 영향을 벗어나 중국적 색채를 띤 새로운 선불교가 태동하였고 점차 중국 문화권 내에 군건히 뿌리를 내리기 시작했다.

1천년에 걸쳐 둔황을 오가던 사람들의 불심을 담아 조성한 뭐카오쿠 석굴을 바라보면서 한 동안 할 말을 잃었다. 거친 석벽에 생명을 불어넣는 작업은 영원한 세계를 향한 인간의 믿음과 신념 때문이 아닐까. 짧은 시간에 그들이 남겨 놓은 문화유산과 역사의 체취를 다 이해할 수는 없지만 내 안에 소리 없이 다가오는 역사의 무게가 잔물결처럼 가슴을 울리고 있다.

사막의 오아시스 위에야추안(月牙泉.월아천)

점심 식사 후 호텔을 나와 근처에 있는 박물관에 들렀다. 2층으로 된 아담한 박물관으로 소장품은 그리 많지 않았다.

둔황에 대한 유물을 둘러본 후 호텔로 돌아와 휴식을 취했다. 저녁 6시경 밍사산(鳴沙山 명사산)으로 향했다. 입구 주변엔 선물가게가 늘어서 있고 황사가 휘날려 하늘이 희뿌옇다. 매표소를 지나 위에야추안으로 걸어서 갔다(입장료 50위안). 입구를 들어서자 낙타 떼들이 관광객을 기다리고 있다. 앞쪽엔 해발 1,650m의 거대한 밍사산 모래 언덕이 우뚝 솟아 있다. 밍사산에서 몇 킬로 떨어져 있지 않은 사막 한가운데 초승달 모양으로 형성된 위에야추안月牙泉이 나타났다. 제일천第一泉이란 검은 비석 바위에 도착했다. 사막 한가운데 누각이 나타나고 우측으로 위에야추안이 보였다. 초승달 모양의 위에야추안 주변은 갈대가 자라고 있고 5층 누각 주변에는 잘 조경된 꽃과 잔디와 나무들이 숲을 이루고 있다. 예쁘게 디자인한 철책 울타리 한 가운데 남색 빛을 띤 초승달 호수가 신비롭게 누워 있다.

밍사산 위에야추안

모래 산에 둘러싸인 위에야추안은 길이 240m에 넓이 39m, 높이가 2m인 자연 오아시스인데 사막 한가운데 있었음에도 불구하고 수 천 년 전부터 이제껏 한 차례도 모래에 파묻힌 적이 없었고 샘물도 마르지 않았다 한다. 신비로운 이런 자연 현상은 호수주위에 부는 바람으로 인해 모래가 호수로 날아오지 못하게 하는 주변의 특수한 지리적 조건 때문이라고 한다. 하루 밤에도 지형이 바뀌는 사막 한가운데서 수 천 년 동안 샘이 마르지 않고 호수가 변하지 않는 모습으로 있다는 건 기적이다. 수많은 오아시스 여행객들이 목을 축이고 가축들이 쉬어 가는 생명의 감로수가 아직도 샘솟고 있다.

위에야추안 앞산인 밍사산 모래 언덕에 나무사다리 계단을 설치하고 그곳으로 올라가 산정부근에서 모래 스키를 타고 내려오는 모습이 매우 이채롭다. 산꼭대기에서 미끄럼을 타고 내려오는 모습은 희뿌연 모래 바람에 가려 더욱 호기심을 자아내고 있다. 시간이 지날수록 밍사산은 모래바람에 가려 희미한 윤곽만 보였다. 하늘이 도와주지 않았다. 사진을 담아갈 수 없을 만큼 날씨가 좋지 않아 일정을 하루 더 연장하기로 하고 밍사산 등정을 포기했다.

저녁에는 야시장을 구경했다. 회족 부부가 함께 운영하는 노점에서 양고기 꼬치구이에다 깐수성 맥주를 곁들여 마셨다. 중국 전역에서 맛 볼 수 있는 양고기 꼬치구이는 주로 회족들이 파는 음식으로 우리 입맛에 비교적 잘 맞았다. 사막 지대라 그런지 깐수성은 차 인심이 좋은 것 같다. 식당에서 찻잔을 비우면 종업원이 달려와 빈 잔을 채워주는 넉넉한 모습들이 난저우와 둔황에서 매우 인상 깊게 느껴졌다. 상하이와 쑤저우, 항저우는 음식 값에 차 값을 포함시켜 너무 야박하다는 인상을 준 반면에 둔황에서는 오아시스의 넉넉한 마음을 느낄 수가 있다. 호텔인근의 비천반점飛天飯店 주변의 몇 군데 음식점에는 한국인이나 일본인들을 위한 음식 메뉴를 갖추고 있다. 둔황은 일본인들이 특히 좋아하는 탐방지이고 한국인들도 많이 방문하고 있다. 야시장과 소박한 둔황시가지를 걸어 다니며 야경을 즐겼다.

밍사산에 다시 오르다

다음날 오무라이스로 아침 식사를 하고 오전 10시경 다시 밍사산으로 출발했다. 어제 날씨가 좋아 사진 촬영을 할 수 있었으면 오늘 하미로 떠날 예정이었다. 둔황까지 와서 밍사산과 위에야추안을 사진으로 담아 갈 수 없다면 언제 이곳에 다시 올 수 있을까 하는 생각에서 고심 끝에 내린 결정이었다. 사막 위를 달리는 작은 관광차를 타고 위에야추안으로 달렸다. 갈대가 일렁이는 호수의 물결이 아침 햇살에 눈부셨다. 모래 언덕 가에 힘차게 솟아오른 5층 누각이 오아시스의 신기루를 보여주는 듯 했다. 카메라의 셔터를 기분 좋게 눌렀다. 촬영을 마치고 밍사산으로 향했다. 쌍봉낙타를 탔다(60위안).

딸랑대는 낙타방울 소리가 모래언덕을 걸어가고 있다. 부드러운 능선과 모래언덕 기슭을 따라 이어지는 낙타의 행렬들, 여인의 유방 같은 능선들이 파노라마처럼 펼쳐져 사막은 독특한 정취와 이국적인 풍경을 연출하고 있다. 아득한 능선을 따라 걸어가는 낙타 행렬들 위를 떠도는 새털구름이 영화의 한 장면을 연상시키고 있다. 낙타에서 내려 산정으로 올랐다. 모래가 미끄러지고 발목이 파묻혀 산을 오르는 것 보다 훨씬 더 힘들었다. 모래언덕을 오르며 사막을 걷다가 지쳐 죽어 가는 이들의 심정이 실감이 난다.

밍사산이 유명해진 것은 한 폭의 그림 같은 아름다운 풍경도 있지만 '모래가 날려 우는 산'이라 해서 널리 알려지게 됐다. 바람이 강하게 부는 날에는 산에서 무너져 내리는 모래소리가 영락없는 천둥소리로 들린다고 한다. 밍사산의 모래는 물기하나 없고 미세하고 가벼웠다. 또한 모래언덕에서 미끄럼을 타고 내려오면 휘파람 같은 이상한 소리가 들린다고도 하는데 태양열에 달구어진 모래알이 서로 마찰해서 내는 소리라고 한다.

수백 년 전 어느 날 이곳에서 전투가 벌어졌는데 갑자기 엄청난 모래 폭풍이 일어나 양쪽 군대 모두 모래 더미에 파묻혀 죽은 후부터 이곳에서 이상한 소리가 들리기 시작했다는 전설이 전해지고 있다. 병사들의 함성소리와 신음소리가 구천을 떠돌며 내는 소리는 아닐런지, 하루 밤에 산을 만들기도 하고 흔적도 없이 사라지게 만드는 사막의 모래 폭풍이 동서 40km와 남북 20km로 펼쳐진 둔황의 밍사산 만은 유독 움직이지 못하고 이 자리에서 수천 년의 세월을 버티게 만들었다니 믿기 어려운 자연현상이다.

산정에 걸터앉아 정상으로 불어오는 시원한 바람을 맞으며 땀을 식혔다. 눈 아래 굽어보이는 둔황 시내는 푸른 녹음지대로 펼쳐지고 사방으로 뻗은 관개수로망으로 맑은 물이 흐르고 있다. 꽃이 피고 곡식이 풍성한 들판으로 이어진 둔황 시가지가 사막의 신기루처럼 펼쳐진다. 부드러운 여인의 젖가슴을 수백 개 포개어 놓은 모래산언덕들이 모이고 포개어져 사막의 신비로운 정취를 불러일으키고 있다.

쿠차의 음악

쿠차 비파는 목이 구부러져 있고 현이 네 개인 현악기이다. 쿠차 음악은 고대 사마르칸트에서 장안에 이르기까지 실크로드 일대에서 명성이 높았다. 당시 중국 음악은 주로 쿠차 비파의 선율에 바탕을 둔 28개 선법으로 이루어져 있었다. 중국 황제와 귀족들 사이에서는 받침대 위에 올려놓은 작은 쿠차 북인 갈고를 치는 것이 유행이었다.

당나라 현종도 갈고를 즐겨 쳤다고 한다. 현종은 그 유명한 '춤추는 말' 여섯 마리를 가지고 있었을 뿐만 아니라 황궁에 무려 3만 명의 악사와 무용수를 두고 있었다. 그들 대부분이 쿠차 출신이거나 쿠차식 연주가들이었다. 쿠차 악단들은 가수들과 함께 악극을 공연하기도 했다.

쿠차 무용수들은 쿠차 악사들만큼 뛰어난 솜씨로 유명해서 쿠차 궁정은 쿠차의 최고 문화를 대표하는 문화사절로 그들을 사마르칸트와 장안에 파견했다. 쿠차 음악은 엉덩이의 움직임과 몸짓의 변화와 표정이 풍부한 눈을 강조하는 인도 무용과 비슷하지만 남녀가 동시에 공연하는 소그디아나의 유명한 호선무胡旋舞인 '회오리 춤'처럼 다른 지역의 무용형태를 받아들였다.

음악과 노래와 춤은 은이나 옥처럼 사고파는 실크로드의 상품이었다. 실크로드 연변의 모든 도시에서는 인도, 미얀마, 캄보디아, 소그디아나 등지에서 온 순회 무용단이 왕궁이나 시장에서 공연했고 그들이 파는 상품은 실크로드의 상품목록에 흡수됐다.

성곽도시 쿠차는 카슈가르와 코초의 중간쯤 되는 북부 실크로드 연변에 자리 잡고 있다. 북쪽에는 텐산 산맥의 거대한 준령이 솟아있고 성벽 둘레는 약 10km였지만 쿠차왕국의 영토는 동서가 480km, 남북이 320km나 되었고 금과 구리, 철, 납, 주석이 풍부하게 매장되어 있다.

 둔황가는 길

둔황 공항은 듄황시에서 동쪽으로 13km 거리에 위치하지만 직항노선은 없다. 란주, 서안, 북경, 가욕관, 우루무치 등의 중국 도시들과 고정노선이 있으므로 이를 이용하면 된다. 보통 우선 북경이나 서안으로 입국한 후 그 곳에서 국내선을 타고 둔황으로 들어간다. 둔황까지는 북경에서 5시간 가량, 서안에서 2시간 가량 걸린다.

철도교통편을 이용하려면 둔황시 북쪽 128km거리에 있는 안서현(安西縣)에 둔황기차역(원명은 유원(柳園)기차역)이 있다. 둔황에 가기 위해서는 이 기차역에서 하차하여 버스를 갈아타야만 한다. 둔황 기차역에서는 상해, 북경 서역, 서안, 성도, 란주, 우루무치 등 10여개 도시와 직통으로 연결되어 있다.

둔황의 음식은 중국 음식과 거리가 있다. 행정구역 상 감숙성에 속해 있지만 실제로 신장위구르자치구에 가까워 음식 역시 신장 지역 특유의 것이 많다. 양고기 음식이 많고 주식으로는 밀가루를 사용한 면 종류가 많다. 대체로 매운 것들이 많다는 점을 주의해야 한다.

하미(哈密 합밀)행 열차를 타다

★하미(哈密)

　　　　　　　이틀 동안 같은 도미토리에서 지낸
일본인 대학생 금성진기金城眞紀 양이 오늘 아침 지우추안酒泉으로 먼저
길을 떠난다는 짧은 메모를 영어로 남겼다. 둔황은 일본 젊은이들이
즐겨찾는 곳이다.

　　비천반점 옆 JOHN'S INFORMATION CAFE에서 점심을 먹고 오후 4시 30
분 택시로 둔황 기차역으로 출발했다. 저녁 6시에 둔황 가는 버스를
타면 7시 하미 행 기차를 탈 수 없는 형편이 됐다. 1시간 30분 소요되
는 거리를 100위안을 주고 택시로 가는 편을 선택했다.

　　시내에서 둔황역까지 130㎞의 거리다. 둔황시가지를 벗어나면 황량
한 사막이 전개된다. 산 전체가 검은색을 띠고 있고 검은 석두산이라
부르는 들판지역을 통과하면서 사막이 모래나 황토 흙으로 뒤덮인 곳
이라는 고정관념을 버리게 됐다. 6시에 둔황기차역에 도착했다.

저녁 7시 11분 둔황에서 하미행 기차를 탔다(21위안). 이 부근의 산들은 철분기가 많아서인지 검은 색깔을 많이 띤다. 기차는 최하위 등급인 보통여객만차普客다. 바닥은 꽁초와 쓰레기로 지저분하고 의자도 매우 낡았다.

가도 가도 끝없는 사막 벌판. 철분이 많이 함유된 검은 표층이 무거워 날아가지 않아서인지 땅 표면은 거무스름한 흙으로 덮여 있다. 1시간 20분을 달리고 나서야 철로 변에 있는 집 몇 채를 볼 수 있었다. 웃옷을 벗고 있는 사람과 침대에 길게 누워 있거나 자는 사람들로 열차 안은 퀘퀘한 냄새가 가득 하다. 중국서민들의 모습을 보려면 이런 열차를 타보면 좋은 경험이 될 것이다. 바닥은 쓰레기로 넘치고 지저분해 지면 역무원이 장대걸레를 들고 나와 물을 뿌리고 바닥을 쓸어내면 지저분한 통로는 어느새 이전의 모습으로 되돌아가고 만다. 항저우에서 장자지에로 가는 기차 안에서 겪었던 그런 모습들이다. 참으로 편리하고 독특한 기차문화다.

지평선 위로 낮게 가라 앉은 저녁노을이 사막을 붉게 물들이고 있다. 밤 9시 붉은 노을이 서서히 어둠 속으로 젖어들고 있다. 사막의 윤곽이 어둠 속에 잠기고 열차는 깊은 침묵 속으로 질주하고 있다. 지평선 저 멀리 노을의 잔영이 남아 불그스레한 띠를 두르며 사막과 하늘의 경계를 어렴풋이 알려주고 있다.

밤 10시 25분 하미역에 도착했다. 여기서부터는 한문과 회족어 간판이 같이 쓰인다. 역 부근에 내려 숙소를 정했다. 둔황이 한족문화라면 하미는 이슬람문화의 영향을 많이 받은 지역이다. 이곳은 복장과 인종이 둔황과는 차이가 많이 난다. 신장(新疆 신강)은 중국에서 가장 면적이 넓은 지역이다. 전체 면적이 166만㎢로 중국 전체 면적의 1/6을 차지하고 있다. 신장지역의 변경선은 5,000여㎞로 중국변경선의 1/4을 차지하고 있다. 또한 신장에 있는 타림분지는 동서로 1,500㎞, 남북으로 800㎞로 중국 내 최대의 분지 지형이다. 이 분지 하나만 해도 남북한 전체보다 큰 셈이다.

이 밖에도 '한 번 발을 들여놓으면 다시는 살아서 나가지 못 한다'는 뜻의 중국에서 가장 큰 타클라마칸 사막과 중국 최대의 내륙 담수호 보스팅호수, 중국 최고最高의 얼음 연못 텐츠天池, 중국 최장의 내륙강인 타리무허 등 16가지의 자연환경을 중국에서 으뜸으로 꼽고 있다.

하미의 밍사산(鳴沙山 명사산)

터미널 근처의 상점에서 하미과로 아침을 먹었다. 하미과는 포도와 더불어 신장을 대표하는 과일 중 하나다. 우리의 참외와 비슷하며 외형은 타원형이고 껍질은 노란색이나 청색 무늬가 있다. 하미과는 진나라 때부터 궁에 진상되었다. 럭비공처럼 타원형의 커다란 호박을 연상시키는 하미과는 칼로 일정한 간격으로 자르고 조각을 뜯으면 씨가 저절로 분리되며 엷은 주황색의 향긋한 과즙이 입맛을 돋군다. 느끼한 중국 음식보다는 하미과 하나로 아침을 대신하는 것이 값도 훨씬 더 저렴하고 맛도 좋았다.

버스 터미널에 도착하여 하미 밍사산 행 차편을 알아보았다. 하미의 밍사산은 교통편이 없어 대부분 단체여행이나 차를 대절해서 다닌

▶ 하미 밍사산. 독특한 풍광을 보기 위해 관광객들이 몰려든다.

다고 한다. 택시로 1시간 30분 거리로 100위안에 택시를 대절했다. 버스터미널에서 해발 1,585m의 고원 호수인 바리쿤후(巴里坤湖 파리곤호)를 방문하고 싶었지만 도로 공사 중인데다 버스로 4시간 정도 소요된다는 말을 듣고 밍사산 행을 결정했다. 바리쿤후는 주위에 산이 많고 수초가 풍부하며 호수 물이 푸른 파도처럼 출렁이는 곳이다. 여름에는 유목민들이 호숫가에서 방목을 하는 곳으로 소와 양이 많으며 여름 피서지의 적지로 알려지고 있는 곳이다.

아침 8시 30분 택시로 밍사산을 향했다. 시내를 벗어나자 사막 벌판 군데군데 풀무더기가 자라고 있다. 20여분 정도 넓은 평야지대를 달려 낮은 구릉지대로 진입하자 검은 색조를 띤 높은 산들이 도로 좌우로 펼쳐지고 암벽 틈새로 돋아난 잡초들이 눈부신 햇살을 머금고 있다. 좁은 암벽 산 계곡의 물길 따라 풀과 나무들이 자라고 소떼가 풀을 뜯고 있다. 이 오지의 암벽 산골짜기에도 사람이 살고 있다고 생각하니 인간의 적응력에 경외감을 느끼게 된다. 40여 분 만에 처음으로 차량 한 대를 만났다. 10여분 더 협곡을 달리자 계곡 안에 조그만 마을이 모여 있었다. 통나무에다 진흙을 싸 바른 집들 사이로 냇가에 키 큰 침엽수림들이 계곡을 따라 펼쳐지고 있다. 계곡을 덮고 있는 산림지대 사이로 몽고식 파오가 몇 채 보였다. 파오가 보인다는 것은 고산지대에 들어섰다는 것을 의미한다. 1시간을 더 달리자 넓은 초원과 구릉, 소 떼들, 파오와 통나무집들이 함께 모여 사는 마을이 나타났다. 거대한 벌거숭이 사막 산들 가슴 밑에 펼쳐지는 넓게 퍼진 녹색 산림지대 아래로 푸른 초원이 평야처럼 팔을 벌리고 있다. 방목한 소 떼들이 초원을 배경으로 한가로이 풀을 뜯고 있다. 언뜻언뜻 스쳐 가는 들꽃 무리들이 한 폭의 수채화처럼 펼쳐지고 있다. 초원의 작은 도랑 사이로 맑은 물이 졸졸 흐르고 있다. 이전에 결코 느껴볼 수 없었던 먼 나라의 동화 속 이야기의 주인공이 된 기분이다.

밍사산 입구의 표지석이 보이고, 커다란 기둥 두 개를 양쪽에 세운 곳에서 입장료를 받고 있다(6위안). 아직까지 이곳은 단체관광이나 택시를 대절해서 오는 방법 밖에는 없는 것 같다. 파오식 텐트에서 나온 소녀에게 하사크족이냐고 물었더니 위구르족이라고 대답했다.

하미의 밍사산은 둔황보다 규모가 작고 걸어서 충분히 올라갈 수 있는 높이다. 모래는 밀가루처럼 보드랍고 매우 뜨거웠다. 정상에 올라 시원한 산들바람을 맞으며 초원을 바라보면 민둥산 기슭으로 늘어선 푸른 산림지대와 계곡사이로 펼쳐지는 초원과 푸른 풀밭 사이로 뱀처럼 또아리 틀며 맑은 시냇물이 흐르고 있다. 하사크와 위구르족들이 사는 파오 천막들 너머로 밍사산을 개발하기 위해 도로를 뚫고 있는 인부들의 모습이 보인다.

관광적인 측면에서 찾는다면 꼭 권하고 싶은 코스는 아니다. 그러나 이곳으로 오는 과정에서 느끼는 다양한 산과 사막, 초원과 계곡들, 사람과 촌락들이 모여 사는 모습들을 보는 것이 더 흥미로운 것 같다. 소박하고 조용한 초원의 일부를 가슴에 담아 가기에는 좋은 곳이다. 구름 몇 점만 살며시 떠도는 초원 저 편 작은 촌락들 위로 투명한 햇살이 눈부시게 황홀하다.

하미 밍사산은 동부 톈산天山의 남산과 북산 사이에 위치한 고원지대의 초원 한가운데 있는 커다란 모래언덕이다. 모래언덕의 높이는 35~115m이고 남북 방향의 길이가 약 5km이며 타수에허(塔水河 탑수하)와 류티오허(柳條河 류조하)가 옆으로 흐르고 있다. 특수한 지리적 환경과 온도 조건 때문에 바람이 불 때 모래가 날리면서 울음소리가 난다해서 밍사산으로 불리고 있다. 특히 하미의 밍사산은 중국 4대 밍사산인 둔황밍사산敦煌, 닝샤사퍼터(寧夏沙坡頭 령하사파두), 네이멍샹사완(內蒙響沙灣 내몽향사만) 중에서 제일 완벽하고 울음소리가 좋은 밍사산 가운데 하나다.

이 곳에서 우리나라 농촌에서 볼 수 있는 그런 맑은 물이 흐르는 것을 보게 되어서 매우 감회가 깊다. 맑고 투명한 물을 볼 수 있다는 것은 중국 대륙에서 결코 쉬운 일이 아니기 때문이다. 천막 안에는 간단한 음식과 음료가 준비되어 있다. 위구르 처녀가 파는 수완나를 먹었다(2위안). 우리가 먹는 요구르트 맛과 거의 흡사했다.

이곳은 아직 개발 초기 단계라 천막 2개를 치고 수완나를 파는 것이

고작이다. 이곳에는 넓은 평야가 펼쳐져 관광객에게 말을 빌려주고 초원을 마음껏 달리게 하는 것이 퍽 매력적이다. 말을 타고 달리기에는 매우 안전하고 적당한 곳이다. 수줍음 타는 위구르 처녀의

위구르족 소년들은 어린시절부터 말을 타고 다닌다. 사진은 관광객들을 위해 포즈를 취한 위구르 사람들이다.

사진 한 장을 카메라에 담으며 초원의 추억을 안고 돌아섰다. 천산에 덮여 있는 만년설이 아스라히 멀어져 갔다. 누렇게 익은 보리이삭이 가끔씩 초원을 황금빛으로 물들이고 있다.

방향을 바꾸어 회족마을 식당과 가게를 지났다. 조선시대나 봄직한 거의 원시적인 모습이다. 2,600m고지의 천산묘天山廟 누각을 지나 하사크족 파오와 양떼들이 풀을 뜯고 있는 계곡을 돌아내려 가고 있다. 인적이 끊긴 2,000m이상의 적막한 계곡에서 유목생활을 하는 하사크족의 파오를 바라보면서 많은 감명을 받았다.

현대문명과 동떨어진 이 고립무원의 사막 안 계곡에서 무슨 낙으로 살아갈까. 정녕 그들의 삶의 의미는 무엇일까.

고대 하미지방의 성풍속

마르코 폴로의 동방견문록에 의하면 13세기에 하미는 카물Camul 혹은 코물Qomul이라 불렀고 고대 중국에서는 이오伊吾로 알려진 고장이다. 주민들은 모두 우상숭배자이며 오락과 악기와 가무를 즐기며 육체적 향락을 즐기는 데만 몰두했다.

어떤 나그네가 자신의 집에 머물려고 오면 너무나 기뻐하면서 자기 아내에게 나그네가 원하는 것을 다 해 주라고 말한다. 그리고 자신은 집을 나가 일하러 가서는 2~3일간 밖에서 머무는 데 그 사이 나그네는 주인 아내와 동침을 하고 마치 자기 아내처럼 환락을 즐긴다. 그러나 그들은 그것을 수치로 여기지 않는다. 오히려 나그네가 휴식을 필요로 할 때 그렇게 친절하게 맞아 주었기 때문에 신상이 자기들을 매우 가상히 여길 것이라고 생각한다. 또 그 덕분에 물건과 자식과 재산도 불어나고 갖가지 위험으로부터 보호를 받으며 모든 일이 아주 행복하게 되고 성공하리라 생각하는 것이다. 부인들은 빼어난 미모에 명랑하고 자유분방하며 남편의 모든 명령에 극도로 순종적이다.

타타르의 군주인 몽구 카안Mongu Kaan이 지배할 때 카물 주민들이 자기 아내로 하여금 나그네와 간통을 저지르는 것에 대한 보고를 받고 나그네를 재우면 엄한 처벌을 받을 것이라는 칙명을 내렸다. 카물 사람들은 이 명령을 받고 크게 비통해하며 왕의 칙명을 약 3년간 준수했다. 그러나 어찌된 영문인지 늘상 토지에서 수확하던 과일들이 열매를 맺지 않고 집안에도 나쁜 일들이 자꾸 생겨났다. 그들은 마침내 서로 상의하여 큰 선물을 가지고 몽구(몽골제국의 4대 군주인 뭉케 칸)에게 가서 이제까지 자기 조상들이 했던 방식대로 아내를 관리할 수 있게 해달라고 탄원했다.

몽구는 그들이 원하는 대로 하도록 해 주었다. 마르코 폴로는 이 일을 동방견문록에서 기술하고 있다.

몽골의 가족관

폴로가 기술한 몽골인들의 성 풍속을 살펴보면 몽케 칸 생각을 잘 읽을 수 있다. 몽골인들은 무슨 일이 있어도 다른 사람의 아내를 건드리지 않으려고 하는데 그런 일은 매우 사악하고 비열한 짓이라고 생각하기 때문이다. 아내들은 선량하고 남편에게 충직하며 가사일을 아주 잘 돌본다.

혼인은 다음과 같은 방식으로 이루어진다. 각자 자기가 원하는 만큼 아내를 둘 수 있는데 능력만 있다면 100명까지 둘 수 있다. 남자는 아내의 어머니에게 신부의 값을 주지만 아내들은 남자에게 아무것도 주지 않는다. 그러나 그들은 아내들 가운데 첫째 아내를 다른 사람에 비해 더 높고 훌륭하게 여기는데 그 까닭은 남편이 많은 수의 아내를 데리고 있기 때문이다. 그들은 종형제들을 취하기도 하고 아버지가 죽으면 큰아들은 자신의 생모가 아닌 한 아버지의 부인들을 아내로 삼는다. 또한 자기 형제가 죽으면 그 부인도 취한다. 그들은 아내를 맞이할 때 거창한 혼례를 올린다.

동방견문록 86장에서 당시 한민족과 비슷한 풍습을 서술하고 있어 눈길을 끄는 대목이 있다. 어느 누구도 문지방을 건드려서는 안 되고 발을 뻗어 건너야만 한다. 만약 부주의로 누군가 그것을 건드리게 되면 문 앞에 서 있는 보초들이 그의 옷을 빼앗은 뒤 그것을 되사가도록 한다. 만약 그 옷을 빼앗기지 않으려면 정해놓은 횟수만큼 매를 맞아야 한다. 이렇게 하는 것은 문지방을 건드리는 것을 불길한 징조로 여기기 때문이다. 그러나 만약 규칙을 모르는 외래인이 있다면 지정된 신하들이 그들에게 미리 그 같은 규칙을 알려주고 경고해 준다.

　　루브룩과 카르피니, 오도릭과 같이 몽골리아를 방문한 서구인들은 모두 이에 대한 기록을 남기고 있다. 마크리지와 같은 무슬림들의 글에서도 몽골인들이 남의 집을 방문할 때 문지방을 밟는 것을 극도로 꺼리던 풍습을 기술하고 있다.

　　한 가지 우리와 같은 풍습을 더 소개하면 사람의 이름에도 '부랄기'라는 말이 쓰이는데 우리말로 주워온 아이란 뜻이다. 이것은 액땜을 목적으로 아이들에게 일부러 나쁜 뜻의 이름을 지어주던 당시 몽골인들의 풍습 때문에 생긴 현상이다. 문지방 밟기를 꺼리는 것이나 주워온 아이라는 표현은 어린 시절 많이 경험했던 우리와 유사한 풍습이다.

포도의 고장 투르판

상하이에서 출발하여 하미를 경유하여 우루무치로 떠나는 오후 1시 45분 열차에 몸을 실었다(63위안). 하미에서 투르판 사이의 들판도 천산의 검은 산맥들의 영향을 받아서 사막의 표면은 검은 색조를 많이 띠고 있으며 속살은 황토층이다.

사막이라 하면 끝없는 모래벌판 위에 낙타를 타고 가는 캐러번을 연상하기 쉽지만 지역에 따라 변화가 많고 산의 모습과 색깔도 다양하다.

열차 여행은 매우 단조롭다. 몇 시간씩 사람도 볼 수 없는 메마른 들판과 끝이 보이지 않는 지평선, 황량하고 쓸쓸한 풍경에 젖어 창밖을 응시하노라면 이곳을 오가며 살았던 사람들에 대한 경외감이 저절로 생겨나게 된다. 목숨을 걸고 다닐 만큼 중요한 그 무엇이 있어 저 메마르고 삭막한 들판을 내왕했을까.

저녁 6시경 작은 마을이 나타나고 철로 주변에 펼쳐진 무덤을 만났다. 시인들의 시 귀절에서나 등장하는 상상 속의 사막의 묘지를 지켜보면서 야릇한 감정이 솟구쳤다. 풀 한 포기 없는 무덤 앞에 쓸쓸히 꽂혀 있는 나무문패와 작은 비석이 늘어서 있다. 조금 더 달리자 사막한가운데 보기 드문 작은 마을이 나타났다. 마을 하천과 하늘로 곧게 뻗은 포플러나무 숲들이 가지런히 줄을 서서 검은 흙먼지를 덮고 졸고 있다.

오후 6시 50분 투르판역에 도착했다. 기차역에서 시내까지 50㎞정도의 거리다. 역 앞에 기다리는 버스에 올라 길 없는 자갈밭을 달렸다. 한국에 이런 자갈벌판이 있다면 엄청난 가치를 지니고 있을 것이다. 20분 정도 달려 겨우 아스팔트길로 접어들었다. 40여분 지나 2차선 고속도로에 진입했다. 이곳에서는 아라비아 영화에서 봄직한 위구르 아가씨와 덩치 큰 위구르 남자들을 만날 수 있다. 둔황에서 사막지대로 올라 갈수록 위구르족들이 많이 보인다. 도중에 뚱뚱하고 덩치 큰 위구르족 호텔안내인이 탑승하여 자기 호텔을 소개하고 다음날 투르판 일일 패키지여행에 대해서 안내해 주었다. 그가 소개하는 교통병관交通兵館에 투숙했다(3인방 90위안, 4인방 100위안).

저녁 때 하미행 기차에서 만났던 여대생들과 만나 함께 신성야시장으로 갔다. 중국에서 공부를 하다 방학 중 함께 여행을 하고 있는 팀이다. 갈 때 1위안짜리 버스를 타지 않고 지나가는 승용차 크기의 짐차를 세웠다. 여섯 명이서 일인당 50전에 우리나라 닭장이나 싣고 다닐 것 같은 짐차를 탔다.

중국의 교통수단은 이 세상에서 타 볼 수 있는 모든 형태의 기구가

구비된 곳이다. 후덥지근한 밤공기를 가르며 짐짝처럼 앉아있는 기분
도 그리 나쁘지 않은 것 같다. 야시장에 도착하여 위구르 전통 양고기
꼬치구이를 맛보았다. 1개 2위안씩 하는 이곳의 양고기 꼬치구이는
다른 지역의 것보다 두 배나 크고 맛도 이제껏 맛본 것 중에 가장 맛
이 있었다. 맥주와 곁들여 먹는 양고기 꼬치구이는 한여름 밤 투르판
의 분위기를 한껏 돋우어 주었다.

가오창(高昌 고창)구창古城 유적지

투르판에서 개별 여행을 하는 것은 쉽지가 않다. 외곽 유적지를 운
행하는 대중 교통편이 마땅치 않기 때문에 호텔에서 모객한 팀들과
함께 여행하는 것이 값도 싸고 시간도 절약할 수 있다.

아침 9시에 호텔을 출발했다. 어제 밤 합류했던 유학생들과 한 팀
이 됐다. 1위안 1각角을 아껴 쪼개 쓰는 학생들이다. 필름 한 통씩을

고창국의 유적지인 가오창구창

선물로 나누어주었다. 일본인 여대생 2명과 유학생 5명, 정군을 합쳐 9명이 봉고 한 대로 팀을 만들었다. 차 1대에 하루 350위안을 달라는 것을 300위안으로 깎아서 전세를 내었다.

투르판 부근의 검은 벌판을 30여분 달리자 붉은 산과 들판이 나타났다. 회족들의 집단 부락이 나타나고 거리를 가득 메운 양떼들과 포플러 가로수 길을 중심으로 붉은 벽돌집들이 늘어서 있다. 가오창구청(高昌古城,고창고성) 터미널에 도착했다. 입구에 회족들 기념품 가게가 늘어서 있다. 얼굴 골격이 아랍계통으로 한족과는 골상이 뚜렷이 달랐다.

가오창구청은 499년 한나라 출신의 국문태麴文泰가 세운 고창국 성의 유적이다. 투르판의 남동쪽 46㎞떨어진 곳에 있는 이 성터는 둘레가 5.4㎞, 면적이 200만㎡ 크기의 진흙벽돌로 만들어진 유적지이다.

경고 ! 입장료 주의!!

중국관광에서 터무니없는 입장료에 눈살을 찌푸리게 할 때가 한 두 번이 아니다. 입장료를 정하는 가치와 서비스 개념이 아직까지 확립되어 있지 않아서 이렇게 과대평가 하는 현상이 중국전역에 만연된 것 같다.

3~5위안 정도면 적당할 것 같은 데 아스타 고묘에서 20위안을 받으니 할 말을 잃고 있는데 거기다 공중화장실 비용까지 내는 일본인 동행을 지켜보면서 아연실색 하지 않을 수 없다. 서둘러 둘러보고 같이 온 유학생들에게 들어가지 말라고 권해주었을 정도다. 중국 여행에선 미리 입장료를 생각해 예산을 짜고 사전에 가볼 곳과 그렇지 않을 곳은 구분하지 않으면 예산 초과가 되기 십상이다.

황량한 들판에 진흙더미 잔해만 남은 옛 성터 자리에는 고성을 도는 노새 마차들만이 뽀얀 먼지를 일으키며 분주하게 달리고 있다. 진흙더미 성터 입구에는 상혼만 가득히 넘치고 주변의 삭막한 전경은 나그네의 마음을 허허롭게 만들고 있다. 무엇이 대단한 풍경이라

고 비디오 촬영까지 금지하는 바람에 실랑이까지 벌였다. 사진이나 비디오 촬영을 꺼리는 회족들의 완강한 고집을 보면서 기분이 매우 언짢았다.

구도를 위해 인도로 가던 삼장법사가 630년 350㎞에 이르는 엿새간의 고된 행군 끝에 가오창(高昌고창)에 도착했을 때 고창국 왕 국문태(麴文泰)는 햇불을 든 시종을 거느리고 급히 달려와 현장을 극진히 맞이했다. 불자였던 왕은 원래 한족 출신으로 중국 황실과 밀접한 유대관계를 갖고 있었다. 직접 여러 차례 장안을 방문하여 황제에게 정기적으로 진상품을 바치기도 했다. 그는 고비 사막 전역에서 가장 강력한 지배자가 되기 위해 투르판 오아시스의 특성과 장점을 성공적으로 활용한 고압적 성품의 군주였다.

현장법사가 설법을 하고 도시를 구경하며 보내던 옛 가오창구창은 10m 높이의 성벽이 총 5㎞의 길이로 도시를 둘러싸고 있었는데 외성,

내성, 궁성의 세부분으로 나뉘어 진 것이 당나라의 도읍 장안을 연상케 했다 한다. 이 도시에는 3만 명의 인구가 살고 있었고 30여 개의 불교 사원이 있었다. 도시의 특산품은 도자기와 포도였다.

고비사막의 오아시스를 지배하는 고창 왕의 이중적이고 변덕스러운 태도는 서역 왕국들과 교역을 추진하던 중국에게는 불안하고 언짢은 일이 아닐 수 없었다. 실크로드 주변의 오아시스 도시들은 수 왕조의 힘이 약하던 시기에 투르크 족의 세력권 밑에 들어갔거나 아니면 최소한 중국의 통제에서 벗어났다. 왕조가 바뀌고 중화제국의 융성을 꿈꾸었던 호전적이고 야욕이 컸던 당태종 이세민은 서역의 이런 상황을 그냥 두고만 볼 수가 없었을 것이다.

투르크 유목 부족 편에 섰던 고창국 왕은 당나라 대군이 몰려온다는 소식에 놀라 그만 급사하고 멸망의 길을 걷게 되었다 한다. 오아시스의 영화를 누리던 웅장했던 옛 성터가 비바람에 씻긴 흙벽돌의 잔해만 남아 한줌의 진흙 토담으로 햇살에 녹아 있다. 세월 속에 잊혀져 간 오아시스 왕국의 영광과 폐허의 잔해가 한 낮의 열기와 먼지 속에 숨을 죽이고 있다.

늘씬한 키에 오뚝한 콧날의 이국적인 표정을 한 위구르 아가씨들이 매표소 입구에서 물건을 팔고 있다.

가오창구창을 출발한지 10여 분이 지나 아스타(아시타 阿斯塔) 고묘古墓에 도착했다. 텅 빈 자갈 공원 한가운데 지하로 나있는 계단을 따라 내려가면 네 사람이 방석에 앉아 있는 모습과 굴속에 작은 벽화가 그려진 고분을 만나게 된다. 2번 째 무덤은 새와 난초꽃을 소재로 그린 6폭의 작은 벽화가 있고 세 번째는 미이라와 비슷한 형태로 부부가

아름다운 그림이 있는 곳을 의미하는 베즈크리크 천불동 전경

함께 유리관 속에 보존된 당나라 시대의 묘지였다. 땅 속에 벽화 2개
와 무덤의 시신 2구로 20위안을 받는 이 지역사람들의 입장료 개념에
몹시 불쾌해졌다. 지아위관에서 만났던 홍콩 여대생들 4명을 매표소
입구에서 다시 만났는데 매우 반가워했다. 들어갔다 나오며 입장료가
너무 비싸다고 하니까 그것 보라는 듯 박수를 치고 웃는 것이 아닌가.

베즈크리크 천불동千佛洞 계곡

아스타 무덤을 출발하여 베즈크리크 천불동 계곡으로 향했다. 베
즈크리크란 아름다운 그림이 있는 장소라는 뜻이다.

천불동 계곡

투르판 동쪽 45km의 훠얀산(火焰山 화염산) 중간 부분 무가우허구(木溝河谷 목구하곡) 서안 절벽에 있는 석굴사원이다. 남쪽이 가오창구청까지 15km 이며 신장에서 비교적 크고 유명한 불교사원 유적지 가운데 하나다.

계곡에 황톳물이 조금씩 흐르고 있다. 풀 한 포기 자라지 않는 붉은 계곡 암벽들이 가슴을 사막처럼 메마르게 했다. 40도가 훨씬 넘는 따가운 햇살이 살갗을 파고든다. 협곡의 절벽 중턱 계단을 통해 아래로 내려가면 스님들이 암벽에 동굴을 파놓고 은거하던 석굴 사원들이 나타난다. 외부로부터 철저히 단절된 외로운 석굴에서 운둔하던 스님들에게 소망했던 평화는 오지 않았던 것 같다. 13세기 이슬람 광신도들이 이곳 석굴 사원들을 습격해서 스님들을 모두 도륙해버렸다. 1백여 개의 사원이 암벽에 둥지를 틀고 있는데 벼랑에 붙은 좁고 긴 테라스가 외부와 연결돼 있다. 통행인의 눈에 띄지 않게 절벽에 뚫어 놓은 벌집 같은 수많은 구멍은 열사의 사막을 건너온 나그네에게 깊은 인상을 주었다. 현재 남아 있는 57개의 굴은 처참하게 허물어져 수난의 흔적을 보여주는 박물관처럼 보인다. 계곡 아래로 흐르는 강가엔 나무들이 무성한 숲을 이루고 있다.

이 석굴은 러시아의 클레멘츠에 의해 학계에 알려졌고 독일인들에 의해 1920년부터 4차례에 걸쳐 조사됐다. 석굴의 벽화들은 20세기 초까지 잘 보존되어 있었으나 독일 그룬베델과 르콕, 바르투스와 외국의 탐험대들이 드나들면서 벽화와 소조불상들을 마구 절취해 가서 알맹이는 거의 사라지고 형체만 그 옛날의 모습을 유지하고 있다. 이 수난의 역사는 이슬람세력의 침탈과 20세기 외국탐험대에 의한 벽화의 반출 경쟁에서 비롯됐다.

처음으로 들어간 17호 석굴 천장의 벽화는 거의 훼손되어 있었다. 진흙으로 만든 벽면에 두 개의 부처상 본체는 없어지고 광배의 뚜렷한 윤곽만 과거의 모습을 연상케 하고 있다. 20호 석굴도 벽화 몇 점을 액자에 넣어 전시하고 있었고 26호 석굴 역시 절취당하고 남은 잔해만 보여주고 있다. 27호 석굴은 진흙으로 만든 벽화의 모습은 사라지고 불화의 광배만 윤곽이 뚜렷이 남아 있다. 벽면에다 진흙을 발라서 벽화의 모습이 거의 훼손되어 있다. 31호, 33호 석굴 벽화도 진흙으로 발라져 있어 벽화의 가치는 거의 훼손되어 있다. 가냘픈 짚을 잘게 썰어 진흙으로 뭉쳐서 벽면을 바르고 그 위에 색을 칠한 벽화는 프레스코 기법으로 만들어졌다. 39호 석굴도 벽면을 붉은 벽돌로 쌓고 그 위에 진흙을 바르고 부처의 상을 만들어 놓은 것을 볼 수 있는 굴이다. 석굴 가운데 쏟아낸 벽돌의 잔해와 진흙가루를 유리와 철책으로 보존하고 있어 고대인들의 석굴 벽면처리나 내용물들을 생생하게 볼 수 있다.

독일 탐험대가 절취해간 석굴의 모습들을 바라보노라면 마치 내 가슴이 난도질당한 것 같다. 르콕과 바르투스가 이곳에 와서 프레스코 벽화들을 도려내어 떼어 가는 장면들이 눈앞에 선명하게 떠올라 분노가 끓어오른다.

피터 홉커크Peter Hopkirk가 쓴 『실크로드의 외국인 악마들(Foreign Devils on the Silk Road)』에서 천불동 계곡에서 자행되었던 벽화와 고문서 절취사건들이 결코 남의 일이 아님을 통감케 하게 하는 증표들이다. 게다가 자기 문화의 소중함을 모르는 무지함이 더없이 소중한 문화재를 불소시개나 비료, 석가래 기둥으로 사용하는 안타까움은 중국

만의 일은 아닐 것이다. 일본이 자행한 우리문화 침탈과 반출이나 이슬람교도들이 우상숭배를 배격하고 파괴하는 종교적 행위들은 그 배타성으로 인해 중요한 인류문화유산을 파괴하는 주요인이 됐다. 또한 무지한 현지인들의 문화적 몰이해는 중요한 문화유산을 헐값에 유출하는 비극적인 사건을 유발시켰던 것이다.

독일탐험대의 만행

　독일 탐험대가 투르판 일대를 최초의 탐험지로 선택하고 1902년에서 1914년까지 네 차례에 걸친 탐사를 감행했다. 르콕과 바르투스는 우루무치에서 중국령 투르키스탄 안으로 160㎞를 들어와 투르판에 도착했다. 원주민들은 바르투스를 보고 뛸 듯이 환영했다. 1년 전 그룬베델과 함께 왔을 때 좋은 인상을 남겼기 때문이다.

　1904년 11월 18일 두 사람은 카라호자에 도착했다. 투르판 동쪽 사막에 있는 진흙벽으로 건축된 이 거대한 고대 도시의 한가운데서 높이 180㎝의 마니교 창시자 마니의 초상화를 발견하는 개가를 올렸다. 이후 출토된 유물들을 보아도 8세기 중엽 카라호자(고대 명칭은 '코초')에서 마니교가 번영을 누렸던 것은 명백하다. 약 5세기 전 페르시아에서 마니에 의해 창시된 마니교는 이단적인 사상 때문에 기독교도와 무슬림, 조로아스터교 등 다른 종교 신봉자들에게 격렬한 적개심을 불러일으켰고 마니는 조로아스터교 승려들과의 논쟁에서 패배하자 이단자로 낙인 찍혀 십자가에 처형됐다. 박해를 피해 500여명의 마니교도가 동쪽으로 사마르칸트까지 도주해 오면서, 불교의 영향을 받으며 카라호자까지 도달했다. 독일 탐험대가 그곳에 도착하기 전에 이미 마니교의 굉장한 유물은 아깝게도 파손된 후였다.

　르콕은 카라호자에 있는 이 고대 도시의 성벽 바깥에서 네스토리우스파 기독교의 사원을 발견하는 또 하나의 개가를 올렸다. 성직자와 신도들이 나뭇가지를 들고 있는 모습을 비잔틴 양식으로 그린 벽화가 남아 있었다. 이곳에서 발굴을 마치고 르콕은 베즈크리크 불교 석굴사원으로 갔다.

르콕과 바르투스가 도착했을 때 이 동굴들은 염소를 치는 목동들의 간이 숙소로 사용되고 있었다. 그들은 석굴 안을 탐사한 후 놀랍고도 귀중한 그림들을 발견하고 어떠한 비용과 희생을 치르더라도 벽화를 뜯어내어 가져가기로 결심했다.

그들은 먼저 아주 예리한 칼로 벽화의 외곽 둘레에 깊은 칼자국을 냈다. 그것은 벽화 밑층을 이루는 점토와 낙타 똥과 잘게 썬 짚과 스투코(벽에 바른 회반죽)를 관통하는 칼질이었다. 다음으로 벽화 옆의 바위에다 곡괭이, 망치, 정으로 구멍을 뚫어 거기에 여우꼬리 톱을 집어넣었다. "표면층의 상태가 매우 나쁠 때는 사람을 고용해서 펠트를 싼 널빤지로 벽화를 단단하게 밀고 있게 했다"는게 르콕의 설명이다. "그런 다음 벽화의 톱질이 완전하게 끝나면 벽화가 얹힌 널빤지를 조심스럽게 떼어 윗부분부터 기울어서 바닥에 내려놓았다. 이렇게 해서 벽화는 널빤지 위에 수평으로 놓이게 됐다. 대형벽화는 통째로 운반할 수 없으므로 톱질을 해서 몇 조각을 냈는데 얼굴이나 미학적으로 중요한 부위는 세심한 주의를 기울였다. 그들은 근처에 있는 또 다른 불교 사원지를 간단히 탐사했다. 이번에도 7세기의 프레스코 벽화와 자수품, 필사본이 나왔다. 그들은 "조각된 곳"이라는 뜻의 토육으로 자리를 옮겼다. 르콕은 이 지역이 타원형의 씨 없는 포도로 유명한데 건포도로 만들어져 동쪽으로 4개월 여행거리인 북경에서 팔릴 정도였다고 말했다. 마을에서 계곡을 타고 상류로 올라가 열 개가 넘는 사원을 발견했으나 모두 폐허였다. 산허리에 깎아지른 듯한 벼랑에 제비 둥우리처럼 매달려 있는 꽤 큰 승원도 만났다. 꼬불꼬불한 계곡의 석굴 사원 한 가운데서 르콕은 다량의 종교문헌을 두 자루 정도 건질 수 있었다.

르콕은 투르판을 떠나기 전에 바르투스와 만나기로 약속한 카라호자에서 재회했다. 그는 바르투스가 쉬팡의 유적에서 '기적의 전리품'이라 할 수 있는 초기 기독교 필사본들을 발굴해 낸 것을 알았다. 5세기 성 시집, 마태복음과 니케아 성경의 일부, 헬레나 여왕이 예수의 십자가를 찾은 이야기와 세 왕이 아기 예수를 방문한 이야기가 기록된 문서들이었다. 너무나 흥분한 바르투스는 바퀴 두 개 달린 중국 수레에 필사본을 가득 실은 채 도중에 한 번도 쉬지 않고 카라호자까지 단번에 달려갔다고 한다.

마르코 폴로의 동방견문록(The Description of the World) 59장에서도 유구리스탄Iuguristan은 상당히 큰 지방이며 대칸에 속해 있다. 그곳에는 도시들과 많은 촌락이 있지만 가장 주요한 도시는 카라호초Carachoco 이다.

이 도시는 그 아래에 다른 도시와 촌락들을 거느리고 있고 주민들은 우상숭배자들이다. 그러나 네스토리우스파 기독교도들이 많고 얼마간의 사라센들도 있다. 기독교도들이 우상숭배자들과 결혼하는 경우도 아주 흔하다. 폴로가 얘기하는 유구리스탄은 '위구르인들의 땅'을 의미하며 카라호초는 수 당대까지 중국에서는 가오창(高昌 고창)을 의미하는 지명이다.

13세기 마르코 폴로가 이곳을 여행할 때만 해도 이곳은 불교를 믿는 고장이며 기독교도와 이슬람이 공존하며 사이 좋게 살았던 곳이라는 것을 말해주고 있다. 실크로드는 동서 문화와 문물은 물론 영

화염산에서 긴 여행으로 지쳐 있던 필자가 포즈를 취했다.

향력 있는 다양한 종교가 교류되고 흥망성쇠를 되풀이하는 과정을 겪었다는 것을 말해주는 많은 유산과 유물들이 남겨진 사

막의 교통로임을 입증해주고 있는 것이다.

천불동 계곡일대는 휘안산(火焰山 화염산)으로 투르판 분지 북단의 동서에 걸쳐 100㎞에 이르고 제일 넓은 곳의 폭이 10㎞에 이른다. 이곳 사람들은 '쿠즈로타고'라고 부르는데 위구르어로 빨간 산이라는 뜻이다. 평균 해발 500m에 이르며 최고봉은 851m정도의 고지이다. 천불동 계곡 아래로 늘어선 포플러 숲 사이로 붉은 황톳물이 흐르는 소리를 들으니 이곳에 사람이 살았던 것을 겨우 실감할 수 있었다.

휘안산 일대는 풀 한 포기 자라지 않고 새 한 마리 날아다니지 않는 곳이다. 한 여름에는 아주 무덥기 때문에 연기가 나고 검붉은 산이 날아다니는 용처럼 웅장하다. 태양열에 이글거리는 휘안산을 뒤로하고 계곡 석굴에서 해탈을 염원하며 수도를 하였던 스님들의 모습을 생각하니 가슴이 에이어온다. 수많은 수도자들이 종교가 다르다는 이유로 박해와 학살을 당하였던 흔적들을 바라보면서 종교와 인간의 관계를 다시 생각해 보게 된다. 토굴 한 켠에서 구도의 세계를 염원하며 죽어간 옛 선인들을 생각하며 삼배를 올렸다.

아소카 대왕의 아말라카 스토파(탑)

계원사 가람 쪽에 큰 탑이 세워진 유래를 현장은 대당서역기에서 기술하고 있다. 이 탑은 기원전 273년 마우리 왕조의 아소카 왕이 즉위하여 탁실라와 카슈미르를 포함한 넓은 영토를 다스리게 되었을 때, 지어진 건축물이다.

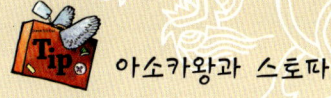 **아소카왕과 스토파**

아소카왕이 병들어 죽음이 가까워오는 것을 느끼고 진기한 보물들을 희사함으로써 선업을 쌓는 공양을 하려고 했다. 그러나 권력 있는 가신이나 주변 신하들이 왕의 뜻을 반대했다.

식사 때 인도의 약용 과실인 아말라카를 먹지 않고 손으로 만지작거렸더니 형태가 거의 망가졌다. 왕은 과실을 손에 쥐고 가신들에게 물었다.

"잠주부의 주인은 지금 누구인가?"

가신들은 "오직 대왕뿐입니다."라고 대답했다.

왕은 "그렇지 않다. 나는 지금 주인이 아니다. 오직 이 반쪽 과실만이 뜻대로 될 뿐이다. 아, 세상의 부귀라고 하는 것은 그 덧없음이 바람 앞의 등불보다 더 하구나. 자리는 천하의 최고이고 이름은 대왕이라 하여 높지만 임종에 있어서는 물건이 궁핍하고 강력한 가신들에 눌려 있구나. 천하는 내 것이 아니고 반쪽 과실만이 내 것으로 여기 있을 뿐이구나"라고 말했다.

그런 다음 측근에게 명하여 "이 절반의 과실을 가지고 계원사(鷄園寺)로 가서 스님들에게 시주물로 내되 '옛날 전 잠주부의 주인이며 지금은 오직 반쪽 아말라카밖에 없는 왕이 대덕(大德) 승도 앞에 예배드리면서 마지막 시주물을 받아주시도록 바라는 바입니다. 몸에 지닌 것은 없고 이 반과만이 겨우 자유로울 뿐입니다. 나의 궁핍함을 가긍히 여겨 복덕의 자량(資糧)을 더 하게 해주시기를 바랍니다'라고 말하도록 하라고 했다.

신하들의 얘기를 전해들은 승도 중의 상좌승은 아소카 왕이 천하에 불법을 편 공덕을 생각하고 왕의 뜻을 받들었다. 반쪽 과일을 국솥에 끈으로 묶어 넣어 삶은 다음 그 과핵을 수장하여 수토파(탑)를 세웠다. 대왕의 은혜를 입고 있었기 때문에 대왕의 뜻대로 유언을 지켰다.

기원전 3세기 인도 마우리 왕조의 3대 아소카왕은 인도 전역을 통일하고 불교를 전파했다.

아소카 왕은 유난히 참혹한 정복전쟁을 치른 뒤 불교에 귀의하여 백성을 개종시키는데 평생을 바쳤다. 또한 종교적 관용과 약초 재배, 인간과 동물을 위한 병원 건립을 강력하게 권하는 내용의 조칙을 현지어로 새긴 비석을 여러 나라 곳곳에 세웠다. 그는 갠지스강 유역에 봉안된 석가모니 사리를 발굴해서 왕국의 주요 지역에 배분했고 불교를 공식적으로 전파한 최초의 대왕이다. 아말라카 스토파는 그러므로 아소카왕의 업적과 불심을 기리기 위해 건축된 탑이었다.

실크로드상의 불교 전파

기원전 6세기 오늘의 인도 동북부의 일우—隅에서 발생한 불교는 기원전 3세기 마우리아 왕조 제 3대 아소카왕의 불교 포교단이 스리랑카, 미얀마, 시리아, 이집트, 마케도니아, 그리스, 북아프리카 등 유라시아와 아프리카 3대륙 여러 곳에 공식적으로 불교 포교단을 파견하여 북인도의 지방종교인 불교를 세계종교로 격상시켰다. 아소카 왕의 포교로 현재 스리랑카인 실론은 최초의 불교전파지인 동시에 소승불교를 기반으로 한 남방불교권의 중심지가 됐다.

기원전 3세기에 실론에 대한 포교를 기점으로 전파된 불교는 기원후 9세기 경 서아시아를 제외한 대부분의 아시아 지역을 망라함으로써 명실상부한 범 아시아적 종교가 됐다.

1천여 년에 걸쳐 전파한 불교를 몇 단계로 나누어 보면 제 1기 초전

단계로서 기원전 3세기 마우리아 왕조의 아소카 왕이 실론을 비롯한 3대륙 여러 곳에 정식 포교단을 파견해 전파한 시기를 들 수 있다.

제 2기는 기원전 1세기 무렵부터 서역지방을 거쳐 동북아시아 지역으로 확산된 시기로 대승불교의 출현과 더불어 주로 오아시스 육로를 통해 파미르 고원을 중심으로 한 서역 일원으로 북상한 후 동전東轉하여 중국이나 한국, 일본까지 전파하여 최대의 동북아 불교권을 이루었다.

제 3기는 기원후 7~9세기 경 실론과 가까운 동남아시아 지역에서는 5세기부터 소승불교를 받아들인 후 이를 바탕으로 7~8세기경에는 타이와 캄보디아, 라오스, 말레이 반도, 그리고 멀리 자바섬에까지 불교가 동남아시아에 전파된 시기를 말 할 수 있다.

제 4기는 9세기 이후 불교가 티베트와 네팔 등 히말라야 오지로 유입된 시기이다. 인도불교가 쇠퇴하면서 그 구제책의 일환으로 출현한 밀교의 실험장이 바로 티베트와 네팔 등 히말라야 산맥 일원 이었다.

이와 같이 불교가 범아시아적인 종교로 확산된 것은 계급과 신분적 차별을 극심하게 강요하는 브라만교의 질곡과 관습을 깨고 만민평등 사상을 제창하면서 하층민을 포함한 모든 중생이 중도中道를 따르면 누구나 구원을 받으며 열반에 도달할 수 있다는 보편타당한 교리를 들 수 있다.

다음으로 불교의 전파를 수용하게 된 객관적 요인은 중국을 비롯한 유교문화권 나라들에서 현실정치나 윤리도덕의 치법治法에만 치중하는 유교나 유학이 안고 있는 한계성 때문이다. 유교만으로는 복잡한 현실을 제대로 설명하고 다스릴 수 없음은 물론 미래 세계에 대한 비전도 제시할 수 없었다.

이와 같은 공백을 채워줄 새로운 사상과 종교의 출현이 절박한 시대적 요청에 직면하고 있었다. 이런 시기에 업보와 윤회사상에 바탕을 둔 불교가 인간과 사회 제반 문제에 대한 나름의 해석과 궁극적 해결책을 제시함으로써 시대적 요청에 부응하게 됐다.

4세기 초에 건립된 인도의 굽타 왕조(320~520)는 복고적인 브라만 보호정책을 추구함으로써 불교에 타격을 가했고 이를 계기로 힌두교가 불교를 압도하기 시작하여 불교는 점차 힌두교에 흡수되어갔다. 이것이 이른바 불교의 힌두화이다. 이와 더불어 7세기경에 흥기한 밀교는 원시불교의 변질을 가져왔고 이즈음부터 시작된 이슬람교의 동점東漸은 큰 외압으로 작용했다. 이와 같은 흡수와 변질, 외압으로 인해 9세기경부터 발생지인 인도에서 점차 쇠퇴했고 13세기 초에는 마침내 인도에서 거의 자취를 감추게 됐다.

불교의 전파는 기독교나 이슬람교 같은 보편종교의 전파와 비교할 때 과정이나 결과에서 일련의 특징을 보이고 있다.

첫 번째로 당초부터 분파권적分派圈的으로 전파됐다. 기원전 3세기 실론 전파를 기점으로 동남아시아 지역에 전파된 것은 시종 소승불교였다. 기원전 1세기를 전후로 서역과 동북아시아 일대에 전파된 것은 대승불교였다. 이러한 초기단계의 분파권적 전파로 오늘날까지도 크게 남방 불교권과 북방불교권으로 나뉘어진다.(정수일.씰크로드학)

두 번째 특징으로는 강한 변용성變容性이다. 불교는 인도문화를 대동하고 침투하여 침투지의 사회문화에 큰 영향을 미치면서 그 사회의 변화를 일으키는 한편 자신도 전파지의 사회문화에 영합. 순응하면서 스스로를 변화시켜 영합적인 종합문화를 창출하여 거의 토착화된 양상을 보여주었다.

마지막으로 전파의 방도가 평화적이라는 점이다. 불교는 처음부터 살생이나 전쟁에 의한 전파란 금물이며 실제로 불교사에 전파를 위한 성전 같은 것은 찾아볼 수 없다. 이러한 평화적인 전도로 인해 피정복지의 위정자들로부터 쉽게 비호를 받을 수 있었다.

인류역사상 헤아릴 수 없을 만큼 수많은 종교가 출몰하였지만 오랜 생명력을 유지하면서 하나의 종교문화권을 이룬 종교는 얼마 되지 않는다. 더욱이 불교는 인도를 떠나 타국에서 변형과 발전을 거듭하면서 발전했다. 오늘날 세계 3대 종교로 자리를 잡을 수 있었던 생명력도 이러한 평화적이고 전파지역에 순응하는 능력과 인류를 사랑하는 보편적이며 절대평등의 정신을 가지고 있었기 때문이다.

소설 서유기의 무대 훠얀산(火焰山 화염산)

천불동 입구 광장에는 명대의 작가 오승은吳承恩이 지은 소설 서유기西遊記에 등장하는 인물들을 조각해 놓았다. 삼장법사 현장이 제자인 손오공과 사오정, 저팔개를 데리고 서역으로 가던 중 바로 이곳을 지날 무렵 불산이 가로 막아 더 이상 갈 수 없을 때 손오공이 꾀를 내어 휘얀산의 불길을 끄고 비를 내리게 할 수 있는 요괴 마찰녀와 그녀의 남편 우마 왕을 물리치고 삼장법사를 무사히 모시고 이곳을 통과하였다는 흥미진진한 소설의 무대가 바로 이곳이다.

휘얀산 정상으로 뻗어 있는 낙타 길로 세 사람이 개미처럼 걸어 올라가는 모습이 눈에 띄었다. 가만히 서 있어도 숨이 막히는 영상 45도 이상 되는 열기다. 사막의 후끈거리는 열기는 마치 사우나에 들어가는 기분이다. 휘얀산을 배경으로 올라가는 세 사람의 모습을 카메라에 담을 수 있는 행운을 얻었다. 그것은 한 폭의 그림과 같은 보기 드문 장면이다.

천불동에서 20여 분 채 안 되는 도로를 달려 길 옆 작은 광장에 내렸다. 화염산火焰山이란 비석 앞에는 많은 관광객들이 모여 기념사진을 찍고 있다. 비석 뒤편으론 붉은 휘얀산의 주름진 산골짜기가 겹겹이 흘러 내려 태양열에 불타고 있다. 산이 푸르다는 생각은 사막에서는 생각하기조차 어려운 개념이다. 실크로드에서 산에 대한 고정관념이 깨어졌다. 이곳에서 자란 아이들은 산의 색깔이 붉고 메마른 황토색깔로 각인되어 있을 것이다. 강원도 태백시 탄광촌 아이들이 시냇물의 색깔을 석탄 물로 칠했듯이 고정관념은 깨어지기 위해 존재하는 것인가 보다.

우리 일행을 더욱더 놀라게 한 것은 봉고차 기사 아저씨가 사우나탕처럼 이글거리는 날씨에도 내복을 입고 있었기 때문이다. 덥지 않느냐고 신기한 듯 물었더니 약간 더울 뿐이라고 하면서 아무리 더워도 땀을 잘 흘리지 않는다는 그의 대답에 할 말을 잃고 말았다.

영상 45도를 웃도는 무더운 사막에서 바지 안에 내복을 입고 있는

것이 더 편하다는 별난 사람도 있는 것을 보면 세상은 다채롭고 재미
있는 곳이라고 생각됐다.

　두 군데의 휘안산을 답사하고 투르판의 푸타오고우(葡萄溝 포도구)로 향
했다. 30여분 달려 물이 흐르는 계곡으로 접어들었다. 언덕으로 접어
들자 포도밭 옆으로 특이한 벽돌집들이 나타났다. 구멍이 뻥뻥 뚫린
이 벽돌집은 포도를 말리는 건조장이라고 했다. 이런 창고들은 이 지
방 어디서든지 쉽게 볼 수 있다. 농부들이 직접 점토를 이겨서 만든
벽돌로 두 개의 벽돌사이에 약간의 공간을 둔 채 지그재그로 쌓는 방
식이 매우 독특했다. 이러한 방식은 건조한 공기가 창고 안으로 쉼 없
이 순환할 수 있도록 하기 위해서라고 한다. 포도가 생산되면 벽돌과

▶ 사우나에 들어가는 것처럼 뜨거운 열기를 내뿜는 화염산

벽돌 사이의 구멍에 막대기를 걸어 포도를 말린다고 하는데 1개월 정도면 옅은 녹색의 건포도가 된다고 한다.

이 지역의 연간 강수량이 17㎜로 중국에서 가장 건조한 곳이며 '화로'라는 별칭을 들을 정도로 중국에서 가장 더운 지역이다. 투르판이 이렇게 더운 이유는 주변을 둘러싸고 있는 산들이 아주 작은 바람이라도 부는 것을 차단했을 뿐 아니라 이스라엘의 사해死海 다음으로 세상에서 가장 낮은 저지대이기 때문이다.

가오창구청의 남쪽에 위치한 염호鹽湖인 아이딩호(艾丁湖 애정호)는 거의 말라버린 상태이며 해수면보다 154m낮다. 건조한 사막의 기후에 뜨거운 일조량으로 인해 투르판 포도는 세계에서 가장 당도가 높고 맛있는 포도 중의 하나로 손꼽힌다.

투르판 근처의 아스타나Astana고분에서 발견된 벽화에는 고대 가오창국 시대를 배경으로 한 포도문양의 그림이 선명한 빛깔로 남아 있어 투르판의 포도 경작은 1천년의 역사가 되었음을 예측해 볼 수 있다. 페르시아에서 아랍인들이 재배하던 포도가 실크로드를 타고 대륙에 들어와 투르판에 정착하게 됐다.

당나라 때 장안 사람들이 주연을 장식할 정도로 기호품이었고 시인 묵객들이 글을 짓고 노래를 했을 만큼 유명세를 떨치던 과일이었다. 장건이 황제에게 보고한 페르가나의 천마와 더불어 중국에 들여온 가장 유명한 식물인 명마의 사료인 겨여목과 중국 부유층에 상당한 인기를 모았던 포도였다.

만리길 지하 인공수로 카레즈

  신장성은 세계최대의 사막인 타클라마칸 사막을 가운데 두고 북쪽은 하미와 투르판, 우루무치로 이어지고 동쪽은 누란과 케르첸, 호탕 카슈갈이로 이어지는 오아시스 도시가 자리 잡고 있다. 메마르고 건조한 사막의 오아시스는 훠얀산 북쪽 천산 산맥의 만년설에서 흘러내리는 물이 땅속으로 스며서 흐르는 물을 인공으로 여러 개의 수직우물을 파 땅속으로 연결시켜 지하 수로를 만들었다. 수로를 통해 천리를 끌고 이곳까지 와서 인공 오아시스를 만들고 인공 냇물을 만들어 몇 십리씩 포도원을 조성하여 농사를 짓게 만든 것이 카레즈다.

  카레즈의 역사는 일반적으로 이슬람 세력이 이곳에 들어온 11세기 경(지금의 이란 왕국)부터 전해졌다고 알려지고 있다. 카레즈_{karez}가 지하로 되어 있는 것은 뜨거운 태양열과 사막의 지열로 인한 물의 증발을 최대한 막기 위한 방책이다. 부득이 육로로 만들 수밖에 없을 경우에는 물 한 방울의 누수라도 방지하기 위해 물밑 바닥을 벽돌로 쌓고 콘크리트로 손질해 놓았다. 웅장한 지하 강인 카레즈(坎兒井 감아정)는

타클라마칸 사막의 산들은 메마르고 험준하여 인간의 접근을 쉬 허락하지 않는다.

메마른 사막을 농토로 바꾸는데 결정적인 역할을 했다. 카레즈는 중국 동서를 관통하는 만리장성과 남북을 연결하는 대운하와 더불어 중국 고대 3대 대공사 가운데 하나로 인간이 보여줄 수 있는 위대한 지하 수리공사이다. 통계에 의하면 투르판 분지의 카레즈는 1,237개가 있으며 현재 실제로 사용하고 있는 것은 853개이고 총길이가 5,000㎞가 넘으며 물량은 초당 10㎥이다. 제일 깊은 것은 90m 이상이고 길이는 보통 3~8㎞이며 제일 긴 것은 10㎞이상이다. 지상에 만리장성이 있다면 지하엔 만리 카레즈가 지하수로를 따라 실핏줄처럼 사막의 땅속을 흘러가고 있다.

천산의 물 향기로 가슴을 적시며 구약성서에서 모세가 약속한 젖과 꿀이 흐르는 가나안이란 곳이 바로 이런 지역이 아닐까 상상해 보았다. 투르판의 포도농원 계곡이야말로 천산의 유리알 같은 맑은 물과 끝없이 펼쳐진 푸른 포도밭으로 오아시스의 낙원 같다.

수공타

투르판 포도농원의 향기

　입구에 들어서면 계곡을 덮고 있는 포도밭엔 포도송이가 탐스럽게 달려있다. 수 백 가지의 건포도를 파는 노점상들이 늘어서 있는 길 좌우 포도 숲 아래의 식당에서 흥겨운 아랍풍의 노래 가락이 흘러나오고 있다.

포도넝쿨 아래 귀엽고 앙증스러운 위구르 소녀 아이가 아버지가 켜는 악기 소리에 맞추어 춤을 추는 식당에서 점심을 먹었다. 서비스로 나온 포도송이를 입안에 넣으니 달콤한 향기가 입안을 감돌았다. 지금까지 맛본 어떤 포도에서도 느낄 수 없었던 그런 당도와 맛을 가지고 있다. "아 바로 이 맛이 투르판 포도에

서 느낄 수 있는 그런 맛이구나" 하는 감탄사가 절로 나온다. 지금도 그 맛을 잊지 못하고 있다. 카자흐스탄 알마티에서 같은 종류의 포도를 맛보았을 때 차이가 너무 많이 나서 포도를 다 먹지 않은 적도 있었다. 양고기를 넣어 만든 신장 식 볶음밥은 담백하여 입맛에 맞았다. 한쪽들이 먹는 음식은 느글거려 먹기 힘들지만 유목민족인 하사크족이나 위구르족들의 음식은 우리 입맛에 비교적 맞는 편이다. 실크로드에 접어들면서 음식으로 인한 고통은 별로 느끼지 못했다.

　식사를 마치고 계곡 아래로 난 계단을 따라 내려가니 하늘색 빛의 맑은 인공연못이 나타났다. 주변 일대엔 여러 종류의 건포도를 팔고 있다. 계곡 입구에서부터 골짜기 전부가 포도밭이다. 계곡 맞은편은 비가 내리면 줄줄 흘러내릴 것 같은 푸석푸석한 암벽 산이 앞을 가로막고 강기슭엔 높이 자란 포플러 숲이 늘어서 있어 사막 계곡의 독특한 풍경을 자아내고 있다.

　맑고 투명한 천산 산맥의 물이 계곡을 따라 흘러가는 모습을 보면 사막의 오아시스가 하나의 신기루처럼 다가와 끝없는 상상력을 자극하고 있다. 한 모금의 물과 한 송이의 포도로 천산과 투르판의 향기를 가슴에 담아볼 수 있는 곳이다.

포도농원에서 즐거운 시간을 보내고 수공타(蘇公塔 소공탑)로 향했다. 수공타는 투르판시 동부 교구 2㎞지점에 위치하며 신장에 남아 있는 제일 큰 고대 탑이다. 높이가 44m, 내부 계단이 72개나 되는 이 탑은 흙벽돌을 원주식으로 쌓아 올려 끝이 점점 가늘어지며 하늘로 치솟는 모습을 하고 있어 기하학적인 조형미가 돋보였다.

수공타는 이곳이 회교지역이라는 상징적 의미를 가지고 있다. 1779 년 청나라의 유명한 장군인 투르판 왕 으민허주어(額敏和卓 액민화탁)의 둘째 아들인 수래민(蘇來疊)이 아버지의 행적을 기념하고 청나라에 대한 충성을 표시하기 위하여 스스로 7,000량兩의 백금을 내어 건설한 탑이다.

투르판인들은 돈을 좋아한다는 운전기사의 말처럼 사원을 입장하는데 20위안을 내야하니 들어가기를 포기하는 일행들이 대다수였다. 먼발치에서 사원을 바라보며 사진을 찍으며 수공타를 떠났다.

그 다음 코스로 찾은 곳은 투르판 칼징 민속원이다. 이곳은 칼징과 관련된 일종의 박물관으로 물을 천산에서 끌어들이는 수로의 모형과 조감도를 보여주며 안내원이 설명을 해 주고 있다. 투르판시의 30% 가 칼징으로 물을 공급받고 있다고 한다.

설명을 들은 후 땅속으로 터널을 뚫고 수로를 만든 칼징을 따라 발을 담그고 걸으면서 시원한 천산의 물길을 음미해 보았다. 위그루족 집으로 들어가 구경하고 사진을 촬영하는데 5위안에서 50위안까지 다양했다. 천산의 맑은 물을 배경으로 예쁜 위구르 처녀들이 돈을 받고 사진을 함께 찍어주고 있다. 예쁜 미소와 화려한 의상이 매우 정겨웠다. 포도넝쿨 아래 늘어선 건포도와 선물가게 코너를 돌면서 손에 닿는 포도송이를 따서 투르판의 정취를 한껏 음미해 보았다.

천연요새 지오허구청(交河古城 교하고성)

　민속원에서 10여 분 달려 지오허구청交河古城에 도착했다. 지오허구청의 문물진열관에는 전한시대 차사왕국(車師王國, BC 108~AD 450)의 수도로 석기와 석구, 그릇, 도자기, 토기 등을 전시하고 있다. 문물진열관을 나오니 살인적인 더위가 기다리고 있다.

　냇물이 만난다는 뜻의 교하交河라는 곳엔 실제로 맑은 냇물이 흐르고 있었다. 다리를 건너면 양쪽 냇가에서 조금 떨어진 벼랑위로 고성의 흔적들이 나타나기 시작했다. 전체가 절벽으로 둘러싸인 고성은 남북이 1,600m, 동서의 폭이 300m되는 작은 언덕 산이다. 다양한 형태로 남아 있는 진흙성벽의 잔해를 바라보며 수도승 같은 기분으로 언덕으로 나 있는 도로를 따라 걸었다. 야트막한 산정을 중심으로 수천 년 풍파에 시달린 성벽잔해들이 사방으로 흩어져 따가운 햇살에 누워 있다. 성벽 지하 굴을 나오면 눈앞에 펼쳐진 성안 구조물들이 비바람에 녹아내린 듯한 몸짓으로 숨을 죽이고 있다. 살을 뚫는 듯한 직사광선을 쪼이니 체감온도가 50도 쯤은 되는 것 같다. 성벽 양쪽으로

지오허구청 유적지

늘어서 있는 중앙도로에 나서서 앞을 보면 아직도 많은 성채의 잔해가 남아 있는 것을 볼 수 있다. 천 년의 비바람에 씻긴 기묘한 성벽의

▶ 지오허구청

형상들이 좌우에 촘촘히 늘어선 모습을 보면 세월의 무상함과 인생의 덧없음을 온몸으로 말해주고 있다. 같이 왔던 일행들은 더위에 지쳤는지 보이지 않았다. 고대 성곽의 흔적을 따라 홀로 걷는 기분은 잃어버린 왕국의 미로 속에 빠져 잊혀져간 자신의 흔적을 더듬는 기분에 젖게 한다.

북쪽 중심가에 위치한 높이 10m의 대불사大佛寺 잔해와 옛 종루 터를 돌아 건물벽면이 상당히 많이 보존된 북쪽 끝으로 나오면 서북소사西北小寺란 옛 절터를 만나게 된다. 기원전 4~5세기에 건축했고 10세기경에 재건축을 하였으나 지금은 수없이 갈라진 성체의 잔해와 세월이 남기고 간 흔적을 말없이 전해주고 있다.

흐르는 땀방울을 훔치며 지나온 길을 되돌아보니 우측으로는 풀 한 포기 자라지 않는 검은 빛 민둥산이 에워싸고 좌측으로는 푸른 숲이 우거져 있어 기묘한 극적 분위기를 연출하고 있다. 우측 계곡이 끝나는 지점에 와서야 비로소 진흙으로 갈라진 커다란 계곡이 있는 것을 발견할 수 있었다.

계곡 아래에는 옥수수 밭과 농작물들이 경작되고 맑은 물이 흐르는

소리를 들을 수 있어 신기루를 보는 것 같았다. 계곡 저 아래엔 새들이 지저귀고 농부들이 밭을 매고 있다. 물가엔 키 큰 포플러나무가 좌우로 가지런히 늘어서 있다.

인적이 없는 황량하고 텅 빈 성터자락에서 먼 발치에서 기웃거리는 그림자를 보고 반가움에 이리와 보라고 손짓을 했다. 고성 입구에서 함께 출발했던 일본인 나쓰코와 고토네 두 아가씨였다. 나쓰코는 사막을 무척 좋아해서 둔황의 밍사산을 세 번이나 가고도 부족하여 다시 가고 싶어 해서 동행한 고토네를 무척 마음 고생하게 만들었다는 특이한 여성이다. 사막의 여인 나쓰코와 친구 고토네 만이 마지막 서북사원까지 온 유일한 사람들이다. 반가움에 일본인 여대생들에게 계곡을 발견한 장소를 가르쳐 주고 사진 찍기 가장 좋은 장소를 알려주었다. 작열하는 햇살에 지쳐 모두 돌아갔는데 유독 두 여대생만은 끝까지 답사하는 열의를 보여 매우 감동을 받았다. 둔황에서 만난 적이 있는 사막을 좋아하는 일본인 여대생을 고성의 마지막 벼랑 끝에서 또 다시 만났으니 그녀들이 취한 포즈를 향해 두 번씩이나 셔터를 눌러주어도 기분이 매우 좋았다.

더위에 지쳐 이곳까지 오지 않았다면 고성을 이곳에 세운 이유를 알 수 없었을 것이다. 고성을 둘러싸고 양쪽으로 하천이 흐르고 적으로부터의 공격이나 방어에 유리한 암벽 계곡은 천혜의 조건을 갖춘 하나의 요새로서 군사적 요충지의 역할을 하고 있는 지형이다. 고성은 하천을 헤치며 질주하는 거대한 함선을 연상시키는 그런 모형과 지형을 가지고 있다.

텐산天山이 숨쉬고 있는
우루무치(烏魯木齊 조노목제)

★우루무치

　　　　　　　　　　새벽인데도 밖은 후끈 달아오른 날
씨다. 투르판의 여름 날씨가 42~43도를 오르내리는 것이 보통이니
여기에다 우리나라처럼 습기가 많다면 견디기 힘들었을 것이다. 첫
버스가 7시 30분 행이어서 서둘러야 했다(26위안). 이곳에서 매 30분
마다 버스 편이 있고 우루무치까지는 3시간 정도 소요되며 교통편은
좋은 편이다. 끝없이 펼쳐진 사막벌판으로 시원스레 뻗은 4차선 고속
도로를 달리는 기분은 퍽 인상적이다. 검게 장막을 친 천산산맥과 검
은 사막들판을 보면서 피로 탓인지 깊은 잠에 빠졌다. 눈을 뜨니 어느
새 우루무치에 도착해 있다.

　천산의 천지天池에서 하루 밤 묵고 싶어 천지 행 버스표를 살리려고 했
더니 아침 9시 30분 차 밖에 없었다. 중국은행CHINA BANK에서 예금을

인출했다. 생각보다 비용이 많이 소요되었고 준비해간 돈이 모자랐기 때문이다. 중국에서는 돈을 환전하거나 외국에서 사용할 수 있는 비자 카드 등은 중국 중앙은행에서만큼은 여권이 있으면 인출이 가능했다.

우루무치 기차역에서 가까운 신장반점新疆飯店에 여장을 풀었다. 16~40위안정도면 숙박이 가능한 호텔로 배낭족들이 많이 모이는 곳이다. 우루무치 TV는 위구르어나 위구르어 자막 방송이 나가고 있어 중국 본토와는 퍽 다른 분위기를 느끼게 했다.

점심을 먹고 우루무치 시내를 구경했다. 사막 한가운데 고층빌딩과 사람들로 붐비는 이렇게 큰 도시가 있으리라고는 상상하지 못했다. 인구 천구백 만 신장자치구의 성도로서 가장 크고 번화한 도시다. 주변의 백화점에 들려 우리나라 컵 라면을 찾았으나 봉지라면 밖에 없었다. 이제는 중국의 대도시에 도착하면 비상식량으로 신라면과 햄버거와 초코파이를 제일 먼저 찾게 된다. 기차여행에서 비상식량으로 사용하기에는 가장 편리하고 입맛에 맞기 때문이다. 중국의 컵라면은 값은 싸지만 아직까지 우리의 라면 맛 보다는 못하고 먹고 나서도 개운치 않기 때문이다. 중국의 대도시에 진출해 있는 한국의 신라면 덕분에 중국여행에서 많은 도움을 받았다. 그러나 우루무치에는 맥도널드 햄버거 가게나 KFC 같은 미국 체인점 가게를 거의 볼 수가 없다. 중국전역의 대도시에 햄버거나 KFC 가게가 우후죽순처럼 생겨나 성업을 이루고 있는 것과는 정반대이다.

그것은 이 지역이 회교를 믿는 이슬람 문화를 가지고 있으며 돼지고기를 먹지 않고 주로 양고기를 먹는 종교적 이유에서 기인한 것 같다. 햄버거로 대표되는 미국의 음식이 이슬람 문화권에서는 전혀 위

이슬람의 식문화

"믿는 자들이여, 하나님께서 너희에게 부여한 양식 중 좋은 것은 먹되 하나님께 감사하고 그 분만을 경배하라. 죽은 고기와 피와 돼지고기를 먹지 마라. 그러나 고의가 아니고 어쩔 수 없이 먹을 경우에는 죄악이 아니라 했으니 하나님은 진실로 관용과 자비로 충만하신 분이니라"(꾸란 2장 172~173절).

이슬람 문화권에선 고기를 함부로 먹지 않는다. 선지자 무함마드가 하디스에서 뾰족한 엄니나 독치를 가진 동물과 날카로운 발톱을 지닌 맹수, 그리고 독수리, 송골매 등의 조류를 먹어서는 안 될 동물로 규정해 놓았기 때문이다. 결국 양과 소, 염소, 낙타 등과 같은 초식동물을 인간이 먹을 수 있도록 한정해 놓았다. 식용으로 허용된 동물이라 하더라도 하나님의 이름으로 기도를 드리고 잡지 않은 고기는 먹을 수 없도록 규정하고 있다.

금지한 동물이 아니더라도 회교도들이 먹는 고기음식은 모두 알라신의 이름으로 기도하고 잡지 않으면 먹을 수 없기 때문에 햄버거나 KFC가 아랍문화에서 통용되기는 거의 어려운 점이다. 중국대륙을 여행하면서 미국의 햄버거나 KFC가 너무 번창하여 전 세계인의 입맛을 사로잡을 것이라는 우려는 기우에 지나지 않음을 이곳에서 실감할 수 있다.

력을 발휘하지 못하고 있는 현장을 이곳 우루무치에서 실감할 수 있었다.

하사크 족의 마을 난산(南山 남산)목장

우루무치는 '아름다운 목장'이라는 뜻을 가진 말이다. 난산은 천산산맥 북쪽 자락에 펼쳐진 목장지대로 우루무치에서 약 7㎞ 떨어진 하사크 족들이 사는 목장지대다. 개인 여행은 정기노선이 없어 호텔 1층에 있는 여행사에다 1일 패키지여행을 신청했다

오전 9시 30분까지 호텔 앞에 모여 일행이 다 도착하자 버스 한 대로 출발했다. 시외를 벗어나 4차선 고속도로를 진입하자 변두리의 가옥과 돌과 자갈 무더기들이 눈에 띄었다. 특히 땅 속에 무진장 깔린 자갈밭을 보니 한 때는 이곳이 큰 강이 흐르던 곳이라는 것을 추정해 볼 수 있었다.

타클라마칸 고속도로는 공식적으로 312번 고속도로였다. 시원하게 뚫려있는 도로는 사막을 522㎞ 길이로 횡단하여 쿤룬산맥과 천산산맥을 연결해 주고 있다. 고속도로 대부분은 호탄강의 메마른 하상을 따라 죽 이어져 있다. 중국은 3년간의 공사 끝에 세계에서 가장 긴 사막도로를 건설하여 호탄에서 우루무치까지의 거리를 500㎞ 정도 단축시켰다.

30분쯤 달리자 초원의 짧은 풀과 넓은 들판엔 양떼들이 풀을 뜯고 있다. 들판엔 누렇게 익어 가는 밀 이삭과 농작물들이 자라고 있다. 계곡에 접어들자 하천에 맑은 물이 흐르고 작은 마을 토담집들이 도

로변에 나타났다 사라지곤 한다. 1시간 30분쯤 달려 백양구 여유구에
도착했다. 매표소 입구에 도착하자 수십 대의 차량들이 주차장에 대
기하고 있다.

공원 저 멀리에는 설악산 산모퉁이를 하나 옮겨 놓은 듯한 암벽 산
과 맞은 편 울창한 산림 이 대조를 이루어 중국적인 산악지형과는 전
혀 다른 모습을 하고 있다. 암벽 사이로 늘어선 나무들과 수로를 따
라 흐르는 맑은 계곡 물을 보니 마음이 저절로 시원해지고 여독이 물
길 따라 내 몸을 빠져나가는 것 같다. 계곡의 작은 바위들의 색깔이
검은 색을 띠고 있지만 물빛은 중국의 여느 지역보다 훨씬 더 맑고 깨
끗했다. 천산에서 흐르는 물이 뼈 속까지 시리게 차가웠다. 계곡 안

산림 속을 걷노라면 말을 탄 관광객들이 줄을 이어 달리고 있다. 암벽산과 소나무 숲이 우거진 골짜기를 따라 쉼 없이 이어지는 말 마차 행렬은 이곳이 중국의 중요 관광지로 자리 잡아 가고 있다는 것을 보여주고 있다. 이곳에는 히말라야 삼나무와 비슷한 끝이 뾰족하고 긴 원통모양의 형태로 자란 소나무가 울창한 원시림처럼 산록을 뒤덮고 있다. 계곡이 만나 합수하여 흐르는 골짜기 입구에 7개의 무지개 색깔을 본떠 만든 신양교新楊橋를 건너면 깎아지른 암벽 산 양 기슭으로 떨어지는 폭포수가 여행의 하이라이트를 장식할 것이다. 바위를 뚫을 듯이 흩뿌리는 물보라가 햇빛에 반사되어 무지개다리를 허공에 수놓고 있다. 사막의 한 가운데 강원도 산골에서 맛 볼 수 있는 그런 경관을 만날 수 있다는 건 뜻밖의 행운이다. 예쁜 하사크족 아가씨들이 폭포를 배경으로 사진 모델을 하고 있는 그녀들의 전통의상을 보면 세계 어느 오지에서도 관광이 생활의 방편으로 활용될 수 있는 가능성을 엿보게 된다.

계곡에서 돌아와 양고기 꼬치구이를 먹었다. 관광지라 그런지 다른 곳 보다 두 배나 비쌌다. 초원에 앉아 산기슭과 들판에 흩어져있는 하사크족 파오들과 방목하는 말들을 지켜보면서 산악지대에 사는 부족들의 이국적인 분위기에 젖어 보았다. 하사크족들이 운영하는 말과 수레가 언덕과 계곡을 끊임없이 누비며 달리고 있어 난산목장은 말을 매개로 한 관광 상품이 주종을 이루고 있다. 사막 한가운데 울창한 산림과 초원, 암벽산과 폭포, 이동식 파오와 말을 가지고 색다른 분위기를 연출하여 관광 상품의 새로운 가치를 창출하고 있는 목장이다.

점심시간이 되어 언덕 위에 있는 하사크족 파오에서 식사를 하게 됐다. 인원이 많아 파오 옆 잔디밭에 긴 탁자를 놓고 앉았다. 초원과 하천과 파오를 배경으로 식사를 하는 것도 매우 흥미로웠다. 점심은 하사크족 식사를 기대하였는데 볶음밥 한가지와 뜨거운 물 뿐이라 양 꼬치구이를 몇 개 더 시켜 먹었다. 하사크족들은 고산지대에 사는 종족이다. 눈매가 아리안 족을 많이 닮은 것 같고 체구는 그리 크지 않다.

난산목장은 하사크족의 여름 주거지인 동시에 관광지로써의 역할을 동시에 하고 있는 곳이다. 파오에서 묵을 수도 있고 말을 타는 재미도 느낄 수 있어 하사크족의 생활상을 체험할 수 있는 아름다운 천연 목장이다. 푸른 하늘을 배경으로 2,000m이상의 고산지역에 사는 하사크족의 목장에서 하루를 보내는 즐거움은 색다른 추억으로 남을 것이다.

에메랄드빛 고요가 잠든 천산天山의 천지天池

어제 이어 난산목장 여행을 진행했던 신장설봉여행사新疆雪蓬旅行社의 천산의 천지 관광에 오늘도 참가하기로 했다. 정기노선 버스표를 구하기도 어려울 뿐만 아니라 중국인들과 함께 참여하는 것이 가격도 저렴하고 훨씬 더 효율적이기 때문이다.

아침 8시 10분 호텔을 출발하여 고속도로를 진입하면서 중간에 신강북상여행사가 모객한 팀들과 합류했다. 어느새 버스 한 대가 꽉 차버렸다. 4차선 고속도로에서 2차선 고속도로로 진입하면서 사막을 벗어나 서서히 산악지대로 진입하기 시작했다. 2시간 30분 정도를 달리

자 천산에서 흘러내리는 풍부한 물길 덕분에
주변의 민둥산과는 달리 계곡 도로 양편은 무
성한 숲과 마을이 이어지고 있다. 세차게 흐르
는 계곡의 물길을 보면서 우루무치가 사막의
한가운데서 대도시로 존재할 수 있는 이유를
이해할 수 있었다.

▶ 천산의 천지를 가리키는 표석

　산록에 풀을 뜯고 있는 평화로운 양떼들과
푸른 하늘을 배경으로 펼쳐지는 초원의 목초
지가 한눈에 들어왔다. 고도가 높아질수록 하
사크족의 파오가 점점 더 많이 띄었다. 2,500m
이상의 고산지대에서 살던 투르판 하사크족들
의 파오를 보면서 문명의 은둔자 같은 그들의 삶의 방식이 호기심을
불러일으켰다. 21세기 첨단산업이 달나라를 거쳐 우주의 광대한 세계
를 향해 눈부신 속도로 질주하는 이 시대에 수천 년 전부터 이어오던
선조들의 삶의 생활방식을 고집하는 그들을 잘 이해할 수가 없었다.
속도와 물량 속에 매몰된 우리들보다 어쩌면 문명을 등지고 조상들이
물려준 방식대로 양떼를 기르며 사는 그들이 더 행복할지도 모른다는
생각도 해 보았다.

　오전 11시가 조금 지나 천지 매표소에 도착했다. 매표소를 통과하
여 하사크족의 삶의 터전인 맑은 계곡과 암벽 바위가 양옆으로 늘어
선 협곡으로 들어섰다. 양떼와 말들과 파오가 계곡을 따라 흩어져 있
다. 차 두 대 정도 겨우 비켜나갈 수 있는 깎아지른 협곡 바위산들을
지나 넓은 주차장이 나타났다. 주차장에서 아래를 굽어보면 주변의

산들을 한눈에 굽어볼 수 있는 확 트인 공간에 케이블카 선탑장이 있다. 이곳에서 천지까지 가는 데는 케이블카와 공원 안에서 운행하는 셔틀버스가 있다. 도로를 따라 오르는 셔틀버스와 케이블카 행렬이 끊임없이 이어지고 있다.

암벽 산과 울창한 송림으로 덮인 원산 숲을 지나 공원 주차장에 도착했다. 주변엔 음식점과 기념품가게들이 들어서 있고 식당 앞에서 위구르 처녀가 흥겨운 음악에 맞추어 춤을 추고 있다. 아가씨의 손동작과 치마 자락이 송림과 암벽 산을 배경으로 한 천산의 분위기를 더욱 이국적으로 몰아넣고 있다. 위구르 처녀가 혼자서 추는 공연은 피로감을 씻어 준다. 수십 미터씩 자라는 원산이라 부르는 울창한 소나무 숲을 지나 천천히 걸어서 천지에 도착했다.

높은 산정으로 둘러싸인 에메랄드빛 천지가 서서히 눈앞에 펼쳐졌다. 하늘을 찌를 듯이 늘어선 원산 숲과 구름을 이마에 드리운 천산의 고봉들이 호수주변을 겹겹이 에워싸 가슴에 품고 있다. 푸른 초지로 뒤덮인 산 능선과 암벽 골짜기, 호수를 가르는 유람선과 하늘을 맴도는 구름들이 사막 한 가운데 신선이 사는 계곡처럼 느껴지게 했다.

호수를 가르는 잔 물살만이 천지의 정적을 깨우고 있다. 유람선 선탑장 주변에는 하사크족의 화려한 전통의상을 한 아가씨들이 호숫가에서 포즈를 취하며 관광객들을 맞이하고 있다. 천지 언덕 위 파오들이 점점이 군락을 이루고 있다. 10여일 이상 메마르고 황량한 사막 들판만 보다가 푸른 물결로 가득한 천산의 천지를 보니 형용키 어려운 감회가 밀려왔다.

천지天池는 천산天山산맥의 두 번째 높은 봉우리인 해발 5,445m인 보고타(博格達峰 박격달봉)봉의 뒤쪽에 위치한 호수이다. 해발 1,910m의 산 중턱에 위치한 천지는 남북 4.3㎞와 폭 1.5㎞, 수심 100m로 백두산 천지보다 작은 호수이다. 이곳의 천지는 분화구에 고인 백두산 천지와는 달리 천산의 만년설이 녹아 흘러내린 물이 고여 만들어진 호수이다. 우루무치에서 동쪽으로 약 115㎞ 떨어진 거리로 버스로 2시간 30분 정도 소요된다. 한 여름의 작열하는 태양 아래서 보고타봉을 위시한 천산의 고봉들이 만년설을 머리에 이고 천지를 바라보는 모습은 마치 알프스 산록에 위치한 맑고 그윽한 호수를 바라보는 느낌이다. 알프스의 호수들이 넓고 푸른 유럽대륙 들판 위에 우뚝 솟은 산록에 고여 있다면 천지는 사막 한가운데 천산의 산허리를 적시는 생명의 젖줄인 오아시스의 보고이다. 천지의 푸른 물결을 보면서 비로소 사막의 갈증을 풀 수 있었다.

호숫가를 따라 걸으며 산비탈을 향했다. 작은 산 능선을 넘으니 암벽 틈새로 천지의 세차게 떨어지는 작은 폭포 아래 정자가 서 있다. 천지의 폭포소리와 흐르는 물소리가 사막의 열기를 일순간에 씻겨주는 것 같다. 윈산 송림사이로 흐르는 물줄기 아래 또 다른 작은 천지가 있다. 숲가엔 하사크족들이 파는 옥수수를 사 먹었는데 기대보다는 맛이 별로 없었다. 강원도 정선이나 횡계에서 파는 차지고 쫀득쫀득한 그런 맛보다는 밋밋하고 투박한 느낌을 주었다. 호기심에서 천지의 옥수수 맛을 보았지만 척박한 땅에서 자라서 그런지 한 개를 다 먹기가 힘들었다.

계곡을 흐르던 물줄기가 암벽 산에 갇혀 흑룡담黑龍潭이라 부르는 작은 천지小天池가 나타나는데 동소천지東小天池와 서소천지西小天池로 나누어진다. 시골마을 동구 밖에 갖다 놓으면 좋을 듯싶은 푸르고 아담한 연못들이다.

작은 천지를 나와 점심 식사 장소로 왔다. 중국인들은 걸어서 10여 분 정도의 거리도 공원 내 전동차를 타고 가는 걸 보면 걷기를 좋아하지 않는 것 같다. 신장사람들은 점심시간이 오후 2시 30분 정도다. 베이징 시간보다 항상 2시간 늦게 생활한다. 베이징 표준시간과 신장은 시차가 2시간 정도 차이가 나기 때문에 일어나는 자연스런 현상이다. 점심으로 먹은 신강국수는 면발이 좀 질기긴 했지만 비교적 입맛에 맞는 편이다. 양념하지 않은 꼬치구이 다섯 개를 더 시켜 먹으니 요기가 충분히 됐다.

어제 난산목장의 패키지 투어는 100위안, 천지행은 160위안으로 시간과 비용을 많이 절감할 수 있었다. 이곳의 교통편은 매우 불편하기 때문에 개별 여행보다는 여행사가 운영하는 패키지 투어에 참가하는 편이 훨씬 더 편리한 것 같다. 천지에서 우루무치로 돌아가는 차편을 포기하고 이곳에서 하룻밤을 자고 가고 싶었다.

천산에 구름 안개가 피어오르고 독수리 한 마리가 허공을 맴돌고 있다. 윗산 송림 숲으로 엷은 안개가 퍼져가고 있다. 이 부근에는 현대식 호텔이 들어서 있었고 식당들이 많이 있다.

케이블카에 탑승하고 천산산맥의 가파른 골짜기와 천지의 작은 연못들을 굽어보며 천천히 주차장으로 하산했다. 암벽 틈새로 솟구친 송림 숲과 굽이치는 파도처럼 겹겹이 에워싼 산정의 능선들이 발 아래로 지나가고 있다. 계곡과 능선에 흩어져 살고 있는 하사크족의 파오들을 한 눈에 굽어보니 흡사 구름을 타고 느릿느릿 송림 숲 위에 떠

가는 기분이다. 산록에 핀 흰 들꽃 무더기와 푸른 초원을 배경으로 풀을 뜯고 있는 양떼들, 칼날 같은 바위산 능선들과 알 수 없는 유행가 가락이 천산의 맑은 물소리를 적시고 있다.

하사크 민족문화촌 파오

케이블카 선탑장에 주차한 버스에서 짐을 가지고 돌아와 텐츠가에 도착하자 어린 하사크족 아이가 다가와 파오 빌리는 방 값을 흥정했다. 12살 된 아하리 비에리는 어찌나 싹싹하고 끈질긴지, 결국은 파오 한 채를 100위안에서 20위안으로 깎아서 빌릴 수 있었다. 텐츠의 우측 언덕 위에 위치한 파오 부근에는 하사크족 집단 부락이 있다.

파오 안은 겉에서 보면 컴컴하고 다소 답답한 느낌이 들었는데 지붕 천장의 둥근 부분을 반쯤 걷으니 바깥처럼 환했다. 이 파오는 영업 허가증도 비치되어 있고 화려한 색상의 천에 아름다운 수를 놓은 하사크족 전통 문양으로 벽면과 천장을 장식하고 있어 따뜻한 정감을 느낄 수 있게 꾸며져 있다. 깨끗하게 포개어 놓은 이부자리와 칼라풀한 예쁜 드레스를 벽면에 걸어놓고 탁자와 방석들이 준비된 방안은 중국여행을 하면서 묵었던 그 어떤 숙박지보다 아늑하고 따뜻하게 다가왔다.

파오에 짐을 풀고 유람선을 타러 선착장으로 갔다. 오후 5시가 조금 넘은 시간으로 아직도 관광객들이 많이 남아 있다. 에메랄드 빛 물살을 가르며 유람선은 암벽의 속살을 들여다 볼 수 있도록 천천히 호숫가를 맴돌며 10여분 이상 천지를 유람했다. 험준한 계곡사이에 통나무집 한 채가 눈에 스쳤다. 저 멀리 가파른 산벼랑 위에 수백 마리의 양떼들이 흩어져 풀을 뜯고 있다.

　파오에 들어와 누우니 기대 이상으로 밝고 아늑했다. 겉모습과는 달리 파오 안의 공간은 꽤 넓은 편이었다. 7~8명 정도의 가족이 편하게 생활할 수 있는 넉넉한 공간이다. 2,000m이상의 높은 산간계곡에서 사는 하사크족들의 생활모습들이 문명과 등진 외로운 삶이라 생각했었다. 그러나 그러한 나의 생각이 헛된 고정관념이었다는 것을 절감할 수 있는 순간이다. 더할 나위없는 안락함을 파오에서 맛보고서야 자신이 살아온 방식대로 생각하는 편견의 어리석음을 깨닫게 됐다. 누워서 천장의 밝고 푸른 하늘을 쳐다 보고서야 하사크족이 사는 파오 천막의 편리함과 우수성을 체험하게 됐다. 파오는 수천 년 동안 그들의 생활체험에서 개발된 최고의 문화형태이며 삶의 집약체임을 실감할 수 있다. 2,000m이상의 고지대에서 파오에 의지하여 양떼를

치며 사는 그들의 삶을 온전하게 이해하지 못한 것은 서구적 사유와 문화적 편견일 뿐이다. 거칠고 외로운 환경에 잘 적응하여 아이를 낳고 자손을 번성시키며 살아가는 그들의 모습에서 우리가 누리는 문명의 이기보다는 더 넉넉하고 즐거운 삶의 모습을 그들에게서 발견할 수 있다. 촌음을 다투는 문명의 발전 속도와 이기심 속에서 우리가 누리는 것보다 우리가 받아야 하는 엄청난 스트레스가 우리 자신들을 더욱더 황폐하게 만들고 있는지 모른다.

티 없이 맑은 눈과 맨발로 마을 또래들과 뛰노는 하사크 아이들의 천진한 미소 속에서 인류의 밝은 미래를 기대해 보았다. 낯선 사람에 대한 호기심으로 문틈으로 배꼼이 천막 안을 들여다보는 주인집 꼬마 아이의 표정에서 도심 아이들에게서 느껴지는 욕심이나 불만 같은 것은 찾아 볼 수가 없다.

60여 채의 파오가 옹기종기 모여 사는 이 집단 부락에서 누가 누구를 속일 것이며 천산의 땅 소유권을 주장할 사람도 땅 임자도 필요 없

▶ 계곡속에 있는 하사크족 파오의 아름다운 모습

을 것이다. 아파트 한 채에 수억에서 수 십 억까지 호가하며 하룻밤에
도 가격이 폭등하는 서울의 도심에서 좌절과 절망을 느끼며 사는 우
리의 모습이 오히려 더 고통스럽고 스트레스와 싸우며 살고 있는지
모른다. 방글라데시인들이 미국이나 선진 유럽보다 더 삶의 만족지수
가 높다고 그들이 생각하는 것도 물질적 가치나 문명의 발달과는 별
개인 그들의 삶의 방식과 사유의 체계 때문이다.

양떼를 치며 살다 이제는 관광객을 상대로 그들의 전통과 삶의 방
식을 팔며 나름대로 문명화된 세계에 적응하며 사는 이곳 하사크족
파오 마을에서 하룻밤을 자고 가게 된 것은 정말로 행운이다.

방안을 장식하고 있는 화려한 색감이나 직물의 문양을 보면 그들의
능숙한 손재주가 느껴진다. 특히 붉은색 계통을 많이 쓴 것을 보면 하
사크족의 내면세계가 뜨겁고 정열적이며 구김없이 살고 있다는 증표
일 것이다. 누워서 천장을 보면 마치 별세계에 들어와 있는 기분이다.
이상한 나라의 앨리스처럼 새로운 세계의 한 모퉁이에 홀로 앉아 있
는 기분이다.

겉에서 보면 소박하고 단순하게 보이는 파오지만 내부의 장식은 그
들의 생활문화를 응축하여 놓은 따뜻하고 편안한 공간이다. 워커힐이
나 인터컨티넨탈 같은 특급호텔보다 오히려 이곳이 더 정감이 느껴지
는 것은 그들의 소박한 삶의 모습이 스며있기 때문이다.

사촌누이와 남동생 둘과 함께 부모를 도와주며 생활하는 맏아들 비
에리는 천지를 방문한 관광객을 상대로 흥정을 하여 파오로 손님을
데려오는 일을 하고 있다. 비에리 가족은 자신의 파오를 숙소로 빌려
주고 대신 근처에 작은 천막을 치고 생활하고 있다. 파오 옆에는 벽돌

을 쌓아 아궁이와 작은 굴뚝을 만들어 밥을 짓거나 국을 끓여 저녁을 짓고 있다. 하사크족의 밥은 쌀에 양고기와 홍당무를 넣고 끓여서 색깔이 누렇게 된다. 수제비국은 밀가루에다 고추, 양파, 홍당무와 같은 것을 넣고 밀가루 반죽을 납작하게 떼어서 끓인다. 수제비는 우리 입맛에 거의 맞고 밥도 중국음식처럼 느끼하지 않아서 먹을 만하다.

부모 없는 어린 두 조카와 다섯 식구가 모여 사는 하사크족의 생활을 보면 이곳에는 카드빚에 시달리거나 사교육비 때문에 고통을 받고 있는 우리들의 생활과는 전혀 별개의 세계를 느끼게 한다. 학업에 시달려 자살하거나 왕따 당할 시간도 없고 비리에 연루 되어 목숨을 끊는 각박함도 존재하지 않는 그런 자연스런 공간이다. 금전 문제로 부모와 자식 간에 칼을 겨눌 일도 없고 먹고 먹히는 정글의 법칙 같은 치열한 비즈니스 세계도 존재하지 않는다. 분초를 다투며 기술개발에 매진하는 문명의 속도와는 동떨어진 계곡이다. 강가에서 양떼의 울음소리를 들으며 하루를 열고 닫는 그들의 소박한 삶이 우리 보다 훨씬 더 행복한 것은 아닐까.

백두산 천지와 천산天山의 천지天池

백두산은 9개월 간 흰 눈이 덮여 있기에 장백산(長白產), 백산(白山)으로 불려왔다. 천지의 3/5이 북한, 2/5는 중국의 소유이며 해발 2,000m 이상의 봉우리가 20개 있는데 최고봉 백두봉은 해발 2,749m로 우리의 영토에 속한다. 20개의 고봉 중 중국 경내에 6개, 북한 지역에 7개소, 중국과 북한의 경계선에 3개소가 있다.

천지 호수 중 가장 깊은 곳은 384m이며 호수의 남북 최장 길이는 4.4km, 동서 폭은 3.37km, 호수 둘레의 길이는 13.1km이다. 호수 면적은 9.82km²이며 평균 수심은 204m, 해면 높이는 2,257m로 밝혀지고 있다. 총 저수량은 20억 톤으로 주요 수원은 자연 강수와 지하 온천수, 빙설 등이 있다.

반면에 천산의 천지는 천산산맥의 두 번째 높은 봉우리인 해발 5,445m인 보고타 봉의 뒤쪽에 위치한 호수이다. 해발 1,910m의 산중턱에 위치한 천지는 남북 4.3km, 폭 1.5km, 수심 100m로 백두산 천지보다 작은 호수이다.

백두산 천지는 화산이 폭발하여 용암을 분출했던 화산으로 분화구 안에서 물이 솟아 압록강과 두만강, 송화강의 발원지인데 반해 천산의 천지는 천산의 만년설이 녹아 흘러내린 물이 고인 자연호수이다.

백두산 천지는 장백산맥에서 가장 높은 봉우리인 백두산 정상에 위치한 호수인데 비해 천산의 천지는 천산산맥의 지류 중의 하나로 주변의 많은 높은 산들이 있다. 이곳 천지에서 보면 한 여름에도 얼음으로 덮여 있는 만년설산이 장벽처럼 둘러 처진 모습을 볼 수 있을 만큼 천산산맥은 장백산맥보다 훨씬 높다.

백두산 천지부근은 사람이 살지 않는데 비해 천산의 천지는 하사크족 민족촌이나 천지 아래 많은 음식점과 호텔이 들어서 있다. 백두산 천지가 방문하는 코스인데 비해 천산의 천지는 머무르며 관광할 수 있는 숙박형 관광단지로 조성되어 있다. 또한 천지 주변에는 목축업을 하는 하사크족이 양떼를 방목하고 있다. 이곳 천지 주변은 하사크 족의 생활공간이며 주변 사막지역에서 호수를 방문할 수 있는 독특한 관광경관을 가지고 있다.

접근성은 두 지역 모두 버스를 이용하여 갈 수 있다. 백두산은 도보로 등산하거나 지프카를 타고 오를 수 있다. 그러나 천산의 천지는 등산이나 차량을 타고 오를 수도 있고 케이블카를 이용할 수도 있다. 대부분 중국의 고지대 관광은 케이블카를 많이 설치한 것이 특징이다. 우리는 자연파괴를 우려해 케이블카 설치를 제한하는 것에 비해 중국은 개발형 관광을 주도하고 있다.

경관적인 측면에서 볼 때 백두산은 장백산의 거대한 원시림의 바다를 굽어보며 장백산맥을 조망할 수 있지만 천산의 천지는 반대로 천산산맥의 거대한 설산을 처다 보며 경치를 즐길 수 있다. 백두산 천지 분화구의 주변 상공은 수증기 탓인지 항상 거대한 구름덩이 들이 떠 있어 푸른 물과 구름이 조화를 이루어 신비감을 자아내게 한다. 천산의 천지는 백두산 상공처럼 그런 구름덩이는 상존하지 않는다. 날씨가 맑으면 하늘이 깨끗하고 투명하다.

백두산은 고도를 오르면서 전개되는 수직경관은 일품이다. 백두산에는 1,300여 종의 동식물이 서식하며 산의 고도에 따라 그 종류도 달라지고 있다. 해발 1,200m 이하는 활엽수림과 침엽수림으로 이루어진 원시림이 보존되어 있고 해발 1,200~1700m 이하는 전형적인 침엽수림 지대이다. 해발 2,000m 이상은 고산지대로 하루에도 온대로부터 한대 기후에 이르는 다양한 경관을 즐길 수 있다. 반면에 천산의 천지는 전형적인 사막의 계곡 지형과 경관을 가지고 있으며 고도가 높아감에 따라 짧은 풀이나 수목이 자라고 있어 천지 주변을 제외하고 대체로 삭막한 분위기다. 백두산 천지의 날씨는 분초단위로 바뀔 만큼 변화무쌍한 편이다. 맑은 백두산 천지가 돌아서 보면 순식간에 안개 속에 잠기는 모습을 보면 예측하기 어려운 반면에 천산의 천지는 비교적 날씨 변화가 심한 편은 아니다. 비슷한 높이의 한라산을 생각하면 이해하기 쉬울 것이다. 백두산 천지가 인간이 감히 접근할 수 없는 성스러운 신의 땅 같은 신비스러움에 잠겨있다면 천산의 천지는 양떼들이 풀은 뜯는 오아시스의 고봉 호숫가에서 넉넉한 마음으로 하룻밤 묵어갈 수 있는 인간적인 모습을 하고 있다.

카스행 기차

★카스

아침 8시에 단잠을 깼다. 하늘은 맑고 푸르렀다. 아침 햇살이 눈부시다. 새소리에 묻힌 숲들은 늠름한 자태로 일어서고 있다. 파오 지붕에 비친 햇살과 아침을 짓고 있는 연기가 숲 속으로 스며 오르고 있다.

비에리에게 왜 이렇게 높은 고산지대에서 사느냐고 물었더니 여름에는 계곡을 따라 서늘한 고산지역으로 올라가고 날씨가 추워지면 아래로 내려간다고 했다. 언덕을 내려와 천지 가에 나오니 저 멀리 천산의 고봉들이 흰 눈을 머리에 이고 기지개를 켜고 있다. 천지는 물안개 속에 눈썹을 살짝 치켜뜨고 잠에서 막 깨어나려 하고 있다. 언덕 위 굴뚝에서 숲으로 퍼지는 연기가 천지가에 스며들고 있다. 떠나야 할 시간이다.

아침 10시경 버스를 타고 내려와 택시를 탔다. 천지에서 우루무치까지 택시비용이(180위안) 너무 부담스러워 후강시에서 내려 버스를 갈아타기로 했다. 후강시까지 택시를 전세(40위안)를 내어 도착한 후 버스로 갈아탔다(8위안). 천지 행은 교통편이 적어 개인 여행이 불편한 편이다. 어제 천지의 하사크족 파오에서 하루 밤을 자기 위해 일행들과 떨어졌기 때문에 버스 편이 여의치 않아 갈아 탈 수밖에 없었다. 포플러나무 가로수길 옆으로 해바라기와 옥수수, 포도밭이 후강시 도로변에 펼쳐졌다. 후강시는 조그만 오아시스 도시로 시가지를 벗어나면 끝없이 펼쳐진 황무지 들판이 전개된다. 얕은 구릉 같은 산들 사이로 뻗어간 도로를 달리면서 미천이라는 작은 내륙도시를 통과하게 되는데 60년대 우리의 작은 도심을 연상시킨다. 미천시에서 4차선 고속도로를 진입하여 12시경에 우루무치 북쪽 버스터미널에 도착했다.

오후 3시 14분 카스행 기차를 탔다. 처음 타보는 2층으로 된 기차이다(345위안). 앞 침대칸에는 작은 키에 검은 얼굴을 한 위구르 아줌마가 앉아있다. 한국영화와 한국을 좋아한다는 아이산꾸리 아줌마는 카자흐스탄 알마티로 가는 중국의 마지막 국경역인 알라쌍코역에서 역무원으로 근무하고 있다고 한다. 그녀는 역무원 신분증을 보여주면서 아들 알스카와 같이 카스에 있는 부모님을 뵈러 가는 중이라고 한다. 우루무치에서 카스행 기차는 하루에 한 번씩 운행하고 있다.

한 시간 반 정도의 단꿈에서 깨어보니 거무스레한 빛을 띤 벌거숭이 사막 산을 뚫고 열차는 달리고 있다. 띄엄띄엄 돋아난 풀 무더기를 제외하고는 거무스레한 황무지만 끊임없이 다가섰다 사라지고 있다. 천산산맥 기슭을 달리는 철로부근에 잠깐씩 나타나는 작은 들판마저 천산에서 불어오는 바람과 흙에 덮여 땅 표면은 검게 보였다.

검은 속살을 수 없이 벗겨 양파껍질 같은 산맥을 울타리로 두른 타클라마칸 사막이 창밖에 박제되어 있다. 이 황량함이 내게 주는 의미는 무엇일까. 타클라마칸 사막이 인간에게 주는 메시지는 어떤 것일까. 모래를 볶을 것 같은 태양 열 아래 그림처럼 선명한 명암이 가슴을 파고드는 곳이다.

오후 5시 25분 사막 한 가운데서 만나는 투르판역을 지나며 달콤했던 포도송이가 생각났다. 우루무치에서 투르판 역으로 돌아 나오니 황량한 검은 들판과 작은 자갈들이 많이 섞인 지층들이 나타났다. 우루무치의 난산목장으로 가면서 보았던 넓은 자갈 밭 지층을 떠올리게 했다. 투르판역에서 한 시간 정도 달리면 모래산언덕이 나타나고 자갈이 묻힌 넓은 들판이 펼쳐진다. 사막지형에 이렇게 많은 자갈이 묻힌 지층이 존재하리라고는 상상도 할 수 없다. 지천으로 깔려있고 묻혀있는 자갈밭으로 인하여 사막에도 철로를 건설할 수 있지 않았을까 생각해 보니 자연의 넉넉한 가슴을 느끼게 한다. 하천지형이 아닌 곳에 이렇게 많은 자갈층이 존재한다는 것은 사막이 되기 이전 어느 시절엔가 이곳은 큰 강물이 넘쳐흐르던 지역임을 말해주고 있는 것이다.

아라비아 로렌스에 나오는 영화의 한 장면처럼 끝없는 모래언덕이나 구릉을 연상했던 상상의 타클라마칸 사막은 예상과는 달리 다양한 모습으로 인하여 사막에 대한 고정관념을 많이 바꾸게 만든다. 천산산맥에서 흘러내리는 물이 좁은 수로를 통하여 사막으로 흘러가는 모습을 볼 때 기이한 생각마저 든다. 타클라마칸 쪽으로 가면서 산들은 작아지고 들판이 더 많이 보였다. 들판의 색은 마치 석탄처럼 더 검게 보인다. 검은 산과 암벽이 수천만 년 침삭풍화 되는 과정에서 바람에 날려 들판에 누워있는 것이다.

가끔씩 보이는 집터의 토담 잔해나 오아시스 마을과 간이역을 지나면서 사람이 살고 있다는 흔적을 엿볼 수 있을 뿐이다. 저녁때가 되자 아이산꾸리 아줌마와 아들 알스카와 기차의 좁은 탁자 위에서 함께 식사를 하게 됐다. 신장지역의 밥맛은 거의 우리와 비슷한 수준이다. 점심 때 음식점에서 먹고 남은 반찬과 밥을 싸 가지고 왔기 때문에 풍족했다. 아이산꾸리 아줌마가 갑자기 닭다리 하나를 뜯어 건네주었다. 너무 뜻밖이라 사양했지만 넉넉한 위구르 아줌마의 호의를 물리칠 수는 없었다. 처음 만났을 때 초코파이를 알스카에게 주고 용정차를 대접했더니 호감을 느낀 것 같다.

저녁 8시가 조금 지나자 기차가 산악지대로 접어들었다. 따끈한 녹차 한잔을 마시니 세상이 모두 내 안에 있는 것처럼 편안하다. 저녁 9시가 되어 고도가 조금씩 높아가면서 산에 작은 풀이 자라고 있다. 산이 푸르니 마음도 푸르러 지는 것 같다. 맨 위층의 젊은 친구가 내려와 대화에 끼어들었다. 중국도 젊은 층은 PC방을 좋아하고 채팅문화가 보편화되어 있어 우리나라와 비슷하지만 나이가 조금 든 사람은 굉장히 차이가 난다고 한다.

맑은 물이 흐르는 강가에 천막이 보인다. 저 멀리 천산에 흰 눈이 나타나고 1,000m이상의 고원지대를 통과하고 있다. 산정의 흰 눈을 배경으로 푸른 녹색지대가 펼쳐지고 맑은 물이 흐르는 고산지대는 마치 알프스의 골짜기를 지나가는 느낌을 준다. 기차는 서서히 천산산맥 남쪽으로 내려가고 있다. 저녁 9시 40분 고원에 어둠이 찾아들고 있다. 작은 역 우스크를 지나면서 검은 산의 윤곽만 보이기 시작했다.

중국 텔레콤에 근무하는 젊은 친구 꽝안은 능숙한 컴퓨터 솜씨로 디스켓 하나를 넣고 같이 보자고 한다. 영화 '엽기적인 그녀'였다. 광고 편은 보았지만 이곳에서 처음 보게 됐다. 꽝안은 '엽기적인 그녀'나 '조폭 마누라' 같은 영화를 키득거리며 무척 재미있어 했다. 타클라마칸 사막 한 가운데서도 한류의 열풍을 실감할 수 있었다.

다음날 아침 8시 40분 아극배阿克培 역을 통과할 때 잠에서 깨어났다. 천산의 산봉우리들이 아침 햇살에 검은 베일을 벗고 있다. 풀 한 포기 걸치지 않은 나신으로 검은 피부를 아침 햇살에 씻고 있다. 좌측 창가에는 숲과 농경지가 이어지고 우측은 황량한 사막 벌판이 펼쳐지고 있다.

아침은 라면을 먹었다. 몇 시간을 달려도 인적 없는 벌판과 가끔씩 마주치는 철로 변의 아스팔트 도로와 아무표시도 없는 사막의 무덤들이 스쳐갔다. 우측으로는 천산산맥 남쪽 산영 기슭을 타고 좌측으로는 끝없이 펼쳐지는 타클라마칸 사막을 배경으로 열차는 달리고 있다. 천산산맥 기슭의 연봉들의 지층구조는 머리에서 발끝까지 다양한 색깔을 띤 스펙트럼 지층을 형성하고 있다. 사막에 짧은 풀 무더기가 자라고 있는 부분은 봉긋봉긋 솟아있고 없는 부분은 황사현상으로 바람에 날아가 버려 지면보다 조금 더 낮게 패여 있다. 끝이 안 보이는 타클라마칸을 달려보면 중국 대륙에서 불어오는 황사현상이 왜 일어나는지를 실감할 수가 있다. 아이산꾸리 아줌마의 아들 알스카는 어제 낮에 실컷 자고 밤이 새도록 같은 침대차의 꼬맹이 녀석들과 노느라고 정신이 없다. 아침부터 또래 애들과 분주하게 뛰어 다니는 녀석의 동그란 눈망울과 표정을 보면 영락없는 아랍계통의 얼굴이다.

시간이 지날수록 한번 들어가면 살아서 다시 돌아올 수 없는 땅이라는 '타클라마칸'의 의미를 실감할 수가 있었다. 오전 10시 50분경 황토 흙으로 덮힌 사막벌판이 시작되고 철로연변에 초지 조성을 위해 풀을 심은 것들이 보인다. 곧이어 초지와 농작물의 경작지가 나타나고 저 멀리 숲과 마을이 보인다. 통로에서 천산의 천지에서 함께 패키지 투어를 하였던 카스의 한 가족을 만났다. 중년 아주머니와 함께 왔던 중학생 딸을 만나 어찌나 반가웠던지 서로의 안부를 묻고 정군과 함께 아주머니를 뵈니 집으로 꼭 들리라고 주소와 전화번호를 가르쳐 주었다.

아극황배阿克荒培에서 팡유군과 헤어졌다. 중국의 신세대 젊은이를 만나 기차 안에서 컴퓨터 디스켓으로 한국 영화를 보면서 매우 즐거운 밤을 보낼 수 있어 퍽 인상적인 여행이 됐다. 컴퓨터의 급속한 발달로 세계의 젊은이들이 비슷한 문화적 공감대를 가지고 있다는 것을 사막의 한 가운데서 더욱 실감할 수 있는 밤이었다. 팡유군의 뒷모습을 바라보면서 한류의 열풍이 타클라마칸의 한 가운데서도 살아 숨쉬고 있음을 확인할 수 있었다.

처음으로 들판에서 일하는 농부 부부를 보았다. 이 도시는 녹지조성에 매우 공을 들이는 것 같다. 하루 낮과 밤을 달리면서 들판에서 일하는 사람을 처음 보니 희귀한 동물 보듯 신기하다. 멀고도 험한 사막을 뚫고 동서교류를 시작한 인간의 무한한 의지에 저절로 머리가 숙여진다. 바다처럼 끝없이 펼쳐진 불모의 사막을 낙타를 타고 여행한다는 건 목숨과 맞바꾸는 모험이다. 죽음과 맞바꿀 수 있는 그 무엇이 있기에 낙타를 몰고 이 산영의 기슭을 따라 건넜을까.

▶ 타클라마칸 산맥들의 험준한 준령들

　천산 산영의 겹겹이 층을 이룬 산맥들이 실오라기 하나 걸치지 않고 햇살을 쬐이고 있다. 눈썹을 곤두세운 채 붉은 이빨과 이글거리는 태양에 가슴을 드러내고 허물어진 발톱으로 사막을 바라보고 있다. 오전 11시 40분 푸른 초원의 무성한 풀들이 자라고 있는 들판을 지나고 있다. 수천 마리의 양떼들이 풀을 뜯고 있음직한 초원의 작은 간이역 오도반五道班역에 잠시 정차했다. 들판에는 아무것도 보이지 않는 초원이다. 작은 간이역에서 한 시간 정도 더 달리자 가끔씩 천연색 칼라로 듬뿍 칠한 천산 기슭의 산들이 스펙트럼 같은 환상적인 장관을 연출한다. 한 덩이 진흙 무덤 같은 산조차 무지개처럼 다양한 색상을 연출하는 것은 삭막한 사막지대에서 지루함을 달래주는 경관이다. 화려한 드레스를 벗어버리고 알몸에 바디페인팅을 다양하게 그려 놓은 여인의 속살 같은 음영과 살갗을 아득한 지평선 너머로 바라보면 마치 환상적인 세계 속을 꿈을 꾸며 달리는 듯한 기분에 젖게 된다.

카스(喀什 객십)에 도착할 시간이 가까이 다가왔다. 아침부터 5시간 내내 사막만 바라보니 피로와 졸음이 몰려와 잠시 눈을 붙였다. 잠에서 깨니 푸른 목초지대가 펼쳐지고 저 멀리 수목이 아스라이 시야에 들어왔다. 과수원과 옥수수 밭이 펼쳐지는 오아시스 마을 아투스阿什 역에 도착했다.

호탄 왕국의 비단전례와 비단의 서전

비단의 원산인 중국에서 양잠의 역사적 근원을 찾아보면 삼황오제 三皇五帝 시대까지 거슬러 올라가는 유구한 역사를 가지고 있다. 회남왕 淮南王의 『잠경蠶經』에는 황제의 원비(위안 妃) 서릉씨西陵氏가 양잠을 권장하고 친히 잠업을 개창하였다고 기술되어 있다. 바로 여기에 전거를 두고 중국인들은 서릉씨를 잠업의 시조로 인정하여 대대로 제잠祭蠶의 식까지 치르면서 그녀를 기리고 있다.

전설로만 알려졌던 삼황오제의 양잠견직 전승설은 근래에 와서 선사시대(신석기 시대)의 견직물로 추정되는 유물이 발굴되어 그 실체에 관한 논란이 일고 있다. 선사시대를 지나 은, 주의 역사시대에 접어들면 양잠이나 견직물의 실상이 유물이나 기록에 의해 확연히 입증된다. 여러 가지 고문헌기록과 출토유물로 미루어 보아 양잠은 중국에서 최초로 신석기시대 후기에 출현하였고 청동기시대인 은, 주대에 이르러서는 견직업이 일정한 규모를 갖추고 보편화된 일종의 수공업으로 정착된 것으로 추정할 수 있다. 말하자면 중국은 3천여 년 전에

▶ 춤추는 위그르 여인

처음으로 누에를 길러 비단을 짠 나라이므로 양잠과 비단의 시원을 중국에 두는 까닭이 바로 여기에 있다 (정수일 씰크로드학)

비단은 2천 년 전이나 지금이나 사치의 대명사로 세상의 온갖 직물들 가운데 가장 고귀하고 고상한 천으로 통한다. 비단이라는 말은 라틴어의 '사에타 세리카saeta serica', 즉 '세레스seres인의 머리카락'에서 유래했다. 비단이 정확하게 어디서 기원했고 어떻게 만들어 졌는지를 전혀 알지 못했던 당시의 고대 그리스 로마인들은 상상으로 '세레스' 혹은 '세레르serer'라는 민족을 만들어 내서 그 민족을 이 독특한 비단을 만든 사람들이라고 불렀다. 그러나 '세르라'는 말이 원래 중국어의 비단을 뜻하는 사絲에서 나온 것이고 세레스인이란 결국 중국인과 다르지 않다는 사실이 나중에 가서야 밝혀졌다. 그러나 당시 그 먼 나라에 대해서는 출처 불분명한 문헌과 소문만 난무했던 까닭에 로마인들은 서기 1세기까지 비단이 나무에서 나는 것으로 믿고 있었다.

중국과 로마는 서로에 대해 잘 몰랐을 뿐 아니라 두 나라를 사이에 두고 온갖 형태의 진귀한 물품들 특히 값비싼 비단이 오가던 실크로드에 대해서도 잘 알지 못했다. 중국의 국경지대와 로마제국의 전초기지 사이에서 일어난 일에 대해서는 양국이 다 무관심했다. 자신들의 영토 밖에 사는 야만인들의 땅에 대해서는 별반 관심을 가지고 있지 않았기 때문에 동서에 위치한 로마와 한제국 사이의 직접 교류가 이루어 지지 않은 것은 역사적으로 특이한 사건이다.

중국은 비단을 발견한 이후 수천 년 동안 비단제조 기술의 비밀을 엄격히 지켜왔다. 그로인해 비단무역에서 독보적 우위를 차지하는 세계무역사상 유례를 찾기 힘든 경우였다. 비단 제조에 있어 중국이 독점적인 위치를 차지할 수 있었던 것은 국가기밀로 유지된 누에 사육 기술과 실을 잣는 가공 방식의 섬세한 기술에 있었다. 당시 중국의 황제를 비롯한 신료들은 비단의 가치를 알아차리고 비단제조 비법을 누설하는 자에게는 사형을 내린다는 극형을 선언했다. 비단의 소재가 되는 물품을 나라 밖으로 반출하는 것도 엄격히 금지했다.

타림분지 변두리에 있던 호탄 왕은 오래 전부터 비단의 비밀을 풀고 싶어 했다. 자신의 왕국을 단순히 비단을 통과하는 지역이 아니라 비단을 생산하는 나라로 만들고 싶어 했다. 그러나 중국의 관청과 첩보대는 뽕나무 종자와 누에 애벌레가 국외로 반출되는 것을 엄격히 감시하고 통제하고 있었기에 중국 내에서 이것을 입수하였다 하더라도 중국 국경수비대를 통과하기는 거의 불가능한 상황이었다.

호탄 왕은 한 가지 묘책을 생각해 내고는 중국 황실에 공주를 부인으로 맞이하고 싶다는 청을 올려 중국 황실은 그 청을 수락했다. 호탄 왕은 종자에게 공주를 데려오라 명하면서 '우리 땅에는 비단도 없고 뽕나무나 누에 애벌레도 없다고 말하고 비단을 계속 지어입고 싶으면 그것을 가져와야한다' 는 말을 전해주라 일렀다. 이 말을 전해들은 어린 공주는 뽕나무 씨앗과 누에 애벌레를 머리 장식의 안감에 몰래 숨겨 국경을 무사히 통과했다. 국경 수비대장이 직접 모든 짐을 수색하였으나 차마 공주의 머리 장식에까지는 손을 댈 수 없었던 것이다. 사치스런 삶을 포기하지 않으려던 한 공주 때문에 중국 비단에 대한 독점권과 비단제조 기술이 서방으로 계속 전해지게 됐다. 이로써 중국은 비단에 대한 독점권을 상실하게 됐다.

로마가 처음 비단을 접하게 된 것은 패배한 전쟁에서였다. 로마의 삼두정치를 펼치던 시기 집정관 크라수스는 기원전 53년 파르티아(페르시아)를 정복하기 위해 군사를 이끌고 유프라테스 강을 건넜다. 사막으로 유인하며 후퇴하는 척하는 적군의 전술에 속아 매복해 있던 파르티아 군사들의 습격을 받게 됐다. 화려하게 빛나는 깃발을 활짝 펴들고 기습을 하였는데 로마병사들은 파르티아 군사의 눈부신 깃발에 눈이 어질어져 우왕좌왕하다 순식간에 진용이 무너지면서 2만여 명의 병사가 죽고 크라수스와 그의 아들도 전쟁의 희생물이 되는 패배를 겪게 됐다.

화려한 색깔로 눈부셨던 군기가 바로 비단으로 만든 것이었다. 멀리서 전투를 바라보고 있던 로마의 척후병들은 그 깃발 때문에 자신들이 패배했다고 생각하고는 그 깃발을 '세레스인의 깃발'이라고 불렀다. 그로부터 10년 후 카이사르는 비단을 승리의 천으로 바꾸었고 비단으로 만든 깃발을 펄럭이며 로마에 입성했다. 심지어 우아하게 주름을 잡은 헐렁한 겉옷인 토가를 비단으로 입고 입성하여 로마에 비단을 전파하게 됐다.

역사적으로 볼 때 비단은 그 귀족적인 성격 때문에 늘 사치품의 전형이었다. 당시에 비단은 너무나 비쌌기 때문에 로마의 재단사들도 처음엔 비단을 단지 의상의 장식용으로만 사용했다. 로마의 상류계급이 비단으로 옷을 지어 입기 시작한 것은 훨씬 뒤의 일이다. 로마의 선남선녀들은 만져도 만지는 것 같지 않은 이 진귀하고 하늘거리는 비단 천에 마음이 사로잡히지 않을 수 없었을 것이다.

한漢대부터 중국 비단은 월지나 흉노들의 중계로 로마에 대대적으로 유입되어 사치품으로 큰 인기를 모았다. 질이나 문양이 워낙 뛰어나고 이색적인데가 멀고 먼 실크로드의 사막과 험산준령을 넘느라 운반비가 많이 들고 거기에 경유국마다 부과된 세금까지 합치니 로마 현지에서의 비단은 실로 금과 같이 취급되는 고가의 귀중품 중의 귀중품이 됐다.

로마 공화정 말기 카이사르(BC 100~44)는 극장에 나타날 때면 꼭 비단옷을 입곤 했다. 그 후 로마의 남녀 귀족들 사이에 비단옷만을 입는 풍조가 일어 비단이 고갈될 우려가 생기기까지 이르렀다. 비단은 돈을 가진 부자들에게는 자신과 대중을 구별하는 아주 적합한 도구로 사용됐다.

비단이 나무에서 자라는 것으로 잘못 알고 있던 플라니우스 같은 이는 여성들이 거의 반라半裸로 거리를 오가는 것에 격분했고 비단을 걸치고 있는 사람들을 로마 정신에 심각한 해악을 끼치는 사람들로 생각했다. 제정 초기 황제 티베리우스는 남자들의 비단옷 착용을 금지하는 칙령까지 내린 바 있으나 비단 애용의 기세는 줄지 않고 더욱 기승을 부렸다. 당시 로마제국의 권세는 하늘을 찌를 듯 강성했고 귀족과 신흥졸부들을 비롯한 상류층들은 신분의 상징으로 비단을 걸치고 다녔다. 그들에게 비단 가격은 전혀 문제가 되지 않았다.

역사적으로 서양의 타락은 비단과 함께 시작되었다고 혹평하는 서양 학자들도 있다. 처음에는 올곧고 도덕적인 원로원 의원들도 나중에는 향수를 뿌리고 여자처럼 하늘거리는 비단을 걸치고 성도착적인 행위도 마다 않는 타락한 권력자로 변해갔다. 쾌락주의와 애로틱한 춤과 마약, 일부다처제, 그룹섹스, 그리고 중국과 인도와 페르시아에서 건너 온 환상적이고 자극적인 방중술도 모두 동양에서 기원한 것들이다.

로마의 사치스런 생활은 국가 재정에 파탄을 몰고 왔다. 동양과의 무역수지 적자폭은 점점 더 커져갔고 로마의 돈은 계속 외국으로 빠져나갔다. 급기야는 로마의 정신이라고 존경받던 세네카와 플라니우스는 고대 로마의 은화가 매년 1억 세스테르스 이상의 막대한 돈이 사치품을 수입하기 위해 국외로 빠져나가는 것에 대해 비통함을 금치 못했다. 동양인들에 비해 서양인들이 수출할 품목은 그리 많지 않았기 때문이다. 원로원이 국가 재정 파탄을 막기 위해 취할 수 있는 것이라곤 수입과 무역을 제한하는 것밖에 없었다. 로마는 비단에 25%의 수입관세를 매겼지만 성공을 거둘 수 없었다. 인간의 허영심과 관련된 상품일수록 더욱더 그러했다. 시간이 지남에 따라 로마제국은 한층 더 가난해졌지만 로마인들은 사치를 포기하지 못했다. 이러한 악순환을 끊기 위해 마르쿠스 아우렐리우스 황제는 자신의 비단옷을 팔아서 고갈된 국가 금고를 채우려하였지만 그러한 시도마저 수포로 돌아가고 말았다.

1세기경부터 몇 세기 동안 로마의 비쿠스 투스쿠스 지역에는 전문 비단시장이 개설되어 성황을 이루었다. 2세기 때 로마의 서쪽 끝 도시인 런던에서 비단이 성행한 것은 '중국 낙양에 비견된다'고 하였으니 당시 비단이 로마인들에게 얼마나 인기가 있었는지 짐작해 볼 수 있다.

비단 선호 풍조는 아우렐리우스(재위 270~75) 황제 시대에 더 심하게 만연됐다. 380년경 콘스탄티노플에서는 '귀족들에게만 사용이 허용되던 비단이 이제는 귀천을 가리지 않고 최하층까지 퍼졌다'고 4세기 역사가 암미아누스 마르첼리누스가 개탄한 바 있다. 410년 테오도시우스 2세의 세례식에는 전시민이 비단과 보석으로 장식한 의상을 입고 참석했다. 6세기 유스티니아누스 2세(재위 565~78) 때 메난드로스는 '로마인들은 비단을 어느 민족보다도 더 많이 소비한다'고 기술하면서 동방령東方領의 장군 제마르코스가 사산조 페르시아를 우회하여 서돌궐과 비단무역로를 뚫기 위해 천산지방으로 파견한 사실을 전하고 있다.

세레스의 실체가 오랫동안 서방에 정확하게 전해지지 않은 것은 실크로드 서단을 장악하고 있던 파르티아(페르시아 安息)가 막대한 이윤추구를 목적으로 비단무역을 독점하고 그 비밀을 서방에 알려주지 않았기 때문이다. 후한서『서역전』은 로마는 한에 사신을 파견하여 직접 통상을 시도했으나 파르티아가 중간에 차단하곤 하여 여의치 않았으며 그 결과 비단의 비밀을 오래도록 알아 낼 수가 없었다. 뿐만 아니라 한의 로마와의 직접 통사通史도 파르티아의 고의적인 방해로 말미암아 성사될 수가 없었다.

페르시아제국은 기원전 224년부터 129년까지 거의 100년간 실크로드의 서단 요로를 통제했으며 7세기 중엽 사산조 페르시아가 아랍인들에게 패망할 때까지 중앙아시아와 서아시아에서 실권자로 군림하여 중국과 서역 간의 교역을 중간조절하면서 비단을 독점했다. 비단무역을 둘러싼 페르시아(파르티아)와 로마제국간의 갈등도 때로는 대단히 첨예하여 앙숙관계가 더욱더 심화됐다.

페르시아는 중국 비단의 중계자였을 뿐만 아니라 직접적 수용자와 소비자이기도 했다. 그들도 초기에는 중국에서 수입한 비단을 사용하였으나 수요가 점차 증가함에 따라 중국으로부터 양잠 직견기술을 도입하여 각종 질 좋은 비단을 자체 생산하게 됐다. 중국측 기록으로 미루어 보아 늦어도 6세기 초 이전에 전수받은 것으로 추정된다. 명대에 이르러서는 페르시아가 생산하는 고급 비단인 무늬 있는 흰 비단인 기환綺紈은 그 섬세함이나 짜임새에서 원산지 중국을 능가하였다.

그러나 실크로드의 황금시대인 당 제국 말엽 탈라스Talas 전투에서 고선지장군의 군대가 이슬람 군에게 패배함으로써 중국의 북서부 지역은 이슬람화 과정을 겪게 됐다. 탈라스 전투에서 승리한 이슬람 세력은 포로들 가운데 종이제조 기술자를 확보하였고 싸마르칸트를 중심으로 한 제지업의 발달을 촉진시키는 기폭제가 됐다.

당제국의 몰락과 함께 비단길도 쇠퇴의 역사를 겪게 됐다. 당 제국 내부의 심각한 분열과 더불어 북방 영토에 대한 이민족에 대한 통제력도 약화됐다. 실크로드의 쇠퇴와 더불어 융성하였던 불교문화권도 점차 이슬람의 영향권 아래로 들어가기 시작했다. 우상숭배를 배격하는 이슬람교도들은 수많은 불교회화나 불상 등과 같은 귀중한 불교문화를 무자비하게 파괴함으로 사원과 사리탑이 사라져 갔다.

한편 비단을 다량으로 소비하는 로마인들은 일찍부터 비단의 생산 비밀을 알아내려고 노력하였지만 페르시아의 중간 차단과 중국인들의 비단유출 통제 때문에 뜻을 이루지 못하고 고작 수입된 비단을 해체하여 재가공하는 수준에 머물렀다.

마침내 유스티니아누스(재위 527~565) 황제는 인도 북부 세린다국에 다년간 체류한 경교景敎 신부들의 방문을 받게 된다. 신부로부터 비단생산 기술에 대한 보고를 받고 얼마간의 선불금과 막대한 보상을 약속했다고 당시의 역사가 프로코피우스(500~565)가 전하고 있다. 신부들은 황제와의 약속을 지켜 세린다로 돌아가 지팡이에다 누에 애벌레와 뽕나무 씨앗을 몰래 숨겨서 비잔티움으로 반입하는데 성공했다. 이렇게 하여 비단산업에 절대적 영향력을 행사하던 페르시아의 상업독점권과 중국의 생산독점권은 사라지게 됐다. 4천년 동안 중국의 부를 창출하던 국가기밀이 사라지게 된 것이다.

이로 인하여 로마의 비단문화는 비로소 발아하기 시작했다. 서유럽 국가들이 비단을 생산할 수 있게 된 것은 그로부터 5백여 년이 더 지난 십자군 원정 때 시칠리아의 로게르 2세가 그리스 비잔틴 제국을 노략질 하면서 비단 제조업자들을 시칠리아로 끌고 오면서 부터였다.

각종 화학섬유로 만든 첨단직물이 쏟아져 나오는 오늘날에도 비단은 여전히 질이나 문양에서 피륙의 으뜸자리를 지키고 있다. 3~4천년의 역사를 헤아리는 비단이 인류의 물질생활 향상과 동서간의 문명교류에 미친 영향이나 기여하는 바는 실로 막대하다. 어쩌면 인류의 문명을 바꾼 중국의 4대 발명품보다 더 유구하고 위대한 발명품의 하나일 수 있다.

향비香妃가 잠들어 있는 카스喀什

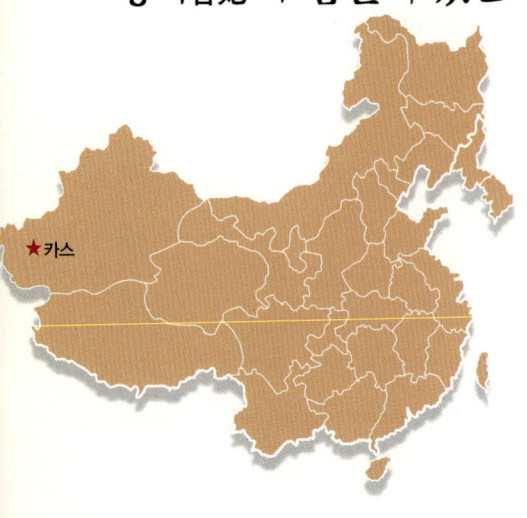

★카스

포도넝쿨과 진흙 벽돌로 쌓은 농가 사이로 얕은 하천과 도랑물이 흐르고 있다. 녹음 속에 묻힌 넓은 오아시스 도시 카스가 신기루처럼 눈앞에 다가왔다. 이 도시의 옛 지명은 카스가르로 지금은 한자식 표현으로 카스로 사용되고 있다. 오후 1시 20분 중국의 마지막 철도역 카스에 도착했다. 모레 떠날 기차표를 예매하려 했지만 내일 아침 8시 30분부터 예매가 시작된다고 한다. 택시 시간이 베이징의 표준시간 보다 2시간 늦게 맞추어져 있다. 이곳은 시차가 베이징보다 2시간 늦기 때문에 이곳 시간에 다시 맞추어 계획해야 한다. 택시로 카스 색만병관色滿兵館에 여장을 풀었다(15위안). 이곳의 다인방은 세계 각국의 배낭여행객들이 모여드는 곳이다.

호텔 맞은편 John's Cafe에서 점심을 먹고 자전거를 빌려 향비묘로 향했다. 10여분쯤 달리면 서역에서 가장 큰 이슬람 사원 애티가르 청전스(艾提朶爾 淸眞寺 애제타이 청진사)에 도착한다. 17세기에 창건된 건물로 이슬람 대학으로 쓰던 건물이다. 사원의 돔이나 기하학적 무늬, 터번을 쓰고 8,000명이 동시에 기도를 올리는 모습을 보면 이곳이 중국 땅이라는 생각이 들지 않는다. 가는 길에 인민광장의 거대한 모택동 동상을 한 바퀴 돌았다. 화려하게 꽃으로 장식된 광장 주변 벤치엔 많은 위구르 사람들이 휴식을 취하고 있다. 이곳은 인종적으로도 중국과는 매우 다르고 복장도 위구르 식이 대다수여서 중국도시들과는 전혀 다른 분위기를 간직하고 있다.

언덕과 먼지 나는 시골길을 한 시간 정도 달려 시가지 동쪽 4㎞에 있는 향비묘香妃墓 입구에 도착했다. 카스는 시내버스가 다니지 않을 정도로 작은 도시다. 이 전에는 당나귀가 이끄는 마차가 시내를 많이 돌아다녔는데 지금은 택시가 많이 늘어났고 시내를 오가는 작은 트럭을 볼 수 있다. 소달구지에 일가족이 타고 가는 위구르 가족들의 뒷모습에서 어린 시절의 향수를 느끼게 한다. 60년대 우리의 시장 터 같은 언덕길을 지나 시멘트 포장길을 달려왔다. 카스인들의 생활 모습을 한 눈에 볼 수 있는 코스다.

우루무치에서 카자흐스탄 알마티로 넘어가지 않은 이유 중에 하나가 중국의 마지막 철도역이라는 카스의 상징성뿐만

향비묘 사원

아니라 향비라는 한 여인에 대한 일종의 향수 같은 것이 나를 사로잡았기 때문이다. 향비묘 입구의 작은 연못가엔 포플러나무가 에워싸고, 우측으로 난 향비묘의 문을 들어서니 철책으로 둘러친 정원엔 장미꽃이 활짝 피어있다. 이름 모를 잡초와 나무들로 가꾸어진 묘당 안에는 호자 일족 5대 72인이 이곳에 묻혀있다. 큰 관에서 작은 관까지 다양한 색깔의 천으로 감싼 관들이 묘당 홀 안에 놓여져 있다. 홀 한가운데 크게 자리 잡고 있는 호자의 무덤 옆 오른쪽 구석에 향비의 관이 안치되어 있다. 이 건물 안에는 향비의 유체가 이송되어 올 당시에 쓰였다는 수레가 아직도 보존되어 있다.

이곳에 도착하기 이전에는 땅에 매장된 향비의 무덤을 상상했는데 이슬람식 무덤은 우리와는 달리 매장보다는 아름다운 관을 천으로 싸서 능묘의 홀 안에 안치하는 것이다. 실크로드의 답사 중 향비의 능묘에 들려 향과 한 잔의 술을 올리고 싶었던 내 기대와 상상력은 빗나가고 말았다. 이곳에서는 사진 촬영이 엄격히 금지되고 있어 짬짬이 관리인을 눈을 피해 셔터를 누를 수밖에 없다.

정원에 핀 붉은 장미꽃을 바라보며 이국땅에서 쓸쓸하게 죽어간 한 여인의 넋을 생각하며 두 손을 합장했다. 마당 한편에 일어선 해바라기 꽃과 포도넝쿨, 담벽에 늘어선 하늘을 찌를 듯한 포플러 나무숲들이 뜨거운 태양열 아래 숨을 죽이고 고요를 호흡하고 있다. 둥근 돔식 지붕에 허공을 찌를 듯한 뽀족한 첨탑은 전형적인 이슬람식 고대 능묘 건축

▶ 애타가르 청전스

물이다. 이슬람교도들은 향비묘라고 부르기를 좋아하지만 실제는 호자 가족들의 공동 묘역이다. 이 건물은 1640년 이 지방의 권력자인 아파 호자(和卓화탁)가 그의 아버지를 기리기 위해 만든 것이다. 이슬람식 묘역과 땅에다 매장하는 유교식 매장 풍습은 묘지문화에 대한 동서양의 시각차를 잘 나타내 주는 것 같다.

들꽃과 장미가 어울려 있는 정원의 모습은 보는 이의 마을을 차분하게 해 주고 있다. 위구르의 신부를 맞으려고 청나라 건륭황제乾隆皇帝도 몇 년씩을 기다려야 했다는 향비가 아니던가. 향비의 애절한 이야기를 떠올리면 수백 년의 시공을 넘어 내 가슴에 스며드는 그녀의 향기는 몸에서 나는 아름다운 향기 때문이 아니라 그녀의 아름답고 슬픈 사연 때문일 것이다.

향비香妃라 불렸던 위구르의 이 여인은 지금부터 약 350년 전인 1650년대 초 청淸나라가 건국되고 건륭제가 서역을 평정하고 있을 때 카스의 영향력 있는 아바크 호자의 딸로 태어났다. 향비는 어찌나 총명하고 미모가 빼어났던지 주변국가에 칭송과 찬사를 한 몸에 받고 있었다. 소문이 소문을 낳고 발 없는 말이 천리를 퍼져 서역 원정길에 올랐던 건륭 황제의 귀에 들어갔다. 향비를 한번 만나보고 싶어 하는 황제의 명에 따라 그녀를 중국으로 데려가고자 했다. 나머지 가족들은 군사들의 손에 죽임을 당했고 그녀만 홀로 가마에 태워져 베이징으로 호송됐다. 황궁까지 오는데 3년이라는 세월이 걸린 향비를 본 건륭제는 첫눈에 반하여 궁에 계속 머물러 주기를 간청했다. 그러나 그녀는 황제의 수청을 거부한 채 한사코 카스로 돌아가기를 원했다.

천하를 호령하던 건륭 황제의 청을 몇 번씩이나 거부한 향비는 황제의 노여움을 사 결국 자결로써 비극적인 삶을 마감했다는 이야기가 전해지고 있다.

위구르인들은 그녀의 시체를 성대한 상여에 실어 3년이 걸려 카스로 운반하였다고 한다. 정복자의 손에 끌려갔을 망정 천하를 호령하던 황제의 명령을 거부한 채 정절을 굽히지 않고 고향을 그리며 쓸쓸하게 죽어갔던 그녀의 애틋한 마음이 오늘도 위구르인들의 가슴에 남아 그녀의 이야기가 세세손손 전해지고 있다. 그들에게 향비는 천하를 호령하던 정복자인 황제에게 죽음으로 정절을 굽히지 않는 불굴의 저항 정신의 상징이요 영원히 살아있는 민족적 자긍심일 것이다. 그녀의 시신은 아바크 호자 가문의 묘지에 묻혔고 이곳 사람들은 향비의 묘라 부르기를 더 좋아한다.

향비의 미모와 매력은 이탈리아 출신 화가 카스틸리오네의 초상화를 통해 후세에 전해졌다. 중국 역사상 손꼽는 군주로 평가받는 건륭황제도 연약한 한 위구르 여인의 마음을 얻지 못했다. 생사여탈의 권세를 가진 황제라도 한 여인의 굳은 절개를 꺾을 수 없다는 교훈을 후세에 전해주고 있다. 그녀의 몸에서 나는 향기보다는 그녀의 고결한 인품에서 우러난 향기가 천년의 시공을 넘어 그녀의 민족과 자손들에게 자부심으로 살아남을 것이다.

향비의 묘가 없었더라면 카스를 거치지 않고 우루무치에서 카자흐스탄 알마티로 국경을 넘었을 것이다. 중국 변방 끝인 카스에서 향비의 향 내음을 맡지 않고는 도저히 중앙아시아로 넘어 갈 수가 없었다. 우리에게는 폭정에 굴하지 않고 정절을 지키는 춘향이 있다면 위구르족 처녀들에게는 향비가 있어 그들의 정신적 지주로 회자되고 있다.

　　향비의 묘 옆으로 늘어선 포플러나무 좌측에는 열대나무 아래 백일
홍 같은 꽃들이 화원에 활짝 피어 있다. 화원 옆으로 목조와 벽돌로
쌓은 교경당教經堂이 굳게 철책을 잠그고 빛 바랜 기둥과 홀이 세월의
흔적을 말해주고 있다. 교경당 좌측으로 홀 앞엔 아담한 사원인 청진
사가 있다.

　　향비! 타클라마칸 사막 한 가운데 핀 장미꽃 같은 여인! 그녀의 미
모와 그대의 총명한 지혜는 신들이 시기하고 질투할 만큼 향기롭고
눈부시기에 인간이 취할 수 없는 지고지순한 아름다움이 있다는 것을
황제를 통하여 인간에게 전달하려 왔던 여인이었다. 동쪽 끝 이방의
한 나그네가 긴 여정에 들려 향비가 남긴 천년 향기를 가슴으로 호흡
하고 느껴본 여정이었다.

신장지역 무슬림들의 반청反淸 혁명과 야굽 벡 정권

  신장지역은 예부터 서역西域이라는 이름으로 널리 알려져 왔다. 18세기 이후 청나라에 의해 신장(新疆 신강) 즉 '새로이 획득한 강역' 이라는 명칭으로 불리게 된 동투르키스탄은 실크로드 상 동서교통의 요충지에 자리 잡고 있어 주변 국가들에 의해 많은 영향을 받은 지역이다. 청의 신장정복은 한漢.당唐의 경우와는 달리 이 지역을 항구적인 중국화를 가능케 했다는 점이다.

  청의 신장 정복 발단은 1745년 준가르의 군주인 갈단 체렝Galdan Tsereng이 사망한 뒤 계승권 분쟁에서 열세에 처하게 된 아무사르나Amursana가 청조에 지원을 요청했다. 청은 이 기회를 이용하여 일리지역으로 군대를 파견하여 신장을 점령해 버렸다. 그러나 자신을 유일한 군주로 인정해 주지 않자 아무사르나는 청에 반기를 들었으나 패배하고 도주하고 말았다. 청조는 1680년대 이래 중앙아시아를 장악하고 청조를 위협하던 최후의 유목국가 준가르를 완전히 석권했다. 이 지역 유목민들도 13년간에 걸친 오랜 전쟁으로 인해 대부분 사망하거나 도주하여 준가르인들은 사실상 자취를 감추게 됐다. 10만 호를 헤아리던 준가르인들 가운데 90%가 천연두로 죽거나 청군에 의해 살해되었으며 일부는 카자흐, 러시아 쪽으로 도주했다. 결국 이 지역은 인구의 10% 정도만 겨우 살아남은 황폐한 땅으로 변했다.

  한편 천산 이남의 타림분지에서는 17세기 이래 이슬람 신비주의 교단의 장로들, 특히 마흐둠이 아잠이라는 인물 후손들이 '호자' 라는 존칭을 받으며 종교와 생활 전반에 커다란 영향을 끼쳐왔다. 이들 후손들은 백산당白山黨과 흑산당黑山黨으로 나누어 치열한 경쟁을 벌려왔다.

호자들 일족 중 서투르키스탄 코칸드 칸국에 피신했던 자항기르가 1826년 카스를 침공했을 때 성전에 참전한 주민들의 도움으로 카스, 야르칸트, 호탄과 같은 대도시를 함락시켰다. 이를 막기 위해 청조는 3만 6천명의 대규모 군사를 파견했고 작전이 끝난 뒤에도 1만여 명을 그대로 잔류시켰다.

자항기르 사건 이후 급격히 증대된 군포軍餉를 충당하기 위해 천산남로 각지의 토지전답에 대한 조사와 한인漢人 둔전屯田을 실시하였으나 기대만큼 성과를 거두지 못했다. 결국 신장의 경비는 신장에서의 세금수입과 청나라 정부로부터 보조금에 의존할 수밖에 없는 형편이 됐다. 1840년대 들어와 아편전쟁에서의 패배와 황하, 양자강 유역의 기근과 가뭄, 홍수 피해가 극심했다. 1850년대 들어서는 태평천국(太 1850~64)의 난과 염군(捻軍 1851~68)의 반란 등으로 청제국의 근본이 동요됐다.

특히 청의 신장지배에 결정적인 타격을 가져다 준 것은 1862년 섬서, 감숙 지방에 일어난 무슬림들의 봉기였다. 이로 인해 청조는 신장과의 통신, 교통 장애, 보조금 중단 등으로 실제적인 통치력을 상실하게 됐다. 이후 폭증한 군비로 인해 청나라 정부에서 보조금을 보내줄 수 없게 되자 신장의 세금은 늘어나고 이에 결탁한 매관매직과 관리들의 가렴주구로 신장 무슬림들의 생활은 피폐되고 불만이 증폭되어 혁명의 씨앗이 발아되기 시작했다.

1864년 무슬림 봉기가 있기 전 청조관리들이 봉착해있던 가장 심각한 문제는 경비부족이었다. 이를 보충하기 위한 노역의 징발, 세목의 신설, 관직의 매매가 자행되면서 신장 무슬림들의 상황은 극도로 악화됐다.

무슬림 봉기의 기폭제는 1862년 섬서, 감숙 지역의 회민 봉기와 이와 밀접하게 연결되어 있던 신장의 퉁간들이 크게 자극을 받아 반란이 일어나게 됐다. 퉁간들은 한족 출신 무슬림을 의미하는데 청조가 퉁간 지도자들에 대한 감시의 강화와 퉁간 군인들의 무장해제, 반란 소지가 있는 퉁간들에 대한 구금과 처형, 심지어 집단적인 학살 등으로 나타났다. 퉁간 학살 소문은 신장전역으로 확산되었고 이를 사실이라고 믿은 퉁간들은 일종의 혁명을 택할 수밖에 없었다.

퉁간과 무슬림 지도자들은 1864년 6월 4일 쿠차에서 봉기하여 라시딘 호자를 중심으로 혁명을 확산시켰다. 쿠차에 뒤이어 카스와 야르칸드, 호탄, 우루무치, 일리의 무슬림들이 봉기에 성공하였고 혁명은 신장전역에 확산됐다. 그러나 쿠차 정권은 동으로 마랄바시에서 서로는 투르판에 이르는 가장 넓은 지역을 장악했지만 여타 지역을 통합하는 데는 실패했다.

 야쿱 벡 잇슬람 정권 탄생

카스를 공략하는데 어려움을 겪었던 시딕 벡은 호자의 권위를 빌리기 위해 서투르크스탄 코칸드 칸국에 있던 부주르그를 초대하였지만 그가 도착할 때는 이미 성이 함락된 상태였다. 그러나 호자 아팍과 호자 자항기르의 후손인 부주르그는 카스 주민은 물론 키르기즈인들에게도 대단한 카리스마를 가지고 있었기 때문에 그를 영접하지 않을 수 없었다. 부주르그와 함께 코칸드 칸국에서 온 야쿱 벡은 열악한 조건과 소수의 병력을 가지고 많은 어려움을 겪으며 위기를 넘겼다. 또한 코칸드의 알림 쿨 리가 타슈겐트에서 러시아군과 싸우다 사망함으로써 그의 유력한 후원자마저 상실하고 말았다.

1865년 5월 타슈겐트 전투에서 후원자였던 알림 쿨리가 사망하고 뒤이어 후다야르 칸이 부하라 측 군대와 함께 타슈겐트로 진군해오자 그곳에 있던 알림 쿨리 휘하의 군대는 도망칠 수밖에 없었다. 7천명을 헤아리는 코칸트 군들은 수많은 전투에서 단련된 정예부대였지만 달리 갈 데가 없어 국경을 넘어 카스에 들어와 야쿱 벡에게 보호를 요청하게 됐다. 이때까지 확실한 지지세력을 갖지 못했던 야쿱 벡에게 이들의 망명은 매우 중요한 힘이 됐다. 이들을 기반으로 야쿱 벡은 4개 기병과 보병 사단으로 구성된 강력한 군사조직을 편성하고 카스 전역을 점령하게 됐다. 후다야르에 반대하는 세력을 받아들임으로 야쿱 벡은 더 이상 코칸드 칸국과의 관계를 지속할 필요가 없어졌다. 또한 부주르그 호자라는 인물을 명목상의 주군으로 받들어야 할 이유도 없어지게 되자 그를 국외로 추방시키고 야쿱 벡은 새로운 무슬림 정권의 지도자로 부상하게 됐다.

야쿱 벡은 7천여 휘하 정예 병사를 이끌고 불과 1년 반 만에 쿠차정권을 비롯하여 천산 이남의 여러 무슬림 세력들을 평정하고 우루무치를 병합함으로써 러시아가 점령한 일리를 제외한 신장 전역을 통일하고 이슬람 국가를 건설했다.

1680년 모굴 칸국이 멸망한 뒤 줄곧 이교도의 지배를 받아왔던 신장의 무슬림들은 성전을 통해 독립을 쟁취한 역사적 사건에 대해 대단한 자부심을 가지게 됐다. 따라서 분열된 무슬림 세력을 통합하여 하나의 국가를 건설함으로써 성전을 완성시킨 야쿱 벡은 '위대한 성전사' 나 '축복받은 자' 로 추앙받았다.

그러나 청군의 좌종당이 이끄는 군대가 섬서. 감숙지역의 무슬림 봉기를 진압하고 1875~76년 사이 청군이 신장지역에 진입하면서 상황은 돌변하게 된다. 신식 장비로 무장한 3만 명 이상의 야쿱 벡 군대가 신속하게 붕괴됐다.

야쿱 벡은 군사적 대결보다는 외교적 협상에 우위를 두는 실책을 범하게 됐다. 야쿱 벡의 발포금지 명령으로 아무런 대응책을 취할 수 없는 상황에서 무슬림 군대의 사기는 저하되고 설상가상으로 1877년 5월 하순 쿠를라에서 야쿱 벡이 급사하자 심각한 내분이 일어났다. 분열된 무슬림들은 1877년 말까지 청군에 의해 신장지역이 다시 점령되는 비운을 겪게 됐다. 10여 년에 걸친 무슬림 독립 국가가 멸망하고 청의 성(省)으로 다시 편입됐다. 청국정부는 수많은 한인들을 신장지역으로 점진적으로 이주시켜 확고한 중국화를 진행시켰다. 청의 향비도 건륭황제의 신장지역 정복과정에서 발생한 무슬림 호자들과의 관계이며 태생적으로 그들은 비극적인 인과관계를 가질 수밖에 없는 상황이었다. 김호동의 『근대 중앙아시아의 혁명과 좌절』에서 이슬람의 정체성을 살펴보면 오늘날 신장지역 사람들의 독립움직임도 이런 맥락에서 이해하여 볼 수 있다.

카스에서 만난 사람들

저녁 때 호텔로비에서 투르판 교통병관에서 만났던 재미 사진작가 마선생을 다시 만났다. 인근 식당에서 함께 저녁을 먹으며 새벽 1시까지 환담을 나누었다.

새벽 1시에 룸에 들었을 때 낯익은 얼굴을 발견했다. 우리보다 먼저 온 일행이 짐을 풀고 있었는데 불빛에 비친 얼굴은 안토니오Antonio의 모습이 분명했다. 하미에서 투르판으로 오는 기차에서 한국유학생들 옆 좌석에서 가냘픈 얼굴에 배시시 웃으며 상냥한 미소를 짓던 동안童顔의 여대생이 아닌가. 사회심리학을 전공하는 19살 영국인 그녀가 혼자서 중국의 마지막 철도가 있는 카스를 오리라고는 전혀 예상하지 못했다. 같이 왔던 일행과 투르판에서 헤어지고 혼자서 우리보다 하루 빨리 이곳에 도착했다고 한다. 건드리면 쓰러질 것 같은 그 가냘프고 애띤 모습에서 어떻게 이렇게 용감한 행동이 나올까 의아할 정도이다. 중국어를 조금 할 줄 아는 그녀는 같은 방에서 다시 만난 것을 매우 기뻐했다.

아침 일찍 안토니오는 자전거를 타고 투어를 한다고 서둘러 나갔다. 잠결에 침대에 누워 그녀와 작별 인사를 나누었다. 여독이 많이 쌓인 것 같다. 늦게 일어나 아침을 먹고 즐거운 여행 건강히 잘 보내고 귀국하기를 바란다는 메시지를 그녀의 침대에다 남겼다. 안토니오는 매우 예쁘고 가냘프게 보이지만 정말로 용감한 학생이다. 중국여행에서 느낀 점은 남학생 3명을 만나면 여학생은 7명 정도로 더 많이 만난다는 점이다. 남학생들이 더 많이 여행할 것이라는 생각은 완전히 빗나가고 말았다. 이후 이스탄불이나 아테네, 로마 등 유럽에서도 마찬가지였다.

우루무치행 침대차를 구하지 못해 몹시 난감했다. 대신 천산의 천지에서 만났던 아투스에 살고 있는 두 모녀의 집을 방문하기로 했다. 카스는 그리 큰 도시는 아니다. 아직도 재래시장을 보면 60년대의 우리들의 자화상을 보는 것 같다. 카스는 대부분 위구르족들이다. 거리 중심가에는 무더운 날씨에도 차도르를 쓴 여인에서부터 스카프를 머리에 두른 여인, 짧은 바지를 입은 한족 여인 등 매우 다양한 모습들이 눈에 띈다.

남자는 셔츠의 오른쪽에 소매가 긴 단추 없는 옷을 걸치고 무릎을 덮는 도포를 입고 허리에는 넓은 띠를 두르고 있다. 남녀노소가 모두 수놓은 사각 꽃 모자를 쓰고 긴 장화를 신고 다니길 즐긴다. 카스의 민족공예품인 카펫은 종류가 다양하고 화려한 꽃무늬와 선명한 색상을 가지고 있어 실용적 가치가 있을 뿐만 아니라 예술적 가치도 높이 평가받고 있다.

이곳에서는 시장을 '바자르bazaar'라고 부른다. 카스의 일요 바자르는 매주 15만 명 이상의 인파가 모이는 동양최대의 바자르다. 하지만 요즈음은 그 규모가 예전 같지는 않다. 사진작가 마선생에 의하면 중국인들이 정략적 차원에서 견제해 점점 더 축소되어가는 느낌이라고 했다. 수공업으로 만들어지는 생활필수품에 관한 한 없는 것이 없을 정도로 온갖 종류의 수공예품들이 한없이 펼쳐지는 바자르다.

아침은 메론으로 대신했다. 맛이 달고 향긋했다. 12시 40분에 택시를 대절해서 아투스阿什로 향했다. 카스시내는 교통체계가 거의 없는 상태다. 20여분 달려 시내를 벗어나자 사막이 시작됐다. 카스의 다음 역에 있는 도시 아투스에서 장춘화長春花씨는 남편인 동백군董百郡씨와 함께 마중을 나왔다. 이들 부부는 아투스시의 공무원으로 근무하고 있는 엘리트 부부였다. 두 부부의 환대는 결코 잊지 못할 추억으로 남아 있다. 신장지역 특산음식과 38도의 신장 마호타주와 맥주를 대접 받았다. 남편까지 하루를 내어 접대하는 모습에서 매우 감동을 받지 않을 수 없었다. 그들이 사는 모습을 보고 싶어 집에 가서 차를 마시고 싶다고 했다. 우리나라 서민층 수준의 가구와 가전제품을 구비한 아담한 아파트였다. 따끈한 차와 백두산 인삼도 한 뿌리 선물 받았다. 가족은 정부정책상 한 자녀 이상 둘 수 없어 천지에서 만난 딸 하나를 두고 있었다. 중학교 2학년 딸아이를 기차에서 다시 만나 타클라마칸 사막의 오지 도시에 올 수 있었다. 지친 여정에서 오아시스 같은 마음을 아투스에서 느끼게 됐다. 세계의 오지중의 오지에서 좋은 친구들을 만난 것 같다.

여행의 즐거움 중에 하나가 낯선 땅에서 받는 환대가 가장 으뜸이 아닐까 생각된다. 매 코스마다 돈을 앞세웠던 중국인들에 대한 흐린 인상이 많이 가셔지게 됐다.

차창이 흔들리고 흐릿한 추억과 사막의 먼지들이 시야에서 사라지고 있다. 언제 이 타클라마칸 사막을 다시 올 수 있을지 마음 한 켠에 스미는 아쉬움을 달래어 보았다. 차창 밖으론 진흙들을 우겨놓은 것 같은 산들과 양파껍질처럼 벗겨진 삭막한 산줄기들, 석탄 더미 쌓은 것 같은 검은 산들, 무지개 빛깔처럼 층층이 누워있는 절리들이 갖가지 형상으로 스쳐가고 있다.

눈부신 아
침 햇살에 눈
을 떴다. 해가
중천에 올라
서야 잠을 깰
수 있었다. 창
가엔 천산의
눈 덮인 산들이
손에 닿을 듯
가까이 다가와
있다. 오전 10시

여행중에 만난, 아투스시 공무원으로
일하고 있는 장춘화씨 가족

40분 더어번투어까이역을 지나고 있었다. 산록이 전부 초원지대로 철
로변의 땅들은 자갈이 반 이상 묻힌 해발 1,000m의 고산지대 역이다.
마치 알프스의 어느 골짜기를 지나가는 기분이다.

타클라마칸의 명상

행복과 불행은 문명인들의 개념이 아닐까. 저 산록에 사는 사람들
은 가족과 함께 거친 자연환경과 싸우며 오손 도손 살고 있는지도 모
른다. 행복과 불행의 이분법으로 타인과 자신을 부단히 비교하며 삶
을 저울질하지 않을 수 없는 우리의 생활방식이 산록에 사는 사람들
보다 얼마나 더 만족감을 느끼며 살고 있을까. 경쟁과 비교를 통하여

더 빨리 더 멀리 날기를 희망하는 욕망이 불타는 도회지의 한 모퉁이에서 소리 없는 총성으로 밤낮을 지새우는 그 시각 나는 문명의 긴 터널을 빠져 나와 홀로 사막의 먼지와 모래와 자갈과 대화하면서 지나간 시간들을 되돌아 볼 수 있는 행운을 누리고 있다. 한 번쯤 자신이 살고 있는 공간을 탈출하여 이 황막하고 끝없는 사막의 벌판을 바라보는 행운을 누릴 수 있는 기회가 있기를 권하고 싶다. 생명의 소중함이 무엇인지를 이 벌거벗은 타클라마칸에 와 보면 가슴으로 다가올 것이기 때문이다.

카스에서 우루무치로 되돌아가는 길에 어제는 밤이어서 볼 수 없었던 더어번투어까이에서 쿠리아마까지 30분간 펼쳐지는 고원지대의 경치는 사막의 풍경과는 별개의 세계로 다가서고 있다. 토담집에서 올라오는 한줄기 연기는 여기에 사람이 살고 있다는 생명의 신호이다. 검은 산을 타고 내려오는 물줄기와 개울가 수목들의 행렬, 맑고 투명한 햇살이 푸른 하늘에서 쏟아지는 광경은 사막 안에 별유천지가 있다는 느낌이 들게 한다. 하사크족의 파오 너머로 말과 양떼들이 풀을 뜯고 천산의 물줄기들이 평화롭게 흐르는 고원의 작은 마을과 철로변의 암벽 산들이 매우 인상적이다.

끝없이 펼쳐지는 사막을 바라보면 나 자신도 모르는 사이에 철학자가 된 기분이다. 메마르고 황량한 사막의 침묵이 무엇인가를 끊임 없이 생각하게 만들고 있다. 기차 칸의 아이들은 지루한 시간을 달래듯 저마다 뛰어다니며 이웃 칸의 아이들과 어울려 놀기에 바쁘다. 돌이켜보면 작대기로 만든 자치기 놀이 하나로 한 겨울 매서운 추위도 견뎠고 손수 만든 앉은뱅이 썰매하나로 스케이트를 대신했던 시절 자신이 결코 불행하다고 생각하지 않았었다. TV광고에서 선전하는 새로운 장난감과 과자와 음식과 옷들에 길들여 있는 우리의 아이들은 열차 칸을 오가며 뛰노는 저 아이들보다 더 행복할까. 마냥 낯선 친구들과 어울려 재미있게 뛰노는 위구르 아이들의 행복해하는 모습을 바라보면 무엇인가 가슴이 미어지는 상실감을 느끼게 한다.

오후 5시 30분 경 열차에 내려 UR 국제여객열차 역에서 카자흐스탄 알마티로 가는 열차표를 예매했다. 내일 밤 10시 30분 기차로 카자흐스탄 알마티로 출발하기에 아직 우루무치에서 하루를 더 보낼 시간이 남았다. 시내 중심가에서 카자흐스탄으로 갈 음식을 준비하려고 백화점에 들려 컵 라면과 초코파이, 빵, 사과 등을 쇼핑했다. 약 33시간 소요되는 가장 긴 열차여행이라 3끼 식사 분을 미리 준비해야 한다.

저녁 때 숙소인 신장빈관 708호에서 대학병원에서 근무하는 재영, 주영, 미화 씨를 만났다. 낯선 땅에서 만난 우리들은 금방 의기가 투합하여 우루무치에서 마지막 밤을 함께 보내기로 했다. 우루무치 야시장은 규모가 클 뿐만 아니라 갖가지 음식과 고기 굽는 냄새가 시장 안을 진동하는 활기찬 시장이다. 중국에서의 가장 멋진 이별의 밤이다. 대륙여행 40일 만에 마음 놓고 흔쾌히 술을 마신 밤이다. 새벽 2시까지 몇 군데를 순례하고 호텔에 돌아오니 도미토리 룸메이트인 일본인 대학생이 자는 바람에 호텔 앞 노변에 앉아 밤이 새도록 환담을 나누었다.

우리는 사막 도시 한 가운데서 이별의 밤을 노래했다.

끝없는 사막의 지평선을 바라보면 한줄기 그리움이 바람처럼 스쳐가고 있다. 끝을 알 수 없는 사막의 지평을 바라보면 생명의 덧없음을 온몸으로 느끼게 한다. 어쩌면 황량한 저 사막이야말로 자신을 찾는 하나의 창구요 길일런지도 모른다. 저 열사의 사막이 고뇌와 환희의 표정으로 다가서고 있다.

천산산맥 기슭이나 주변 들판에 자갈더미가 묻혀있는 넓은 지대가 나타났다. 이 지역은 수천만 년 전에는 큰 하천이었다는 것을 말없이 알려주고 있다. 거대한 천산산맥이 수천만 년 비바람에 시달린 억겁의 풍화침식 과정으로 나타나 신기루처럼 황야로 사라지고 있다.

이 여정의 주제는 길_{Road}이다. 실크로드 탐사는 동서문화와 문물의 교류뿐만 아니라 자신을 되돌아보고 찾는 작업이기도 하다. 길을 걷노라면 진흙밭도 있고 자갈밭도 나타날 수 있다. 누군가는 아스팔트길과 고속도로 위에서 편하게 달릴 수도 있다. 각기 다른 형태의 환경과 길들이 태어나면서부터 우리 앞에 놓여 있다. 각자가 주어진 환경과 조건 속에서 자신 앞에 놓인 다양한 길들을 선택하며 죽음으로 이르는 길이 삶의 여정이다. 실크로드는 그런 삶의 형태와 자신을 찾는 길을 보여주고 있다.

■ 참고문헌 ■

『대상서역기』 우리출판사, 권덕주 옮김. 1994

『티베트 역사산책』 정신세계사, 김규현. 2003

『중국문화의 이해』 을유문화사, 김원중. 1998

『중국의 역사기행』 남도, 감춘성. 1994.

『근대중앙아시아의 혁명과 좌절』 사계절, 김호동. 2000

『터키(Insight Gulde)』 영진닷컴, 김현정 옮김. 2003

『중국 그리고 실크로드』 문예미디어, 강인철. 1996

『마르코 폴로의 동방견문록』 사계절, 김호동 역주. 2000

『실크로드의 역사와 문화』, 『나가사와 자즈도시』(이재성 옮김)민족사. 1994

『돌그리 부부. 알짜배기 세계여행 중국』 성하출판. 2001

『新羅西域交流史』 단국대학교 출판부, 무함마드 깐수. 1992

『서양건축사』, 『현대건축사』 배대승. 2001

『씰크로드학』 창작과 비평사, 정수일. 2001

『이븐바투타 여행기(Ⅰ)(Ⅱ)』 창작과 비평사, 정수일. 2001

『문명교류사연구』 사계절, 정수일. 2002

『혜초의 왕오천축국전』 학고재, 정수일 역주. 2004

『이야기 그리스 로마사』 청아출판사, 신선희,김상엽. 2003

『자신만만 세계여행 CHINA』 삼성출판사, 2002

『자신만만 세계여행 EUROPE('03~' 04)』 삼성출판사, 2004

『인류문명의 박물관 이스탄불기행』 예담, 정성혜 옮김. 2001

『이슬람』 이희수, 이원삼 외. 2001

『그리스 로마신화』 웅진닷컴, 이윤기. 2001

『지중해건축과 만남』 김문당, 한양대학교 산업대학원 현대건축연구모임 편저. 2002

Pier Francesco Lisri. 베네치아. 피렌체.나폴리. 로마와 바티칸시국. ATS OTALLA EDTTRI. EDRICE GIUSTI. KINA ITALY. 1999.

Aebrey Menen. Art & Money, An International History. 1980

CASA EDITRICE BONECHI. POMPEI. Cairoli. Italy, 2001.

Claus Richter, Bruno Baumann, Bernd Liebner. Die Seidenstrasse. Hoffmannund Campe. Hamburg, 1999.

DORLING KINDERSLEY. DK TRAVEL GUIDEBOOK: ITALY, 2003. F.Papafava Rome. SCALA, 1996.

Gavin Menzis. The Year China Discovered the World. Random House Group Ltd, 2002.

Lonely Planet. Eastern Europe, 2003.

Lonely Planet. China, 2004.

OMER DEMIR. CAPPADOCIA credle of history(English). NEVSHEHIR, 2002. Peter Hopkirk. Foreign Devils on the Silk Road. John Murray Ltd, 1986.

SONIA GALLICO. Edizioni Musei Vatecani. Ats Italia Editrice, 1999.

Susan Whitfield. Life a long the Silk Road. Jonh Murray Ltd, 1999.

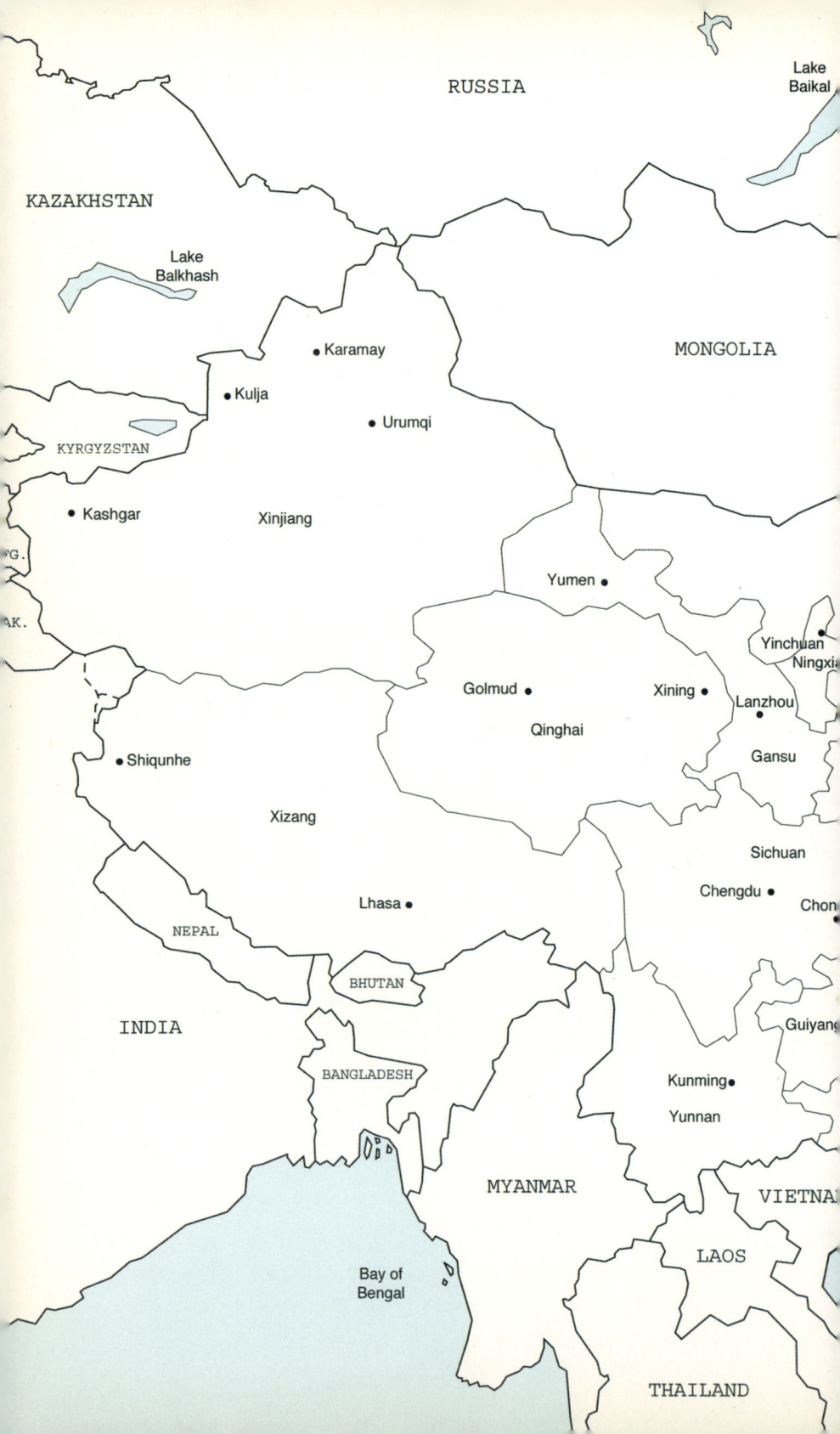